湛庐 CHEERS

与最聪明的人共同进化

HERE COMES EVERYBODY

时间观

TIMEKEEPERS How the World Became Obsessed with Time

[英] 西蒙·加菲尔德 著
Simon Garfield

黄开 译

天津出版传媒集团
天津科学技术出版社

上架指导：历史 / 畅销书

天津市版权登记号：图字 02–2019–427 号

图书在版编目（CIP）数据

时间观 /（英）西蒙·加菲尔德著；黄开译. — 天津：天津科学技术出版社，2020.1
书名原文：Timekeepers：How the World Became Obsessed with Time
ISBN 978–7–5576–7388–8

Ⅰ. ①时… Ⅱ. ①西… ②黄… Ⅲ. ①时间－研究 Ⅳ. ① P19

中国版本图书馆 CIP 数据核字（2019）第 290689 号

时间观
SHIJIANGUAN
责任编辑：曹　阳
责任印制：兰　毅

出　　版：天津出版传媒集团 / 天津科学技术出版社

地　　址：天津市西康路 35 号
邮　　编：300051
电　　话：（022）23332369（编辑部）23332393（发行科）
网　　址：www.tjkjcbs.com.cn
发　　行：新华书店经销
印　　刷：天津中印联印务有限公司

开本 720 × 965　1/16　印张 19.25　字数 295 000
2020年1月第1版第1次印刷
定价：89.90元

献给本（Ben）、杰克（Jake）、
查利（Charlie）、杰克（Jack）
与贾斯廷（Justine），

谨以此书纪念
雷娜·盖姆萨（Rena Gamsa）。

爱丽丝："永远是多久？"

白兔先生："有时候，就是一秒钟而已。"

时间如何成为生活的支配性力量

我们身在埃及，但不是古代的埃及。一本谈时间的书从古埃及说起的确是个不错的做法，然而，我们身处的是现代埃及，是会入选高端旅游杂志《悦游》（*Condé Nast Traveller*）的埃及，这里有美丽动人的海滩、游人如织的金字塔以及艳阳高照的地中海。我们坐在靠近亚历山大港的一家餐馆，可以轻易俯视海滩，而海滩的另一头有一位当地人正在钓鱼，或许他是在为晚餐捕捞佳肴！

我们过了一整年疲惫不堪的生活，此时正在度假。用完餐后，我们信步走向钓鱼者。他会说点儿英语，向我们展示了他的战绩——虽然数量还不多，但他可是信心满满的。我们略懂钓鱼，于是建议他去不远处的礁石那边试试。那儿比他现在坐的这张老折叠椅的位置稍微远一点儿也高一点儿，在那里甩竿，他将有可能更快达到每日渔获量。

“我为什么要这么做呢？”他问道。

我们回答说：“钓得更快就可以钓得更多，不仅够自己吃，你还能把吃不完的拿去卖，所得的收入又能买更棒的钓鱼竿和新冰箱来装钓到的鱼。”

“我为什么要这么做呢？”他又问。

我们又说：“如此一来，你就能用更快的速度钓到更多的鱼，接着再卖掉鱼，要不了多久，你就有足够的钱买条船了。也就是说，你可以到更深的海域，使用拖网渔船快速捕捞更多的鱼。事实上，你就可当个成功的拖网渔船船主，而大家会开始喊你船长。”

“我要那干吗？”他说话时神气十足，却也充满困惑。

我们答道：“我们都生活在现代世界，早已习惯了不断追求和享受迅捷与便利，总是迫不及待地想要改变现况、精益求精。如果你有条船，很快你的渔获量就会称霸市场，价钱高低就会由你说了算。然后，你可以买下更多船，聘用一帮人手。最后，你就可以满足自己的终极梦想：早早退休，每天在暖阳下垂钓，悠闲地打发时间。”

“就像我现在这样吗？”

按印度时间生活的英国人

我们来简单地聊一下威廉·斯特雷奇（William Strachey）的故事吧。斯特雷奇出生于 1819 年，在上学期间就立志要当公务员。19 世纪 40 年代中期，他任职于加尔各答的殖民地部（Colonial Office）。在那里的经历让他坚信，印度人，尤其是加尔各答的印度人，已经找到了方法来进行最精准的计时。当时，印度最精准的时钟应该是英国生产的，不过对他来说，这并不重要。5 年后，斯特雷奇返回英国，并决定继续按照加尔各答的时间生活：这可是一个非常勇敢的举动，因为加尔各答的时间比伦敦的早 5 个半小时。

威廉・斯特雷奇是维多利亚时代著名的评论家及传记作家利顿・斯特雷奇（Lytton Strachey）的叔叔，而利顿本人的传记作者迈克尔・霍尔罗伊德（Michael Holroyd）曾提到，威廉何以当仁不让地位列斯特雷奇家族"怪咖"名单之首。从斯特雷奇家族的种种奇"行"怪状来说，这本传记的爆料确实言之有物。[①]

威廉・斯特雷奇活到 80 多岁，也就是说，他在英国按照加尔各答时间生活了 50 多年。他在下午茶时间吃早餐，在傍晚时分享受烛光午餐，还坚定地按照加尔各答时间计算火车时刻表以及进行日常生活中的其他例行活动。到了 1884 年，情况变得愈加复杂了，因为加尔各答时间比印度其他大部分地区的时间又提前了 24 分钟，而这让斯特雷奇的时间硬是比伦敦早了 5 小时 54 分钟。有时候，真的很难分清他究竟是非常非常早还是非常非常晚。

斯特雷奇的许多朋友（并不是说他有很多朋友）都逐渐了习惯他的怪癖。1867 年，他在巴黎的世界博览会上买了一张机械床，彻底挑战了家人的耐性。那张床上附有一个时钟，用来叫醒床上的人。只要设定的时间一到，这张床就会将床上的人掀翻下来，而根据斯特雷奇拼拼凑凑的设定，他会被倒进浴缸。虽然这是他用心安

① 利顿・斯特雷奇的另一位叔叔巴特尔著有一本关于缅甸兰花的权威之作，无论以什么标准来说，这本书都堪称权威。他还有一位叔叔特雷弗娶了克莱门蒂娜为妻，而每次拜访利顿的家，她都会在客厅的地毯上制作印度薄饼。特雷弗和克莱门蒂娜的一个孩子死于拥抱熊。

排的，但第一次在这种情况下醒来时，他仍然火冒三丈，唯有砸烂时钟才能消除心头之恨，并确保自己不会再次被倒进浴缸里。根据霍尔罗伊德的记载，威廉·斯特雷奇余生都穿着雨鞋，在过世前不久，他还送给了侄子很多各式各样的彩色内裤。

本书探究什么

我们这些凡夫俗子的折中式生活，都介于钓鱼者的悠闲宁静和斯特雷奇的疯狂古怪之间。那么，我们想要的到底是优哉垂钓还是分秒必争呢？或许是两种都想要吧。对于轻松自在的生活，我们艳羡不已，但没有时间长久地维持这样的生活。我们每天都想挤出更多的时间，却又害怕时间会被浪费掉。我们不眠不休地拼命工作，只盼着将来可以少干点儿活。我们提出了所谓的高质量时间的概念，以便将其与其他时间相区分。我们总是会在床头放个闹钟，实际上却恨不得把它砸个稀巴烂。

时间，曾经任人摆布，如今却紧盯着人，甚至主宰着我们的人生。如果看到如今的情况，以前的钟表匠想必一定会瞠目结舌吧。我们相信光阴如流水，不断离我们远去。科技让万事万物变得飞快，然而，正是因为知道未来世界的一切都只会变得更快，所以我们就不觉得当下有什么是变得够快的了。在互联网的永昼之下，曾经让威廉·斯特雷奇着魔的时区只会显得过时。不过，最奇怪的是，如果古老的钟表匠复生，他们一定会提醒我们，钟摆的摆动速率千古恒常，日历的模样也已经数百年不变。把我们弄得整日戚戚惶惶的，正是我们自己。时间越来越快，全是我们自己的“杰作”。

本书所讲的，是人类对时间的执着和渴望。对于时间，人们渴望衡量它，控制它，将它标价出售，拍摄它的轨迹，表现它的样貌，还想让它永垂不朽并且变得意蕴深远。

本书所思索的，是在过去的 250 年里，时间如何成为生活中挥之不去的支

配性力量。在曾经的数千年里，人们仅仅靠着仰望头顶的苍穹来寻求模糊而又变化多端的指引；如今，人们则每天频繁且强迫性地从手机和电脑上获取精确的线索。

本书只有两个简单的目的：第一，诉说几个具有启发性的故事；第二，探究我们是不是都疯狂到不可救药了。

前一段时间，我下载了一个叫日程清单（Wunderlist）的应用程序，可以用来“整理并同步家庭、工作和其他林林总总的待办事项清单”“快速浏览待办事项的内容”，还可以“利用‘今日’小工具从任意应用程序切换出来，浏览到期的待办事项”。这类程序有千百款任君挑选。这类应用程序最主要的目的是帮人节省和管理时间，以及提高人们在生活和工作中各个层面的效率。截至 2016 年 1 月，这类程序已经成为智能手机应用程序中下载量最大的类型了，其下载量远高于教育、娱乐、旅游、阅读、健康与健身、运动、音乐、照片和新闻等类型的程序的。甚至，有个应用程序的名字就叫作 Tasktopus。[①]

① 这个应用程序的名称是由 Task（任务）和 Octopus（章鱼）两个词合成的，意思是让使用者能像章鱼一样多任务同时处理。如果你看过《千与千寻》，想想片中的锅炉爷爷，应该就能秒懂其中隐含的意思了。
——译者注

我们究竟是如何沦落到这种紧张又刺激的状态的？

为了找出答案，本书会检视历史上几个重要的时刻。大部分时候，我们会与当代或现代的见证者同在，比如一些了不起的艺术家、运动员、发明家、作曲家、电影制片人、作家、演说家、社会科学家，当然，也少不了钟表匠。本书要谈的是时间的实际作用而不是虚无缥缈的境界——**时间是生活的主角，甚至有时是人们衡**

量价值的唯一标准。本书会检视一些实例，人们对时间的衡量和观念的转变，正是因为它们得到了大举强化、限制或翻转。本书并不想责难如今这种快节奏的生活，当然，有些人也建议该放慢一些。本书讲的不是理论物理学，所以你无法了解到时间究竟是真实的还是纯属想象的，也无法了解到大爆炸之前的宇宙是什么样的。相反，本书要探索的是工业革命这场大爆炸发生之后的世界。同样，本书也不会瞎讲科幻或者时光旅行之类的玩意儿，那些就留给物理学家和《神秘博士》（*Doctor Who*）去讲吧。在这里，我只想套用著名演员格劳乔·马克斯（Groucho Marx）的一句至理名言："光阴似箭，果蝇嗜蕉。"①

本书是在现代世界追踪光阴之箭，然而，这一趟主要是文化之旅，偶尔也会是哲学之旅。这一路上，有铁路和工厂的蓬勃发展，有贝多芬交响乐的蓄势待发，也有瑞士钟表业的狂热传统，时不时还会借用爱尔兰与犹太喜剧演员的真知灼见。因为时间总是习惯于自我折叠，所以，我们的时间轴自然也是循环往复的，并非线性的直来直往的。但是，不论是否以事件的先后顺序来呈现，有一件事总是不可避免的——有一则广告宣称，"没有人能真正拥有百达翡丽，你只是在为下一代保管"。我们迟早会追溯到这则广告的主创，并且会忍不住想宰了他。此外，本书也会评价时间节约大师们的智慧，检视 CD（激光唱片）何以那么长寿。

不过，我们要从足球比赛讲起，毕竟，在这种场合，时间就是王道。

① 这句话常常被认为来源于格劳乔·马克斯，不过，即便你费尽心思地搜寻，也找不到半个例子能证明他真的说过这句话。事实上，这句话大概是源自一篇有关计算机在科学界应用的论文，而那篇论文是哈佛大学的教授安东尼·奥廷格（Anthony G. Oettinger）所撰写的。

目录

测一测　　关于时间，你了解多少？

1. 以下哪一种历法将一年划分成了 10 个月？

A. 法国共和历

B. 格里高利历

C. 儒略历

D. 玛雅历

2. 关于铁路时间，以下哪一种说法是错误的？

A. 19 世纪 40 年代到 80 年代，法国大多数火车站同时采用两种时间

B. 直到 19 世纪 90 年代，德国的铁路时间才得到了统一

C. 19 世纪 80 年代，美国从 49 个时区缩减为 4 个时区

D. 19 世纪中叶，英国 95% 以上的铁路都按照伦敦时间运行

3. 为什么斯特拉文斯基创作的《钢琴小夜曲》只有 12 分钟长，且分为 4 个几乎长度相同的段落？

A. 为了迎合当时听众普遍的聆听习惯

B. 为了满足唱片公司的需求

C. 为了迎合唱片录制时间的限制

D. 为了实践新的创作理念

4. 末日钟第一次出现时的时间是什么？

A. 晚上 11 点 57 分

B. 晚上 11 点 53 分

C. 晚上 11 点 58 分

D. 晚上 11 点 51 分

扫码下载“湛庐阅读”App，
搜索“时间观”，
获取答案。

TIMEKEEPERS:
How the World
Became Obsessed with Time

01 我们都是时间的奴隶

有人说，喜剧就是悲剧加上时间。意思是，只要有一段恰当的时间可供重新来过和重新检视前后的状况，那么，再糟糕的事也会变得妙趣横生。电影导演梅尔·布鲁克斯（Mel Brooks）发现，正是因为时移世易，他才可以在《金牌制作人》（*The Producers*）这部电影中大开希特勒的玩笑。而且，他有一套自己的说法："我割伤手指叫悲剧，你摔死在没有井盖的下水道则叫喜剧。"

为什么时间会被放慢或拉长

有一天，我和儿子杰克一起去看切尔西足球俱乐部秋季的开幕赛。比赛中，迭戈·科斯塔（Diego Costa）和伊登·阿扎尔（Eden Hazard）[1]两记射门，切尔西足球俱乐部以 2：0 完胜莱斯特城足球俱乐部，赢得不费吹灰之力。他们经过一个夏季的偃旗息鼓之后重返球场，让我们倍感兴奋。在 3 分钟加时赛后，我们解开锁在车架上的自行车，骑向海德公园。我们骑着自行车回家，沿途看 8 月下旬温暖的阳光照耀着公园里络绎不绝的游客，也是一件开心的事。

① 迭戈·科斯塔是西班牙籍职业足球运动员，伊登·阿扎尔是比利时籍职业足球运动员，两人均效力于切尔西足球俱乐部。
——译者注

那天的比赛是完全遵照两个月前就已确定的赛程表安排的，开赛时间则是在一个月前由各电视台决定的。不过，真到了比赛日，一切就只不过是些老生常谈的事了，比如何时会面，何时用午餐，比萨要多久才能送到，账单何时寄来，在球场入口和检票口要排多久的队，赛前记者会上播放什么歌曲——最近总是布勒乐队（Blur）的《居无定所》（*Parklife*）这张专辑雀屏中选，大屏幕上还会配合播放历年比赛的精彩片段。然后是关于比赛本身的：当你赢球时，等候终场哨声的时间是多么漫长而难熬；当你落后时，时间又显得何其迅速。

为了避开人潮，我们提前了 1 分钟离开。这也是一场有关时间的商榷：错过可能会射门的最后 1 分钟的比赛，与在拥挤不堪的人潮里浪费 10 分钟，这两种价值该如何衡量？许多观众都选择了提前离席，而这几乎让我们的如意算盘落了空，我们的自行车不得不在人群中迂回、缓慢地前进。

杰克是我最小的儿子，那时才24岁，浑身是劲儿，一路上一直稍微领先于我。海德公园很棒的一点是有现代化的人行道分隔，一半是自行车道，一半是人行道。我一路骑行过蛇形画廊（Serpentine Gallery），有一位我从未听说过的艺术家正在那里办展览。突然间，我的脸血流如注，伤口就在眼睛上方的动脉处，我的眼镜已粉身碎骨，自行车摔在路边，我的右肘已痛到失去知觉。围观的人很多，从他们眉头深锁的表情看来，我脑袋上的伤肯定惨不忍睹。有人打电话叫救护车，有人递给我纸巾让我按住头上的伤口，而纸巾一下子就被染红了。

就像传说中的那样，时间真的慢下来了。我看见自己摔倒的样子，不尽然是慢动作，但确实每个瞬间都被延长了——这次意外的每个细节都被拉长了，而且仿佛就是我这辈子的最后一幕一样。我从自行车上腾空跃起直到落地，仿佛是一次优雅利落的俯冲，而非一场笨手笨脚、让人恐慌的混乱。我周围的人们一直在喊"救护车"。过了差不多6分钟，救护车终于到了，大概是因为很难穿过这样一群"帮手"吧。我记得当时我还在担心我的自行车以及谁去通知我妻子。一名救护人员剪开我夹克的袖子，看到我手肘的伤势时吓了一跳——虽然骨头没有暴露在外面，但我的手肘已经肿得像晚餐的盘子一样了。他说："你需要照X光，但现在我就可以告诉你，骨头已经断了！"接着，救护车在不到15分钟前我们才走过的路上狂飙，我问救护人员要不要鸣笛，他则问我刚刚发生了什么。

我被时间搞乱了。当时人行道很拥挤，所以我骑得并不快。杰克就在我前面，我们的左前方则有许多人。后来我才知道，有一位来自葡萄牙的女性游客没跟上她的朋友，直接走到了自行车道上。那时我已经知道会撞上她了，但根本来不及刹车，甚至连伸出手都来不及，于是，我脚下的自行车似乎凭空消失了，我则径直往前摔了出去。这位二十来岁的葡萄牙女性吓得不知所措，杰克留下了她的手机号码，但后来不知被我们丢到哪里去了。

神经科学家也许早已听腻了时间在意外事件现场变慢的故事，他们会告诉你为何会这样。意外事故令人心惊胆战，因此，大脑会腾出大量的空间，让新记忆在大脑皮质留下印象。人们会记得这些重大事件以及其中许多生动的细节，并且会在脑海中重构事件并转述给别人。而既然发生了这么多事情，那你认为的时间就必然会比实际上的更长。相反，熟悉的活动早已深植大脑皮质，达到让人无须多想的地步。例如，开车去购物时，你可以想着别的事，甚至会自信地认为即使是在睡梦中也能得心应手地例行公事。相比之下，突如其来的新事件却需要大脑更多的注意力，如闯入自行车道的陌生女性、散落一地的碎屑、刹车和路人的尖叫声，当人们试图减轻自己脆弱的肉体受到的伤害时，这些就是需要处理的新事件。

那么，在这电光石火的一瞬间，究竟发生了什么？虽然知道不可能，但我们为什么会觉得这短暂的一瞬间被拉长了？大脑中有一个结构被称为杏仁核，它的主要功能与记忆和决策有关，并能控制大脑中的其他功能来应对危机。似乎就是它将 1 秒钟的事故扩展成了 5 秒钟或者更长时间的事件，而这是被恐惧和猝不及防的惊吓触发的——恐惧和惊吓会刺激大脑的边缘系统，力道之强会让人难以忘怀。也就是说，时间并没有为我们暂停或延长，我们所感知到的时间长度的扭曲，不过就是因为杏仁核以更加历历在目的方式展示记忆，以至于我们在回想时感觉似乎发生了时间扭曲。

脑科学家大卫·伊格曼（David Eagleman）[①]小时

① 大卫·伊格曼是大脑可塑性、时间感知、联觉和神经律等方面的权威人物，现任教于斯坦福大学。他进行脑科学科普的作品《大脑的故事》《隐藏的自我》的中文简体字版已由湛庐文化策划、浙江教育出版社出版。

——编者注

候曾经从屋顶上跌下来过，那时他也感受到了类似的时间被拉长的感觉。他进行过多项有关时间感知的实验，按照他的解释，这是“记忆刻画现实故事的伎俩”。我们的神经机制总是不断尝试在尽可能短的时间内，将周遭的世界整合成合情合理的叙事。作家们也有相同的企图：当以自己的时间重新评估事件时，他们要弄清楚，如果不经过时间重置，那什么是虚构的？如果不回溯时间，那什么又是历史？

我并不是在乘救护车前往医院的途中就了解了这一切，救护车自有它的例行程序，急诊科也一样。我在那里等待看诊，像天长地久那么久，足以让我的杏仁核带我返回那种宁静、平衡的状态。时间以另一种不同的方式被拉长了——那是拉长的枯燥乏味。在差不多两个小时的时间里，我百无聊赖地看着其他患者，想着该怎么取消未来一个星期满满的日程表中大部分的安排。

杰克本来计划搭乘当天傍晚的最后一班火车返回圣艾夫斯，当然，他没能赶上。不久之后，我的妻子贾斯廷也到了，我告诉了她事情的原委，那时，沾满血迹的纸巾还粘在我的额头上。又过了不久，我躺在隔间里的担架上，一位护士问我还能不能握拳。差不多到了午夜，医生才为我的手肘裹上了石膏，以防我在进手术室前移动到它。凌晨 1 点过后，一位和蔼可亲且即将结束值班的医生对我说，他必须回到妻子和刚出生没多久的小宝贝身边。可是，我的伤口太深了，与其让资历浅的医生为我缝合，不如他自己来。

凌晨 3 点的时候，我独自待在医院，贾斯廷与杰克已经开车回了家，自行车就放在车的后备厢。我呢，还没有等到病房的床位。我胸前的手臂裹着石膏，手肘刚刚缝了 9 针，我还吃了几颗止疼药。我不知道要在那里待多久，也不知道要等多久才能做手术。我听见某个地方有滴水声，房间外面有人在喊叫，我开始觉得冷了。

我想，我能觉察到那时的每一秒都发生了什么。那是 2014 年 8 月的一天，但日期不仅无关紧要，还很主观。这次事故让我紧绷的心智散开并颠覆了一切。在医院这个沉寂的空间里，我觉得自己达到了一种意识状态，在这种状态下，时间有了新的紧迫性，也有了新的从容。我回到了担架上，在这里，时间不再属于我，也让我疑惑时间的限度究竟是什么。

一切都是凑巧还是注定的？对于自己创造出来的事物，我们是否已经失去了控制能力？如果我和杰克早半分钟离开足球场，如果我们把自行车骑得更快一些，如果红绿灯能让我们慢下来，如果那位葡萄牙女性在那个下午多品尝片刻小蛋糕，如果她根本就没来伦敦，那这一切就不会发生——杰克能赶上火车，我可以观赏《今日比赛》（*Match of the Day*）的集锦报道，医生也可以早点下班陪他的妻子和孩子。

在这种时间背景下上演的一切，都是独断专行以及自导自演的，是历经世世代代的逐步校正而形成的安排。我不禁好奇，这些事件是如何联结在一起的？时间为交通运输、休闲娱乐、运动赛事、医疗诊断等所有事提供了规范，而本书的主题，正是人们以及各种过程是如何与时间联结在一起的。

所有事物都包含对时间的探索

此刻在医院里自怨自艾的人，不妨想想 2 000 年前古罗马的思想家塞涅卡（Seneca），他在《论生命之短暂》（*On the Shortness of Life*）中劝告世人应该明智地生活，也就是切勿虚度光阴。他环顾当世，不满人们浪费光阴的行为，认为人们“或欲壑难填，或汲汲营营、徒劳无功；或醉生梦死，或无所事事”。他指出，世间万物大多只是苟且生存，只是“时间的过客而已”，算不上生命。60 多岁时，塞涅卡在浴缸中割腕，了结了一生。

塞涅卡最知名的一句话来自其作品的开头，让人想起希腊哲学家希波克拉底（Hippocrates）的名言："人生短暂，艺术恒久。"这句话确切的意义恐怕仍有待阐明，但我想，他应该不是在说知名画家举办展览时参观者大排长龙的现象，而是指成为某方面的专家所必须付出的辛勤努力的时间。塞涅卡引用这句话，说明时间的本质是古希腊和古罗马的思想家一直在不断探讨的主题。

在亚里士多德眼中，时间是秩序的一种形式而非用来衡量事物的尺度，是一种使事物之间形成关系的安排。他认为，"现在"并不是一成不变的，而是流动不居的实体，是构成恒久变化的一部分，永远依赖于过去和未来，也以独特的方式依赖于灵魂。马库斯·奥里利厄斯（Marcus Aurelius）认为时间是流动的，"时间是滔滔不绝的往事之河""一事方生，瞬息之间即被另一事取而代之，然彼亦转眼成空"。得享高寿的圣奥古斯丁则洞悉了时间稍纵即逝的本质，而且，这一本质至今仍困扰着量子物理学家："何谓时间？若不问我，我还知道。若要我解释，我就不懂了。"

我的手肘"生产"于1959年夏季，在第55周年之际被摔个粉碎。X光显示，它被摔得就像一堆拼图，骨头和关节零碎四散，犹如逃亡的囚犯。医生向我保证，接下来的手术很简单，他们会用金属线将这些破碎的骨头一片一片地拼凑回去并固定住。

意外发生时，我戴的手表也是20世纪50年代生产的，因为上发条的频率等原因，它每天会慢4～10分钟。这是个老物件儿了，而我就喜欢它这一点——你可以信任一只旧表，毕竟它已经做同一件事做了那么多年。为了准时赴约，我必须得准确地计算它究竟慢了多少。我想过把它拿去好好校准一番，却从来都抽不出时间去做。最重要的是，我喜欢它的模拟式组件，它的齿轮、弹簧和飞轮完全不需要电池来驱动。而且，它能暗示我生活的方式不应该受时间支配。

> 时间可能是最具破坏性的一种力量，只有能免于受它蹂躏的人，才能多多少少地保有控制意识并拥有能掌控自己命运的感觉。
>
> TIMEKEEPERS

当然，如果能摆脱我的手表，或者能在奔驰的火车上将它扔出窗外，那我就能彻底获得时间的自由，而这是最好不过的了。

4分钟的时间是快还是慢？当你半梦半醒地躺在漆黑的房间里，或者在小船里沿着芦苇丛漂荡，又或者像克莱夫·詹姆斯（Clive James）的歌词中所说的那样寻觅着用贝壳交换羽毛之地，这是一件可供思索的有益之事。我佩服亚里士多德的乐观，他说：

> 我们的生命在于事迹，不在于年岁；在于思想，不在于气息；在于情感，不在于每日的光阴流逝。我们应该以内心的活力计时。

我曾经想要有时间放个假，并且我同意J. B. 普里斯特利（J. B. Priestley）的格言——美好的假期就是和一群时间观念比自己更模糊的人共处。

医生在第二天上午为我做了手术。手术进行得很顺利，只要积极进行物理治疗，8个星期内我的手臂就可以恢复到九成好了。

在进行物理治疗期间，我比往常看了更多的电视，也比往常更容易发脾气。我用Kindle阅读了很多书，因为看纸书就像为手表上发条一样，无法只靠一只手进行。我读了《禅与摩托车维修艺术》（*Zen and the Art of Motorcycle Maintenance*）这本大谈公路上的心灵之旅的书，它的作者罗伯特·M. 波西格（Robert M. Pirsig）深入掌握了西方文化的某种时代精神抑或瑞典人所说的文化载体（kulturbärer）。这本应运而生的书挑战了人们预设的文化价值，于是成了极其成功的畅销书。我们总是想要得到更多，变得更快，也就是追求更物质主义、更快速也更便利的生活，极度仰赖超乎自己掌控和理解的事物。而在这本书中，“禅”正好驳斥了这些预设。

拨开表象，《禅与摩托车维修艺术》其实是一本关于时间的书。它一开头就这样写道：

> 我的手不必离开摩托车的左把手，只要看一眼手表，我就能得知现在是早上 8 点 30 分。

在接下来的 400 页中，波西格也很少松开把手——这本书的旅程探索的是人一生中所珍视的事物是什么以及在旅程中亲眼所见和切身感受到的事物的核心本质是什么。骑着摩托车横越炽热的大地，让人们体会到了强烈的活在当下的感觉。在这一旅程中，这位骑手兼作家跟他的儿子克里斯穿越了美国中部平原直奔蒙大拿州甚至更远的地方，而这一路上绝不只是悠闲地晃荡。

> 我们想要拥有一段美好的时光，然而，此刻我们用来衡量的标准是“美好”而非“时光”，强调的重点变了，整个旅途也就大不相同了。

我想起了引导我走向阅读与写作的人，也就是我中学时代的英语老师约翰·库珀（John Couper）。库珀先生允许我将鲍勃·迪伦的《荒凉街道》（*Desolation Row*）的歌词带到高级专题讨论会，像对雪莱的诗作那样对它进行分析，当然，我觉得迪伦的歌词明显比雪莱的诗好太多了。

有一天早上开会的时候，库珀先生站上大礼堂的讲台，发表了一篇关于时间的演讲。一开始，他引用了几则有关时间的名言，如苏格拉底所说的“提防忙碌生活中的贫乏与空洞”。接着，他朗读了一连串的事项，其中有一部分是这样的：

时间，你可以消磨它，利用它，失去它，节省它，浪费它，让它变慢，使它加速，攻击它，保留它，精通它，吝惜它，杀了它。

关于时间，其他精巧的用途还有不少，而库珀先生的重要结语是，能如此年轻且有的是时间是一件幸运的事，因为岁月不待男人啊——当时我读的是男校。你想怎么利用时间都行，但绝不应该浪费时间。这条规则我一直谨记在心，可要奉行它却是难上加难。

有时候，我觉得可以通过计时来衡量我的童年，说不定大家也都办得到。我三四岁的时候，父亲带回来一座金色的马车钟，放在一个以艳红色碎丝绒做内衬的盒子里。当我用小指头压下时钟顶端的按钮时，它便会开始敲打报时。此外，学校的大礼堂有校钟，厨房有钟，我的卧室也有一个叫“大本钟”的闹钟，它是美国的西部钟表公司（Westclox）生产的。①

① 这让我想起一个笑话：大本钟和比萨斜塔聊天，大本钟说：“如果你有斜角，我就有时间。”（I' ve got the time if you' ve got the inclination.）——这是英美流行的一则带有性暗示的笑话。

有时候我们会一起看爱尔兰喜剧演员戴夫·艾伦（Dave Allen）的节目，这可是要冒相当大的风险的，因为艾伦是一名“危险”的喜剧演员，他经常惹毛宗教团体，在节目播出时喝酒抽烟，讲一些尺度比较大的事情。他看起来有点品行不端，而且失去了左手食指的指尖，他声称那是在一次令人毛骨悚然又滑稽的意外中失去的。但后来我们才知道，那是他6岁的时候在一家工厂里被齿轮夹断的。

有一天的节目上，艾伦走下高脚椅，放下雕花玻璃杯，开始讲起了故事，而那故事是关于安排生活的特殊方法的。

> 我的意思是，我们如何靠时间生活……如何靠手表、时钟生活。我们在成长的过程中被教会了依时钟行事，被培养成了尊敬时钟、赞赏时钟的人。我们严守时间！我们的一生就是为了时钟而活着！

艾伦边说边挥舞着右手，表现出对这种疯狂行径的惊愕。

> 你按时钟打卡上班，又按时钟打卡下班；你按时钟回家，按时钟吃饭，按时钟喝水，按时钟上床睡觉……你这样过了40年，然后退休了，可这世界他妈的给了你什么？不过就一个时钟！

艾伦的粗口招来了大批观众的投诉。事实上，艾伦一上节目，就有一群人在电话旁边各就各位了，就像播猜谜节目时电视机前的参赛者一样。可是，没有人会忘记这则笑话，也没有人会忘记那掌握得恰到好处的笑点，他每一次停顿的效果都如同鼓手单独表演时的静音一样。

在等待手肘康复期间，我浪费了不少时间在手机上。有一天晚上，我躺在床上，突然特别想看比尔·奈伊（Bill Nighy）主演的电影。我调暗手机屏幕的亮度，开始目不转睛地盯着YouTube看。接下来，我又上瘾一般地看了一系列理查德·柯蒂斯（Richard Curtis）的电影和戴维·黑尔（David Hare）的戏剧《天窗》（*Skylight*）。然后，我干了一件不可原谅的事——我竟然付费下载了电影《时空恋旅人》（*About Time*）。这部荒谬的电影讲的是奈伊所饰演的人物所在的那个家族的男人们的故事，他们能回到过去，改正过去所犯的错，比如在这里说错的一句话，在那里搞砸的一次约会，最后得到真爱并过上幸福快乐的生活。正如影评家安东尼·莱恩（Anthony Lane）所说的，真正应该做的聪明事，是翻阅今天的报纸，然后回到过去，给赢得比赛的那匹马下注，这多么有《回到未来》（*Back to the Future*）的风格啊！不过，一个多世纪以来时

间旅行的作品都已经很清楚地表明了，进行这类虚构的时间旅行的，很少有真正聪明的人。很显然，我当然也希望能回到过去不按下“购买”键。

比尔·奈伊之所以能吸引我，并非因为他的作品。我和他吃过一次晚餐，同桌的还有他当时的妻子黛安娜·奎克（Diana Quick）。我发现，他简直就跟在大部分电影和戏剧中一样：完美无瑕的西装配上沉重的眼镜，还有英式、无可挑剔的温文尔雅的风度与骑士气概，他能让你相信他所说的每一句话，而这若不是因为博学多闻，便是因为他幽默风趣至极。我真正喜欢他的一点，是他似乎分毫不差地规划好了自己的人生。被问到闲暇时做何消遣时，他说自己会看足球赛事的电视转播，尤其是冠军联赛——他简直是痴迷于冠军联赛。事实上，他甚至用还可以看多少季冠军联赛来计算这辈子还剩下多少时间。在未来的 25 年里，如果巴塞罗那足球俱乐部能够以快速传球的风格和不可持球超过 7 秒钟的严正训令来讨好一个优雅而风烛残年的灵魂，那他就不枉此生了。

随着手肘痊愈，又可以重拾书本，我觉察到：

> 周遭的每一件事物中都带有对时间的探索，每一个故事、每一本书、每一部电影都是如此：它们都具有时间敏感性或者取决于时间，而且所有不是设定在想象的时间中的事物都是历史。
>
> TIMEKEEPERS

报纸或电视上的事，很少是真的值得报道的，其中首要的是文字。例如，《牛津英语词典》每 3 个月就会在第 3 版的在线版本中添加大约 2 500 个新造或修订过的词和词组。在这些新词中，有很多是俚语，也有很多是从流行文化或科技用语中衍生而来的。相比于新词，《牛津英语词典》也维持着一份常用的旧词清单，我们大可以猜到有哪些，如 the（此）、be（是）、to（到）、of（之）、and（与）。那么，最常用的名词有哪些？Month（月）排名第 40，life（生活）排第 9，day（日）排第 5，year（年）排第 3，person（人）排第 2，而最常用的名词是 time（时间）。

《牛津英语词典》注意到了人们在词汇上对“时间”的依赖，不仅是将它视为一个词语，同时也将它视为一种哲学：依赖时间的行动及词组多于依赖其他词的，如 on time（准时）、last time（上次）、fine time（愉快的时光）、fast time（夏令时间）、recovery time（复原时间）、reading time（阅读时间）、all-time（空前的）……时间在生活中的地位牢不可破，这一点是毋庸置疑的。仅仅是检视这份清单的开头，就可能会让人不禁联想到我们已经走得太远也走得太快，以至于无法重塑时间或让它完全停止了。然而，下一章会讲到，曾经有一段时期，在人们的观念里这些事都是既可遇又可求的。

TIMEKEEPERS:
How the World
Became Obsessed with Time

02 历法，为生活提供稳定的管理方案

鲁思·尤安（Ruth Ewan）有一个既宽敞又明亮的房间，可以俯瞰伦敦的芬奇利路。马勃、核桃、鲑鱼、小龙虾、红花、水獭、金篮花、松露、糖枫、压酒机、犁、橙子、起绒草、矢车菊、鲤鱼……2015年1月底，她在这个大房间里摆放了360件物品中的最后一件，试图逆转时间。1980年，尤安出生在苏格兰的阿伯丁，后来，她成了一位艺术家，对时间以及时间的极端野心无比狂热。她将这项逆转时间的新计划称为"回归田野"（Back to the Fields），充满勇

往直前的勇气，并弥漫着令人惴惴不安的气氛。所以，难免会有人怀疑这是某种类似于祭天的疯癫行径。

这确实很像巫术。这 360 件物品基本都要放在镶花的地板上。因为有些生鲜在室内条件下很容易腐坏，所以尤安的摆放偶尔会有不连续的地方。例如，葡萄很快就会腐烂，因此她或者她在卡姆登艺术中心（Camden Arts Centre）的助理就得到附近的超市买新鲜的来替换。这些物品使她的计划看起来像一场大型的丰年祭，而最大的不同之处就在于，这项计划没有任何宗教目的。

这些物品可不是顺手拿来并随意摆放的。以冬大麦为例，尤安刻意用鲑鱼和夜来香将它与六棱大麦隔开，洋菇和大葱之间则隔了 60 件物品。这 360 件物品被分为 30 组，代表一个月的天数；每个月再分为 3 个星期，每个星期 10 天。不过，一年的天数仍维持 365 或 366 天。这种新算法造成的 5 ～ 6 天的缺口以节日补足，包括美德、天赋、劳动、定罪、幽默，闰年则还包括革命。这一整个概念本身就是一场大革命——它绝不仅是一种别出心裁和发人深省的艺术，而是以鲜明的方式呈现了这样一种观念：**当现代性在大自然的领域里自由奔放地发展，时间可以重新开始。**

鲁思 · 尤安正在重建法国共和历（French Republican calendar），这是在政治上和学术上拒绝旧制度，认为传统的格里高利历（Gregorian calendar），即公历，应该和法国的巴士底监狱一样被彻底攻破。

令人惊讶的是，法国共和历曾风行过一段期间，毕竟，连断头台都依然能在秋阳之下闪闪发光，所以这款历法会流行或许也就不太令人惊讶了吧。虽然法国共和历的问世可以追溯到 1792 年 9 月 22 日（葡月悬钩子日），也就是法兰西第一共和国建国之日，但它正式启用却是在 1793 年 10 月 24 日（雾月梨日）。这款激进的历法使用了 12 年多，直到 1806 年 1 月 1 日，拿破仑 · 波拿巴废止了它。[①]

① 法国共和历的月份和日子均被重新命名了，月份的名字被改为葡月、雾月等，每日则各以一种植物或矿物为名，如葡萄日、梨日等。——译者注

将一天分为 10 小时会发生什么

鲁思·尤安的这个房间位于伦敦西北部，外面有她的第二项重建的杰作——一个高挂在墙上的只有 10 个小时的钟。它的依据是法国大革命时期另一项想要重新规划时间的实验，当时，法国曾以 10 进制的钟表来彻底重新分配一天的时间，但以失败告终。

12 年前，尤安曾尝试以她不正确的时钟混淆整个城镇的时间。2011 年的福克斯顿三年展（Folkestone Triennial）是一届完全仰赖时间规律而进行的展览，并且特别展示了 10 座她的 10 小时钟——它们被很有心机地分散在整个城镇，比如一座放在英国知名百货公司 Debenhams，一座放在市政厅，一座放在古文物研究书店，还有一座装在当地的出租车上。

这具 10 小时钟有几分钟看起来是正常的，至少可以说跟 12 小时钟一样正常。10 小时钟将 1 天的时间缩减为 10 个小时，每小时分为 100 分钟，每分钟再细分为 100 秒。因此，每 1 革命小时就是 12 小时钟状态下的 2 小时 24 分，1 革命分是 1 分 26.4 秒。在 10 小时钟上，代表午夜的 10 点在正上方，代表正午的 5 点在正下方。看到 10 小时钟时，习惯了 12 小时钟的人通常会需要一会儿来推测时间。法国人，至少是 18 世纪 90 年代那些认为精确的时间非常重要且负担得起新计时工具

的法国人，不得不吃力地配合这套国家推行的新时钟。直到 17 个月后，他们才得以摆脱，就像摆脱一个噩梦一样。虽然偶尔会有死心眼儿的人再次采用它，如同有些人想要把大洋洲放在地球仪的上半部分一样，但它依然被认为是一个时代的错误。[①]

尤安告诉我，她制造这些时钟是想知道它们究竟会是什么样子；之前，她只在瑞士的一个博物馆见过一座还能运转的，在法国也见过几座。不过，她去接洽钟表公司谈她的构想时，"只引来了一阵嘲笑"。接连失败了六七次后，她才找到一家名为坎布里亚钟表公司（Cumbria Clock Company）的公司愿意做这件事。该公司的网站宣称他们有非常棒的"公共时钟制造术"，即使是到最小的教堂为钟表的齿轮上油，他们的员工也会兴致盎然，将其当成大问题来解决，就像是处理索尔兹伯里大教堂和大本钟的任务一样。不过，他们没有制作过 10 小时钟这样的机械装置，更别说一次做 10 个了。

尤安在福克斯顿的这个干扰性展览上有一个耀眼的标题："我们可以成为任何我们想成为的人。"这个标题来自电影《龙蛇小霸王》（*Bugsy Malone*）的插曲。尤安特别喜欢第二句歌词："改变永不嫌晚。"时钟是一种"古老的玩意儿，却也谈论着未来"，尤安说，并且确切指出时间的本质："我在影射一个事实——我们拒绝过这个时钟一次，但是它还会卷土重来。"

这些时钟被安装在公共场所之后，人们觉得它难懂极了。

① 1897 年，法国人还进行了一次时间改革，不过，那次只是想修订刻度。当时，十进制时间委员会（Commission de décimalisation du temps）提议，在维持一天 24 小时的前提下，将每小时变更为 100 分钟，每分钟变更为 100 秒。这项提案在桌上躺了 3 年，连 1 分钟都没有付诸实施过。

> 许多人看它一眼，说道："好吧，我知道了。"实际上，他们也知道自己根本就没有看懂：他们把它当作20小时钟，而非真的当作10小时钟。但事实上，在一天中，时针只会转一圈，而不是两圈。

在我们聊天时，鲁思·尤安对时间的痴迷完全没有一丁点儿减弱的迹象。那时，她刚开始在剑桥大学担任驻校艺术家，在那里跟植物学家一起工作，分析卡尔·林奈（Carl Linnaeus）在1751年发现的伟大的花钟[①]。林奈是一位瑞典植物学家，曾经提出了一种错综复杂的植物陈列方式。植物排列成圆形的钟面状，每天植物都会在大自然安排的时间下开放和闭合，供人精确或至少大致地计时。不过，植物会受到日照、温度、降雨和湿度的影响，而林奈在瑞典的乌普萨拉市（北纬60º）列出来的对应植物也并不都是同一季节的。19世纪，人们曾进行过多次尝试，想要将这种时钟付诸实践，最后却证明了它终归只是一个理论。然而，时间被重新想象并再次创造了，其细腻的命名方式呈现出了一种优雅流畅的氛围，就像40年后在法国所见到的一样：草地婆罗门参上午3点开放，蒲公英上午4点前开放，野生菊苣上午4～5点开放，猫耳菊上午6点开放，苦苣上午7点前开放，金盏菊下午3点开放。

身为艺术家却重新发明时间，会面临现代版画家和陶艺家不会遭遇到的两难困境。尤安的"回归田野"历法展最棘手的地方在于，如何取得那些在过去200年里早已过时的鲜为人知的植物和物品。"一开始我想，什

① 林奈发现，植物开花都有一定的时间，受制于生物钟，这个发现就被称为"花钟"。此外，将不同的植物按其开花时间组成钟盘，可以报时，即花卉时钟。——编者注

么东西都可以在网上找到，但现在我知道了，并不是这样的。”加入这次展览的最后一件物品是一个簸箕。

> 不久以前还到处都能看到它，如今却只能在一位牛津大学教授那里找到，它是那位教授的私人收藏。

有一位前来卡姆登艺术中心参观尤安展览的访客，比大多数人都了解时间的紊乱。他叫马修·肖（Matthew Shaw），是大英图书馆的研究员。他的博士论文写的是大革命后的法国，后来出版成书，也被转化为一场45分钟的演讲。这场演讲以华兹华斯著名的乐观主义的诗句开场："在那个黎明之际，活着是幸福，而青春红颜则宛如大堂！"马修·肖解释说，法国共和历企图将整个国家拉出世上现有的时间表，重新开创历史，并让全体国民都拥有共同而明确的集体记忆。为失序的国家赋予秩序，这的确是个很好的做法。

马修·肖检视了法国共和历中的俗世元素，它革除了宗教节庆与圣人纪念日，强调时间本身所蕴含的工作伦理——时间经过重新安排，能够使工业革命前的法国在农场和战场上都更加有效率。每个月被分为3旬，每10天为1旬，每旬休息1天，而非每7天休息1天。也就是说，没有了安息日，并且人们发现新的休息日带有许多积极的义务。在带领参观者游览时，马修·肖这样说：

> 各位如果仔细观察就会注意到其中有个模式，那就是每到一个第5天和第10天，就会有某个项目脱离顺序，无论那个项目是动物的还是器物的，都是如此。在第10天，所有人都应该聚集在村庄里，一起唱爱国歌曲、研读法律和享用大餐，当然，还要学习使用十字锹。

法国共和历之所以会失败，这或许是其中一个原因。不过，还有其他的更重大的理由，例如春分、秋分的偏差。法国共和历不仅是一种历法，还充满了政治意味，代表极端的农业作风，并且加强了自己的历史感。除此之外，马修·肖指出：

“想要以这种历法统治整个帝国是相当困难的。”法国共和历把事态弄得更复杂了，就连12个月份都有了新名称——由法布尔·代格朗汀（Fabre d’ Églantine）这位诗人兼剧作家选用。不过，不久之后，代格朗汀就因为金融犯罪以及与罗伯斯庇尔的关系而被送上了断头台。在这12个月中，雾月（Brumaire）是从10月22日（苹果日）持续到11月20日（滚筒日）；雪月（Nivôse）则是从12月21日（泥炭日）到1月19日（筛子日）。只要学会了，一切就会变得很简单，但依然很少有法国人会或者想学习怎么用它。

马修·肖的导览将近尾声，参观者开始离去，并纷纷向他颔首致意。他在榛子所代表的2月15日停下来，说：

> 有一件非常巧的事：今天我们得到消息说米歇尔·费雷罗（Michele Ferrero）过世了，享年89岁。而他就是靠能多益（Nutella）榛子巧克力酱致富的。

马修·肖导览的倒数第二站是热月（Thermidor）洒水壶日，也就是7月28日。这是法兰西共和国的盛暑，在1794年的那一天，罗伯斯庇尔遭到处决，曾主导恐怖统治的他受到了恐怖的反噬。①

① 法国共和历的主要编制者吉尔伯特·罗姆（Gilbert Romme）没有被推上断头台，而是跌倒在了自己的剑刃之上，那时差不多是罗伯斯庇尔被处决的一年后——1795年6月17日。

将一年分为25个月会发生什么

法国共和历既疯狂又精彩，它就仿佛存在于时间之外一样。然而，我们的判断只不过是来自习以为常的生活以及时间本身。

世界上有多种历法，每种历法自有其框架，且融合了各种逻辑、自然科学和独断性。时间的历法系统安排了我们的生活，使它有了貌似进步的外表。或许，我们也希望生活能因此具备一致性的意义吧。

TIMEKEEPERS

历法这样的系统未必是绝对无误的，也未必是我们可以一直仰赖的对象。或许有一天我们会大梦初醒，发现星期二并不是在它平常所处的那个位置上，10月也已经彻底消失不见了。

法国共和历还有非常与众不同的一个方面：它是一夜之间形成的，而且是横空出世、前所未闻的。对于以往的所有历法观念，历法历史学家总是喜欢标榜其“深刻的稳定性”，而至此，这已被破坏殆尽。要知道，对于欧洲以往的历法和古代文明世界的历法，我们都倾向于认为是随着人们在天文方面的认知增加和数学计算能力的提高而逐渐发展起来的。即使是宗教历法，也是彼此借鉴，以冬至、夏至、春分、秋分和日月食的共同基准为依据的。

但是，如果认为法国共和历是人类历史上第一次在历法中强加政治观点，那可就大错特错了。所有历法都或多或少在施加某种秩序和控制，而且本身都是政治性的，宗教历法更是如此。以古代的玛雅历来说，它很巧妙，但也确实很令人困惑。玛雅历中有两个系统，一个是365天的，一个是260天的。其中，260天的系统也被称为圣圆（Sacred Round），包含20个不同的日期名称，如Manik、Ix、Ben和Eiznab，它们分布于一个内圆的圆周上，该圆包括13个日数，因此一年结束于第13，也就是Ahau。365天的系统包含18个月，每个月为20天。由于这18个月总计360天，与日月的循环节奏不合，因而剩下的5天被视为影响重大，玛雅人通常会留在屋里向众神祈祷，乞求不会有噩运降临。这些都是可怕的宗教预言，也彰显了祭司的力量。

15 世纪与 16 世纪早期的阿兹特克历法也是按照类似的循环运作的，再加上制度化的控制，即刻意利用各种宗教节庆和其他日子，将这个庞大帝国的不同省份统一起来。阿兹特克历法的高潮是新火仪式（New Fire），在每 52 周年的循环结束时举行。

儒略历是我们比较熟悉的一种历法，从公元前 45 年开始生效，包含 12 个月，年平均长度为 365.25 日，以太阳年为基准。1582 年，罗马教皇格里高利十三世对儒略历进行改革，保留了其月数和天数，但将一年持续的长度稍微缩短了 0.002%，以便反映更精确的天体运行规律，并重新安排复活节的日期——这是第一次庆祝复活节。①

经过了一段时间后，格里高利历才被人们接受，其中，天主教国家接受得心不甘情不愿，在整个欧洲造成了异常反应。1715 年 4 月 22 日，英国天文学家埃德蒙·哈雷（Edmond Halley）在伦敦观察到了完整的日食，欧洲其他地区的人则在 5 月 3 日才看见。1752 年，英国及其美国殖民地终于开始使用新历法，但仍有一群人在骚动着，高喊着："把我们的 11 天还回来！"日本是在 1872 年接受新历法的，俄罗斯是在第一次世界大战结束时加入的，希腊是 1923 年，土耳其一直坚持使用伊斯兰历法，直到 1926 年才接受。

对于管理生活的方式，人们的选择充满了随意性。

① 对于儒略历的月份，我们也都比较熟悉：Januarius（1 月）、Februarius（2 月）、Martius（3 月）、Aprilis（4 月）、Maius（5 月）、Iunius（6 月）、Julius（7 月）、Augustus（8 月）、September（9 月）、October（10 月）、November（11 月）、December（12 月）。在近代的头几个世纪，新任命的罗马皇帝通常都会对历法进行自我本位的修改，其中最为极端的是康茂德（Commodus），他将所有月份的名称都改成了自己名字的各种变体，并且改得不亦乐乎。之后，他遇刺身亡，继位的皇帝再次将名称改回了原名。

2013 年 11 月，B. J. 诺瓦克（B. J. Novak）在《纽约客》上用《发明历法的人》（The Man Who Invented the Calendar）一文很高明地恶搞了这种现象。这篇文章以平铺直叙的方式描写了他的发明的伟大逻辑：

> 1 年有 1 000 天，分为 25 个月，每个月分为 40 天。以前怎么没有人这么想过呢？

这个历法一开始进行得很顺利，但到第 4 个星期的时候发生了危机。诺瓦克如此记录：

> 人们都恨透了 1 月，想要它快点结束。我试着说明那只不过是个标签，即使结束了它也不会有任何差别，但没有人听得进去。

10 月 9 日，诺瓦克写道：

> 这么久没记录了，真是不敢置信！今年夏天真是太棒了，收成也很好……这一年过得真好，然而现在还只是 10 月。后面还有 11 月、12 月、13 月、14 月、15 月、16 月、17 月……

很快，诺瓦克就决定提前结束这一年，而他的朋友们都表示支持。但是，在圣诞节那几天，他有些心神不宁："12 月 25 日——为什么今天我觉得这么孤单、寂寞？""12 月 26 日——我为什么这么胖？"

怀旧是一种病吗

到了 1830 年的法国七月革命时，没有人敢再提出制定新的历法或改变时钟的钟面了。[①]倒是有另一种痴迷似乎席卷了19世纪早期的法国，至少可以说席卷了精神分析档案簿——回顾过去的行为变成了一种的疾病。看似大爆发的怀旧现象，让19世纪20年代和30年代的医学界大为着迷。

最早的案例之一，是关于一位上了年纪的租房者的，他住在巴黎拉丁广场竖琴街的一处出租房里。他非常以自己所住的公寓为傲，因此，在得知为了街道扩建，房子将要被拆除的消息时，他崩溃了，崩溃得整天躺在床上不肯离开。房东再三向他保证，新住处的条件更好，而且非常明亮，但他仍然毫不动摇。“这里不再是我的住处了。”他诉苦说，“我深爱着这间房子，这是我亲手布置的。”就在拆除房子之前，他被发现已经去世了，而这很显然是“绝望令人窒息”了。

另一个案例也发生在巴黎，主角是一个两岁的小男孩，叫尤金。尤金完全离不开保姆，只要一回到父母身边，他就会全身软弱无力、脸色苍白，双眼紧盯着保姆离开的那道门不放。直到与保姆团聚，他才会再次开心起来。

这类案例让法国人束手无策。文化历史学家迈克尔·罗思（Michael Roth）认为，怀旧是“一种痛苦。在医生眼中，它有可能致命且会传染，并且和19世纪中叶法国人的生活有某种深刻的关系”。其中共同的原因是过度喜爱早期的记忆，而且，整个世纪以来，人们都在用心追求现代性，怀旧则会让人被社会抛弃。

① 虽然如同1789年的法国大革命一样，时间暂时地或许也是神秘地静止不动了，但德国哲学家瓦尔特·本雅明（Walter Benjamin）在《论历史的概念》（*On the Concept of History*）一书中宣称：“在爆发第一波小规模战斗的那个傍晚……巴黎有好几个地方的钟塔同时被击中。”关于这一点，有两个貌似可信的原因：为了向旧有的违宪当权派展现自己不以为然的立场，以及为了记录准确的推翻旧政权的时刻。

这种痛苦第一次被归类为疾病是在1688年，出自瑞士医生约翰尼斯·霍弗（Johannes Hofer）之手，他结合nostos（归乡）与algos（痛苦）这两个希腊词组成了nostalgia（怀旧）。17世纪早期，心痛（mal de corazón）这种痛苦出现于在三十年战争[①]中被送回家乡的一群军人身上，而且看起来确实像是一种特别折磨军人的疾病。很显然，瑞士军人一听到牛铃声就会想起家乡的草原，因而潸然泪下，更别说听到挤乳歌《克许-瑞恩》（*Khue-Reyen*）了。这首歌非常能弱化军心，因此，若是有人胆敢演奏或者蓄意吟唱它，已经足够行刑枪队侍候了。怀旧是第一种与时间有关的疾病，它的受害者是渴望往日时光的人。[②]

① 1618—1648年，由神圣罗马帝国内战演变而成的一次大规模的欧洲国家的混战，也是历史上第一次席卷全欧洲的大战。
——编者注

② 现在还有没有与时间有关的疾病？当然有，而且多得很，比如多动症、癌症、智能手机上瘾症等。

不过，怀旧并不是与往日有关的疾病。如今，我们对所有事物都会怀旧，即使是心理分析师的沙发，也要为其他更重要的问题腾出来，轮不到怀旧。我们喜欢复古的东西，我们喜欢历史，网络是因为中年人或者说男性渴望买回逝去的青春才蓬勃发展起来的——不论他们想要买的是可标价销售的玩具还是能抢救的汽车，时间都没有让这些物品凋零，反而增加了它们转售的价值。越来越多的人不再把怀旧当成疾病，而是将其当成消费主义的毛病，而且它也逐渐不再完全是负面的。随后你会在本书中看到，逆转时间已经成为一种越来越受欢迎的生活方式，就像慢生活早已从业余人士的消遣变成了可以大赚其钱的运动一样。

如何让时间“停止”

法国人喜欢转变时间固有的流动方向，这个习性一直延续至今，当然，结果也是同样的徒劳无功。不过，现在的反弹更加极端，也更加自我嘲讽，人们想要的不是重新规划历法，而是完全废除历法。2005 年除夕夜，一个自称方拿肯（Fonacon）的抗议团体聚集在靠近法国南特的一个小镇，企图使 2006 年暂停。这个团体有几百人，这样做的理由很简单：2005 年不是太平年，2006 年还有可能更糟，因此，他们试图用唱歌以及砸烂几具老爷钟的方式，象征性地使时间停止。

当然，这并没有用。一年后，他们又试了一回，又有几具无辜的时钟壮烈捐躯，然而世界依旧正常运转着。来年，他们再度尝试，结果却仍旧令人失望。这件事让我想起了一个多世纪以前另一次比较严肃的事件。1894 年 2 月 15 日，一位叫马夏尔·布尔丹（Martial Bourdin）的法国无政府主义者，在英国格林尼治皇家天文台的庭院内遭遇不幸。当时，布尔丹身怀炸弹，而炸弹意外引爆炸断了他的一只手，并在他的肚子上开了一个大洞。

一听见爆炸声，天文台的两名员工就从办公室冲了出来，到达事发地点时，布尔丹还活着。不过，他只撑了一个半小时。警察检查他的尸体时发现他身上带着大量的现金，警察认为这是跑路费，让他在完成任务后能够迅速逃回法国。那么，他的任务究竟是什么？之后的好几个星期，整个伦敦都陷入了猜测之中，10 年之后，这更是启发约瑟夫·康拉德（Joseph Conrad）创作了小说《秘密特工》（*The Secret Agent*）。直到今天，我们也不清楚布尔丹的动机：他可能是为共犯携带炸弹；也可能只是为了引起恐慌和混乱；不过，其中最离奇也最有法国风格的看法是，他想让时间停止。

方拿肯团体并没有奉布尔丹为英雄，但他们确实可能怀有共同的野心。

2008 年除夕夜，方拿肯再次尝试停止时间，并且提出了新的口号：“现在是过去比较好！”（It was better right now!）一位名叫马里－加布里埃尔（Marie-Gabriel）的男子解释说：“我们反对时间的专横，反对历法的无情冲击，我们宁愿在 2008 年原地踏步！”他们在巴黎的抗议行动参加的人最多，共有 1 000 人聚集在香榭丽舍大道狂嘘新年的到来：所有时钟都走到了 12 点，于是抗议群众一起攻击时钟。然后，哇哩，2009 年到了。

我们总是喜欢将可以让时间停止的想法当成异想天开，或者认为是电影里才有的玩意儿。如果说法国大革命时期的法国人认为这种事情可信，那我们应该将这种欲望归功于乐观、热情以及另外一项革命——一项尚未发生的关于旅行的革命。火车正在奔驰而来，这可是一件实实在在且严肃的事，而从时间的角度来说，火车将改变一切。

TIMEKEEPERS:
How the World
Became Obsessed with Time

03 铁路，让时间有了统一的标准

火车的发明会带来什么改变

在接下来的两年半的时间里，你打算好好地活着吗？如果是的话，那你或许可以开始组装野鸭号（Mallard）火车了。这一款华丽的英国蒸汽火车是粉蓝色的，具有线条流畅的外形，而现在，你可以制造出一辆——每星期你都可以在书报摊买到相关的零件，只要你能坚持 130 个星期，并将一切所需的零件都买回来组装，最后就能得到一辆长 50 厘米的火车头和大约 50 厘米长的补给车，总重约 2 千克。

野鸭号最初是 1938 年在唐克斯特制造的，不过在 2013 年，出版公司阿歇特（Hachette）让业余的模型玩家也有了机会组装出它高度还原的复制品。野鸭号火车模型以分期的形式发行，是经过精密加工的 O 轨距[①]级微型产品，可以在 32 毫米的轨道上运行。这款火车模型的组装非常复杂，以黄铜、白合金、需蚀刻的金属为材料，还要经过一个被称为“脱蜡法”的金属铸造过程。组装时，不仅要有极强的耐心和技术，还要用到圆鼻钳、剪平钳等工具；此外，最好还要穿戴防护手套和面罩。模型组装完成之后，就可以上漆，不过，油漆是没有附赠的。

① O 轨距代表该火车模型的尺寸与原火车尺寸之间的比例是 1：43、1：43.5、1：45 或 1：48。
——译者注

野鸭号火车模型第 1 期的定价只有 50 便士，里面有第 1 组金属零件和一本杂志，告诉你有关野鸭号的历史以及伟大的铁路事业，如西伯利亚铁路的故事。第 1 期的零件是用来制作驾驶室的，它的说明书含有 12 个单元，包括用剪平钳将所有零件从固定架上取下，用砂纸将边缘打磨平顺，在每一个零件上打 3 个点，等等。

第 2 期的定价只有 3.99 英镑，包含模型下一部分的零件——火车头和锅炉气裙，以及西高地铁道的特写。除了让你收到锅炉主体部分的零件以及将定价提高到 7.99 英镑，第 3 期没有任何特别之处——7.99 英镑就是之后每一期的标准售价。不过，第 4 期中有一套免费的模型玩家工具，包括一支不锈钢尺和两把迷你夹钳。第 5 期详细说明了如何为你完工后的野鸭号火车安装马达，当然，模型中是不附赠马达的。

用这种零件组装出野鸭号是非常昂贵的，因为想组装成整辆火车，在第10期、第50期或第80期中断是毫无意义的，你必须将130期全部买齐，而这一整套的总价格是1 027.21英镑。这辆诞生于唐克斯特的火车，原版长约21米，重165吨。它往返于伦敦和苏格兰两地之间，在25年里搭载过数十万旅客，行驶过近250万千米的路。如果直接向DJH模型公司购买这组材料，那就便宜多了，只要664英镑。他们会用一个大箱子将全套零件一次性寄给你，甚至还提供一项服务：帮你组装，让一切加速进行，只需要几个星期即可完工。当然，这种做法完全抓不到重点，因为野鸭号一向与时间有关。建造野鸭号的原因，也恰恰就是时间。

野鸭号，最快的蒸汽火车

或许你能想象到这个场景：1938年7月3日，野鸭号从铁轨上驶来。它的车头、补给车和车厢都是蓝色的，不过，当它急驶过你眼前，你能否看清它的颜色就不一定了。车链的前段还有一节摇摇晃晃的棕色车厢，被称为动力试验车（dynamometer car）。这节车厢内有多位工作人员，他们配备着秒表和类似于原始的测谎器和心脏监测仪的仪器。这辆火车的速度飞快，就像在"狩猎"。工程师之所以用这个词来形容如此高速行驶的火车，是因为它左摇右晃的样子仿佛在寻找到达目的地最快捷的路线，有必要的话甚至会跳到另一条轨道上。它的目的地是伦敦，但在到达之前，火车就会过热。

当时，战争的威胁阴魂不散，而撒切尔夫人才12岁，还在上学的路上。这列疾驰的火车以及跟它有关的回忆，很快就会成为战前最著名的影像之一，如同英国陷入黑暗期之前的最后一次庄园游猎聚会。人们将要做的事是前所未有的，而且它的周年纪念日，不论是25周年、50周年还是60周年的，都令人迫不及待。火车迷也都会爱上这种型号的火车，就像爱其他事物一样。

这一类的火车通常被称为A4级太平洋火车（A4 Pacifics），其外观和性能在设计上都与野鸭号类似。工程师奈杰尔·格雷斯利（Nigel Gresley）还为它们取了类似的名字：野天鹅、黑脊鸥、海鸠、麻鹭和海鸥。[①]那时，格雷斯利已经60多岁，健康开始走下坡路了，但他的设计在国际上深受肯定并被广泛模仿。他设计的苏格兰飞人号（Flying Scotsman）等火车，都以安全舒适为目标。可以说，他的成就与乔治·斯蒂芬森（George Stephenson）和伊桑巴德·K. 布鲁内尔（Isambard Kingdom Brunel）这两位英国的铁道工程伟人旗鼓相当。但是，对这位工程师来说，那些火车显然没有一辆能像野鸭号一样得天独厚，具有流线型的线条、增强的气缸压力、新型的刹车阀门、双烟囱与鼓风管，将蒸汽的力量发挥到极致。

一直到了斯托克河岸，野鸭号才得到了一展所长的机会。由于轨道维修，它驶过格兰瑟姆时已经稍有减速。但是，它以120千米的时速抵达了斯托克峰顶，接着又在漫长的下坡路中加速前进。从峰顶以降，它的时速一直在刷新：140千米、155千米、167千米、172千米、179.5千米、187千米、191.5千米。[②]乔·达丁顿（Joe Duddington）是一位住在唐克斯特的英国人，当时61岁。自从伦敦及东北铁路公司于1921年成立，他就受雇于该单位，也是那天驾驶野鸭号的司机。当野鸭号风驰电掣地行经林肯郡的小白腾村（Little Bytham）时，他稍微加了一把劲儿。“它一鼓作气，就像是活生生的动物一样！”几年之后，乔回忆道，“动力试验车厢的几个家伙紧张得大气都不敢喘了。”这辆

① 2015年时，为了在国王十字火车站铸造一尊格雷斯利的铜像，用以纪念他逝世75周年，英国铁路与媒体界掀起了一番争议，争议的焦点是他的脚前该不该出现野鸭号。在早期的设计中，曾有过一只野鸭，但最后这遭到了反对。

② 当时，蒸汽火车时速的世界纪录还是200.36千米，是由两年前行驶于汉堡和柏林之间的火车创造的。那时，火车上的乘客都为这个成绩而欢欣鼓舞，这批乘客包括纳粹德国的军政要员莱因哈德·海德里希（Reinhard Heydrich）和海因里希·希姆勒（Heinrich Himmler）。希特勒从宣传部长约瑟夫·戈培尔（Joseph Goebbels）那里直接获知了此消息，因为乘客名单正是约瑟夫·戈培尔亲自拟定的。这项成就不仅是德国工程技术的胜利，也是纳粹霸权的一个代表。

火车的最高时速达到了 202.58 千米，这是至今为止蒸汽火车时速的最高纪录。

岁月流逝，75 年后有了一场了不起的聚会：90 位老前辈齐聚在英国约克的国家铁路博物馆（National Railway Museum），畅谈当年在野鸭号担任工作人员以及在厂房工作的往事，也为另一群聚集在大厅的参观者导览，介绍 6 辆流线造型的 A4 级火车，它们也是如今全部的“幸存者”——一共只制造过 35 辆。这 6 辆闪闪发光的庞然大物都产自英国，分别是野鸭号、加拿大自治领号、麻鹭号、南非联盟号、奈杰尔·格雷斯利爵士号以及艾森豪威尔号。它们都很令人赞叹，但只有野鸭号最具巨星派头：它跑得最快，是唯一可以分 130 组购买零件的火车，也是其设计者最爱的作品，而且也确实比起其他火车更受人瞩目，犹如当年的影星玛丽莲·梦露一样。见多识广的成年人站在这辆火车前会摇头叹息，就像见到了电影明星而自惭形秽一般。它虽然是一辆人造的钢铁火车，却也像一个神明，高高在上地闪耀着光芒。我排队爬上了它的锅炉板，如果可以的话，我还会穿上工作服、戴上帽子去铲一下煤。

火车，尤其是蒸汽火车，能寄托男性深沉的渴望。对 70 多岁的人来说，一听到“过去的时代”，往往就会想起烟雾弥漫、汽笛声交杂且污垢无所不在的火车站。火车站大厅里，到处都是来来往往的男人拖着疲惫的妻子，大包小包的塑料袋装满纪念品——只有幼稚的人才会想要参观铁路博物馆。别忘了，法国人可是会因为你怀旧而把你关起来的。

我特地去听了一位老前辈的讲话。这位老前辈叫阿尔夫·史密斯（Alf Smith），已经 92 岁了，风趣又坦率。他在野鸭号的锅炉房担任过将近 4 年的司炉，也就是铲煤员和加油员，“我每天都过得很愉快，都过得很愉快”。他提到野鸭号和司机时，充满了敬意。他说到了自己和司机的故事：他们经常在外面过夜，然后一起吃早餐，司机总是把自己盘中四分之三的食物给他。

不是一次也不是两次，是每一次，只要我们一起吃早餐，他就这么做。我问他："乔，你在干吗？"他说："我吃一个鸡蛋就够了，你还要干粗重的工作呢，所以你就吃吧！"野鸭号是我们故事的一部分，嗯，是我们过去的故事。那是我的火车。

史密斯说话的时候，他的火车正在楼下被观众团团围住。在礼品店里，这辆火车完全沉浸在周年庆的荣耀之中，店里有海报和特制磁铁在做特卖，还有适合买来为模型上色的小罐蓝色油漆。

火车的速度纪录

火车时速的纪录往往可以保持很长时间：以绝对的极限速度行驶几千米，然后基于安全的考虑或者因为没有这方面的野心而减速，之后，这纪录就可以称霸几十年。例如，从伦敦到阿伯丁，1895 年的纪录是 8 小时 40 分钟，并且在接下来的 80 年里再也没有比这更快的。20 世纪 30 年代中期，从伦敦到利物浦需要 2 小时 20 分钟，而后来的纪录只比这少了不到 15 分钟。但是，到了 21 世纪，火车再度肩负起创造纪录和提高速度的使命。相对来说，英国作为火车的发源地，参与这场盛会的时间反倒有点晚——英国高铁二期的第一阶段预计在 2026 年开通，届时将会使从伦敦到伯明翰的时间由 1 小时 24 分钟缩减到 49 分钟。

在其他地方，进度一向快得多。例如，2010 年在西班牙，AVE S-112 这辆造型像鸭子昵称也叫"鸭子号"（The Duck）的列车时速达到了将近 330 千米，将马德里到瓦伦西亚 2 个多小时的车程缩减为 1 小时 50 分钟。同一年，在俄罗斯圣彼得堡与芬兰赫尔辛基之间的旅客，能乘坐 Sm6 Allegro 国际高速列车，用 3 小时 30 分钟完成跨国之旅，比之前快了 2 小时。在中国，CRH380 型高速列车能以 300 千米的时速从北京开到上海，车程只有 4 小时 45 分钟，不到 2010 年的一半。日本要更快一点：2015 年 4 月，在靠近富士山的测试铁轨上，搭载着 49 名旅客的磁悬浮列车悬浮在铁轨上方 10 厘米，以 600 千米左右的时速轻轻松松打败了法国的高速列车。

对于这个史上最了不起的进步，我们需要回到火车这个观念诞生的年代，也就是回到前维多利亚时代英国西北部烟尘迷漫的黎明。

铁路改变了时间对我们的价值

1830 年，利物浦和曼彻斯特之间的铁路开通，彻底改变了人们对生活的想象。铁路将蓬勃发展中的棉花厂与大约 50 千米之外的主要港口连接了起来，而这几乎是一个偶然。

> 蒸汽火车既使世界缩小了，也使世界膨胀了。它加强了贸易往来和观念的传播，也刺激了全球工业的发展。可以说，火车改变了人们对时间的认识。

TIMEKEEPERS

火车不同于计算机，因为计算机最初的支持者很清楚地知道它会给世界带来什么。19 世纪 20 年代后期，利物浦与曼彻斯特铁路的秘书兼财务主管亨利·布思（Henry Booth）向潜在的支持者和紧张的群众提出了修建这条铁路的构想，当时，很多人认为这会导致自己的肺衰竭，奶牛挤不出奶，以及乡村被烧掉。但布思提到，过去，这两个城市之间的旅客只能依靠行驶在收费公路上的马车往返，但未来只需要花一半的时间。[①]他预测说：

① 在火车诞生之际，另一种缓慢的运输方式是河运，但它因为受季节影响而不够可靠，且主要是供货运之用。

> 曼彻斯特的商人可以在家享用早餐，然后搭乘火车前往利物浦做生意，并且在午餐之前就可以返回曼彻斯特。

或许，人们更应该记住布思才对，因为比起斯蒂芬森和布鲁内尔，他更准确地道预言了铁路将会带来的冲击。他指出，铁路将会改变“时间对我们的价值”。“关于一个小时或一天能做多少事，我们的预估改变了”，而这会影响“生命本身持续的时间”。正如雨果后来所宣称的那样：“世上所有军队的力量，都不如一个应运而生的观念来得强大。”

在当年，利物浦和曼彻斯特铁路是有史以来最庞大的机械化工程项目，当然也是当时世界上最快的铁路，能以 2 小时 25 分钟驶完 50 千米的路程。[①]这条铁路开通后的几年内，全英到处意外频传，同时也迷漫着强烈的冒险与解放意识：全世界的经济命脉都在钢铁车轮上飞驰，时钟的分针也发现了自身重要且不可或缺的存在目的。

英国的蒸汽火车开始销往世界各地。1832 年 2 月，《美国铁路日报》（*American Rail-Road Journal*）报道了有关伊利运河和哈得孙运河沿河铁路的消息，以及新泽西、马萨诸塞、宾夕法尼亚与弗吉尼亚等州即将开通铁路的计划。法国的载客铁路于 1832 年开通，爱尔兰是 1834 年，德国和比利时是 1835 年，古巴是 1837 年。到了 1846 年，英国在营运中的铁路已经有了 272 条。

① 这条铁路在 1830 年 9 月 15 日开幕，与会人士有威灵顿公爵和其他政要。当天实际所用的时间要稍微久一点儿，因为发生了一场死亡事故，死者是来自利物浦的国会议员威廉·赫斯基森（William Huskisson），他同时也是铁路的重要支持者。当时，火车在中途暂停加水，乘客在铁轨附近乱逛，这位身体虚弱的先生误判了火车开到他站立处所需的时间，于是被火车撞上了。哦，这可是进步的象征呢！不过，在那个时候，这种意外简直就像家常便饭一样。

时刻表的发明，让“准时”有了新的意义

铁路开通带来了另一项发明，那就是火车时刻表。1831 年 1 月，虽然车程一直在缩短，但利物浦和曼彻斯特铁路依然只敢列出火车出发的时间。铁路公司希望这两个城市之间的旅途，“以头等车来说，可在两小时内完成”。头等车确实可以行驶得更快，因为它配备有更多的煤，说不定还有更具效能的火车头。火车时刻表有两种：一种是头等车，单程票价为 5 先令，分别在上午 7 点、10 点和下 1 点、4 点 30 分发车，星期二和星期六下午 5 点 30 分还有一班，还有专为曼彻斯特商人加开的晚班车；另一种是二等车，票价为 3 先令 6 便士，发车时间是早上 8 点和下午 2 点 30 分。

如果你想到更远的地方，比如从兰开夏郡到伯明翰或伦敦，会怎么样？当时，几家相互竞争的铁路公司还没有汇总整合它们的时刻表，以协助想在一天之内搭乘多条线路列车的旅客，不过，到 19 世纪 30 年代晚期，这已经是可行的了。

第一份整合了多条路线而大受欢迎的时刻表出现在 1839 年，但它有一个先天的缺陷，那就是当时整个英国的时钟尚未同步化。在铁路网形成之前，很少有人能看到这个需求。例如，在伦敦以西的城市，牛津的时间比伦敦晚 5 分 2 秒，布里斯托尔比伦敦晚 10 分钟，埃克塞特比伦敦晚 14 分钟，所以当到达一个地方时，你就不得不调整一下钟表。[①]市政厅或大教堂的时钟通常就是当地主要的定时器，它仍然依照正午的日照来设定

① 在伦敦以北的城市，这种不一致的情形同样很明显：利兹比伦敦晚 6 分 10 秒，康福斯比伦敦晚 11 分 5 秒，巴罗则比伦敦晚 12 分 54 秒。

时间。对那些不爱旅行的居民来说，他们并不关心其他地方的时间如何，只要本地的钟表都是同一个时间就行了。如果是经由公路或水路旅行，人们可以在途中对时，有些客运公司还会提供对时表，人们也可以根据旅客的怀表或车船上的时钟对时，当然，人们必须根据这些怀表或时钟有多不可靠来进行相应的判断。但是，**铁路出现之后，一种新的时间意识开始影响着所有的旅客——“准时”这个概念有了新的意义。**

随着这个世纪继续往前迈进，因为自己的手表很准时而感到自豪的旅客越来越多了，他们与这个全新的群体，即铁路员工，都无法忍受时间的不准确。如果任由火车站的时钟不保持同步，那么，那些整合了多条线路的火车时刻表不仅会让人感到混淆和失望，也会越来越难以维持。举个例子。因为铁路可能遍布乡间，所以，如果司机手表的时间各不相同，那最后势必会撞车。一年之后，人们找到了解决办法，至少在英国是这样。于是，计时首次有了全国性的标准，铁路开始将自己的时钟烙印在世界各地。

1840 年 11 月，英国大西部铁路线率先采用统一时间的观念，即无论旅客在哪里上下车，时间都相同。这种做法之所以可行，是因为 1839 年电报机的问世，让格林尼治的时间信号可以直接经由电报线路传送到其他地方。于是，“铁路时间”与“伦敦时间”一致了。到了 1847 年，这种做法已在西北铁路、伦敦和西南铁路、中部铁路以及东兰开夏铁路等线路普及。

当然，也有些很特立独行的标准化时间拥护者。例如，1842 年，一位叫亚伯拉罕·福利特·奥斯勒（Abraham Follett Osler）的出生于伯明翰的玻璃制造商及气象学家坚持认为，在铁路事务之外也应该建立标准化的时间。他募足资金在伯明翰哲学学会（Birmingham Philosophical Institution）外建造了一座大钟，有一天晚上，他将钟的时间改成了伦敦时间，也就是往前调了 7 分 15 秒。人们不仅注意到了，还赞赏它的准确。1 年之内，当地的教堂和店家也纷纷将时间调成和它同步的了。

到了19世纪中叶，英国大约90%的铁路都是根据伦敦时间来运作的，当然，这种管理方式遭到了当地人轻微的反对。许多市政官员反对来自伦敦的任何干预，他们的时钟上有两个分针，第二个分针通常代表当地的时间，借由这种方式表达自己不以为然的态度。一位任职于《钱伯斯爱丁堡日报》（*Chambers' Edinburgh Journal*）的通讯员，在《铁路时间侵略》（Railway-time Aggression）一文中以滑稽的手法表现了自己的反感：

> 时间是我们最棒也最宝贵的财产，现在却岌岌可危。在英国的许多城镇与村庄，居民们被迫向蒸汽的意志低头，并且得加快自己的步伐去遵从铁路公司的律法！难道还有什么暴政比这更加可怕、更令人无法容忍吗?

这位通讯员举了许多实例来支持他的不屑。例如，他的晚宴和婚礼都被时间差异毁了。在呼吁读者团结之前，他说：

> 这只邪恶的怪兽给我们阴险的美好承诺，而且肯定能有恶毒的收获。崇尚自由的英国人能容忍它吗？当然不能！让我们展现决心，团结在“旧时间”之下，表达我们的抗议；如果有需要，我们也要抵抗这种独断专行的侵略。让我们大声喊出“要阳光还是要铁路？！”英国同胞们，反对这项危险的发明刻不容缓！一切都已经迫在眉睫：“醒醒吧！站出来！不要等晚了再后悔！”

铁路时间的存在可能会要了你的命。1868年，一位叫艾尔弗雷德·哈维兰（Alfred Haviland）的流行病学家出版了一本书，书名极为冗长，是《急于赴死：对匆忙与兴奋的危险的少许建言，特别针对火车旅客》（*Hurried To Death: or, A Few Words of Advice on the Danger of Hurry and Excitement Especially Addressed to Railway Passengers*）。在书中，他以相当令人窒息的笔调警告说，过度钻研火车时刻表、赶火车以及过于关心这个时代的新时刻表，都是有风险的。他提出的证据既可信又可疑——研究指出，经常冒险搭乘伯明翰和伦敦铁路的人，寿命比其他人短。

时间带来的新压力导致了某些娱乐的产生。1862年，一本叫《火车旅客便览》（*Railway Traveller's Handy Book*）的书成了不可或缺的指南。它告诉旅客搭乘火车时应该如何穿着打扮，应该有怎样的言行举止，以及在火车经过隧道时应该如何自处。这本书还讲了新手旅客应该如何搭乘即将出发的火车：

> 启动前大约5分钟，火车会发出铃声作为信号，提示旅客准备出发。不熟悉铁路旅行的人可能会以为这个铃声代表火车马上就要发车了，但其实并不是。最好玩的是，你可以看到菜鸟们在月台上慌慌张张地快跑，因为他们以为火车就要弃他们而去了。为了搭上车，他们匆忙赶路，一路上跌跌撞撞地通过所有人和东西。

相反，那些经常搭火车旅行的人则会以这个铃声为信号，“站在车门边冷酷地俯视惊慌失措的群众”。[①] 1880年是时间统一之路的最后一段，当时，英国国会通过了《时间定义法案》[*Statutes*（*Definition of Time*）*Act*]。如今，在市立建筑物上蓄意展示错误的时间是一种扰乱公共秩序的行为。

① 对有些人来说，火车站的慌张景象只不过代表了节奏快速的现代世界，是另一项不受欢迎的侵扰。1835年，托马斯·卡莱尔（Thomas Carlyle）从伦敦写信给在美国的爱默生说：“由于铁路、蒸汽船、印刷机的出现，我们的生活确实已经成为最可怕的‘生理组织’了。”他套用《浮士德》中的话，“咆哮的时间纺织机”令他惊恐。不过，值得一提的是，当时印刷机已经存在300年了，不禁让人好奇这两位作家要走到哪里才能摆脱它。

欧美各国的不同时间轨道

在英国以外的地区，时间有不同的轨道。法国比其他许多欧洲国家都更晚接受铁路，他们找到了一个新的方法，能使传统上对时间的反常态度适应新的运输方式。法国大多数火车站的时刻表和车站外的时钟都采用巴黎时间，但车站内部的时钟则始终刻意提前5分钟，以稍微纾解一下迟到的旅客的压力。在1840年至1880年期间，这种“骗术”一直在使用着，而这当然会让常客学乖，进而调整自己的时间安排。这可真是放任主义的美好体现。

在德国，铁路就像魔法般的发明，似乎能使时间缩水。19世纪40年代晚期，神学家戴维·F. 施特劳斯（David Friedrich Strauss）搭火车从海德堡到曼海姆，他惊叹这段路程只花了“半个小时而不是5个小时”。1850年，路德维希铁路公司更进一步缩短了时间。它的广告说，从纽伦堡到菲尔特之旅，将“以10分钟走完一个半小时”的路。德国神学家格哈德·多恩－范·罗苏姆（Gerhard Dohrn-van Rossum）在《时间的历史》（*History of the Hour*）一书中提到，现代人不断提及铁路造成“空间与时间的破坏”以及带来“从大自然中的解放”。如同那些穿过群山、跨越峡谷的旅客们所认为的一样，打破这些障碍让他们觉得寿命几乎翻了1倍。这种想象加速了一切的可能性。

德国人的民族性格决定了，火车不仅要按时刻表行驶，还要通过与柏林同步的时钟来彰显它们在按时刻表行驶。不过，经过50多年的时间，德国人才接受了由“外部”的当地时间转变成“内部”的铁路时间。直到19世纪90年代，德国的铁路时间才得到了统一，然而，这项改变之所以出现，是为了政治和军事上的便利，而非对旅客的关心。1891年，曾在法国有效利用铁路开展军事行动的毛奇元帅在德国国会上谈到在全国统一时间的需求。在铁路的协助下，他完成了有生以来最伟大的一次军事行动，即在4个星期内调集43万的兵力。但是，有一个问题必须先克服。

> 各位先生，德国共有5个时区：北德，包括萨克森，使用柏林时间；巴伐利亚使用慕尼黑时间；温特堡使用斯图加特时间；巴登使用

> 卡尔斯鲁厄时间；莱茵兰—普法尔茨州则使用路德维希港时间。在法国和俄罗斯边境，我们害怕遇到的一切不便和缺点，今天都在自己的国家体验到了。我可以说，这是残存的废墟，是德国中断期间的遗迹。如今，我们既然已经成为帝国，就应该彻底抹除这处废墟。

于是，德国采用了格林尼治的精准时间，或者如德国国会公告所述："德国的法定时间是格林尼治以东北纬 15° 的太阳平均时间。"

然而，到了北美这片广阔的大陆，标准时间这个议题才是真正面临着最大的挑战。即使是在19世纪70年代早期，在美国搭乘火车也依然需要意志坚定，因为火车站的时钟显示了从东部到西部49种不同的时间。例如，芝加哥12点时，匹兹堡是12点31分。1853年之后，这个议题显得特别急迫，因为不统一的计时方式已经造成了多起铁路死亡事件——这种计时方式对火车行驶来说是有风险的，因为通常单一轨道上双向都有火车行驶。

1853年8月，波士顿和普罗维登斯铁路的负责人 W. 雷蒙德 · 李（W. Raymond Lee）发行了一套有关时间计算的说明书，道破了时间议题的复杂性以及人类犯错的倾向。它读起来有点像美国喜剧演员马克斯兄弟的剧本，一开始是这样写的：

> 标准时间比波士顿国会街17号"邦德与儿子"（Bond & Sons）店面的时钟晚2分钟。
>
> 波士顿车站的售票员与普罗维登斯车站的售票员负责调整车站的时间。前者应每天与标准时间比对，后者应每天与列车长的时间比对。车站时间如有出入，则根据任何两名列车长同意的时间变更。

所以，统一时间的需求转向了一群专家。长久以来，美国的天文学家都声称他们的天文台时间是最精准的，现在，他们被要求尽可能为各处车站设定时间，以此取代以镇上的时钟和珠宝商店的时钟当可靠依据的做法。于是，19 世纪 80 年代，以美国海军天文台（US Naval Observatory）为首的 20 家天文机构为美国的铁路设定了统一的时间。

除了天文学家，还有一个人也很突出，那就是铁路工程师威廉 · F. 艾伦（William F. Allen），他曾担任一般时间会议（General Time Convention）的常任秘书，非常了解世界统一时间系统的优点。在 1883 年春天的一场会议中，艾伦在与会全体官员的面前摊开了两幅地图，此举似乎让他的主张变得不容置疑了一些。其中一张地图是五颜六色的，上面有将近 50 条线，看起来就像是一个小鬼头气急败坏下的杰作。另一张地图上则只有 4 道滑顺的彩色长条，由上到下，每一条分别占据经线的 15°。艾伦强调，新地图蕴含着所有“我们希望在未来得到的启示”。[①]艾伦提出了一项了不起的建议：他的大陆时间计算方式并非根据全美的经度来定的，而是根据超越国境的经度以及从格林尼治皇家天文台经由电报所发出的信号来定的。

① 艾伦的提议是以 C. F. 多德（C. F. Dowd）教授独特的构想为基础的。多德教授是纽约州萨拉托加市一所学校的校长，他是第一个提出将北美大陆划分为 4 个或更多个“时间带”的人。

1883 年夏，艾伦将他的地图和提议的细节寄给了 570 名铁路公司的经理，并获得了绝大多数人的支持。接着，他提供“翻译表”给他们，以便将地方时间转换成标准时间。于是，我们熟悉的公共计时年代，就从 1883 年 11 月 18 日这一天的正午开始了，美国从以往的 49 个时区缩减为 4 个时区。

如同在欧洲的情况一样，对铁路的约束逐渐蔓延到铁路所在地，在轨道上遵守的时刻表逐渐传播到了日常生活的各个层面。然而，也跟欧洲一样，并非所有城市都乐于接受外部强加的统一性。匹兹堡禁止使用标准时间，直到 1887 年才解禁，奥古斯塔和萨凡纳则一直抗拒到 1888 年。在俄亥俄州，贝莱尔学校的董事会投票采用标准时间，随即被市议会逮捕。底特律抗议的声音最大，虽然严格来说它是美国中央时区的一部分，但它一直坚持使用地方时间——比标准时间晚 28 分钟，直到 1900 年才罢休。在彻底改变汽车行业之前，亨利·福特是一位训练有素的钟表匠。他制造并销售可以同时显示标准时间和地方时间的手表，一直到 1918 年，这两种时间都还在继续使用。

我们活得越来越像个时刻表

大约在 1883 年年底，《印第安纳波利斯百年报》（*Indianapolis Centennial*）指出，在人类与大自然之间的终极纷争中，人类最终获得了彻底的胜出："太阳不再是工作的主宰……太阳将被要求按照火车时刻表作息。"这份报纸非常厌恶新的时间系统，因为教堂呼唤教徒进行祷告的钟声越来越无关紧要了。"未来，所有星球都必须依据铁路行业巨头们安排的时刻表运行……人们也将必须按照火车时刻表结婚。"在辛辛那提市，一位记者观察到："越资深的通勤族，越像个活的时刻表。"

"通勤族"是个崭新的词，意思是通勤或缩短旅程的人。但是，火车时刻表这个在利物浦和曼彻斯特铁路刚创立时才出现的全新的观念，已深植于人们的灵魂之中。[①] 1872 年，第一届国际铁路时刻表会议在德国的科

① 那些铁路的狂热支持者和英国知名主持人、主持过英国广播公司一系列英国铁路纪录片的迈克尔·波蒂略（Michael Portillo）的崇拜者，应该都知道布拉德肖（Bradshaw）的指南。它从 1839 年开始出现在英国，是一份口袋型的时刻表，很快就成为全英国的铁路图、旅客指南以及欧洲人手册。它无比便利且非常准确，而由于它大受欢迎，铁路公司不得不准时发车。也就是说，印刷版的时刻表主导了发车时间，而不是受制于发车时间。

隆举办，与会代表分别来自奥地利、法国、比利时和瑞士，共同加入刚统一的德国时刻表。他们所争辩的主题既简单又复杂：

> 如何协调跨境行驶的火车，以便使旅客和货运在旅程中更顺畅、操作员的服务效能更高？
>
> 其次是如何将这项服务广而告之，进而鼓励并简化这个程序？
>
> 其中最为重要的协议之一是，如何以可视化的方式表现时刻表。他们决定使用以 12 小时格式为基础的罗马数字。

该会议的人数不断增加，效率不断提高，很快，匈牙利、荷兰、西班牙、波兰和葡萄牙就相继加入了，而且，伦敦的标准化时间也使旅客能越来越正确地连接各线路。该会议每年都会针对夏季与冬季的时刻表举办两次，直到第一次世界大战为止。战争导致合作终止，很多跨境旅行也随之结束。战争使铁路的崇高性大受打击，然而，铁路的潜能同样可以助长现代战事的发展。

要不了多久，火车就会从速度与警报的象征，转化为宁静的典范。我们很快就可以看到汽车取代它，成为速度与压力的缩影。不过，让我们先跳到其他轨道和节奏，回到迷人的奥地利：那里有一位披头散发的男人，而他将要指挥一个神经紧绷的乐队。

04 音乐，因时限而产生不同的表现形式

贝多芬如何在全聋状态下演奏《第九交响曲》

1824 年 5 月 7 日，星期五，下午 6 点 45 分，维也纳市中心的一家剧院冠盖云集，人们都是来聆听音乐史上最伟大的巨作《第九交响曲》的首演的。贝多芬在近乎全聋的状态下创作了它，它的形式史无前例且充满无拘无束的精神，即使是近两个世纪后的鉴赏家，也能从中得到新的启迪。世界分分合合，但这样

的音乐永垂不朽。

那时，当然没人能预见这部作品的成就。自1709年落成以来，维也纳凯伦特纳托尔歌剧院（Theater am Kärntnertor）经历过海顿、莫扎特和安东尼奥·萨列里（Antonio Salieri）作品的首演，来这里的观众也都善于品味高级的歌剧。贝多芬上一次在这家剧院表演的作品是修改过的歌剧《费德里奥》（*Fidelio*），当时观众看得如痴如醉，但那已经是整整10年前的事了。创作《第九交响曲》时，贝多芬已经53岁了，财务状况极为不稳定。他接受了来自伦敦、柏林和圣彼得堡的宫廷与出版商的许多委托，但往往无法如期交稿。不过，人们一般认为，此时的贝多芬不仅是因为工作而忙得不可开交，也是在为了侄子卡尔的监护权官司而疲于奔命。

此外，因为贝多芬的刚愎自用与牢骚满腹早已远近驰名，所以没有人认为他能创作出更杰出的作品，尤其是大家都已经知道这次的新作又长又繁复——管弦乐队比惯常使用的更庞大，压轴部分有独唱及合唱，而且彩排时间只有不到4天。还有，尽管已经公告此次音乐会的指挥工作将由剧院的专职指挥迈克尔·乌姆劳夫（Michael Umlauf）负责，并由首席小提琴手伊格纳茨·舒潘齐格（Ignaz Schuppanzigh）辅助，但演出时贝多芬也会全程待在舞台上，他的指挥谱架会放在乌姆劳夫身边，表面上看起来是他在进行指挥。如果用音乐会前一天正式公告的内容来说，那就是："路德维希·凡·贝多芬先生本人将会亲自担任总指挥。"这当然会让乐队左右为难：该看哪里？该跟随谁的节奏？当时的钢琴手西吉斯蒙德·塔尔贝格（Sigismond Thalberg）说，乌姆劳夫让所有演奏者偶尔看看贝多芬以示尊重，但要完全无视贝多芬的节拍。

演出开始时一切顺利，《第九交响曲》首演之前还有贝多芬的另外两部近作的演奏：一部是《献给剧院序曲》（*Die Weihe des Hauses*），这是他两年前接受委托，为维也纳另一家音乐厅开幕而创作的；另一部是取自其大作《D大调庄严弥撒》(*Missa Solemnis*)的 3 个乐章。

随着他的交响乐新作开始演奏，舞台上的贝多芬变成了一个充满戏剧性的人物——他披头散发，四处狂乱地挥动着双臂。用当时的小提琴手约瑟夫·伯姆(Joseph Böhm)的话来说："贝多芬忽前忽后来来去去，简直就像个疯子一样。""才见他站起来，下一刻整个人却又趴倒在地。他手舞足蹈，仿佛是要演奏所有乐器并唱遍所有合唱。"合唱团一位叫海伦妮·格雷布纳(Helène Grebner)的年轻成员回忆说，当时贝多芬可能有点儿跟不上节奏，虽然他"看似在用目光追随着乐谱，但每一个乐章结束时，他都会一口气翻好几页"。

大概是在第二乐章结束时，女低音卡罗琳·昂格尔(Caroline Unger)不得不使劲拉扯贝多芬的衬衫，以提醒他接受身后经久不息的掌声。如今，观众对他这部杰作的赞赏可以暂时压抑到表演结束才表现出来。但当年可不是这样的，每隔一段时间就会爆发出掌声。很显然，仍面向合唱团的贝多芬对身后的掌声一无所知，要不然就是在忙着读慢了的乐谱。但是，这件事究竟是真的还是被精巧地夸张过了，我们也不得而知。[①]

在这场表演中，还有一个更大的疑惑：一位近乎全聋的人创作的音乐，怎么可能让所有听众都欣喜若狂呢？贝多芬的秘书安东·辛德勒(Anton Schindler)提到，"这种既疯狂又亲切的掌声是我前所未见的……它受到的欢迎简直空前绝后，观众连续 4 次爆发出狂烈的掌声"。《维也纳大众音乐报》(*Wiener*

① 这件事的主要依据似乎只有约瑟夫·伯姆的说辞："贝多芬兴奋莫名，浑然不知发生了何事，对雷鸣般的掌声无动于衷。耳聋让他什么也听不到，总是要被告知才会转向鼓掌的观众致意，而他那不屑的态度令人匪夷所思。"

Allgemeine Musikalische Zeitung）的一位评论家认为："贝多芬永无止境的天才为我们展示了一个全新的世界。"但是，他们听出作曲家的理念了吗？我们听出来了吗？

音符与节奏完全不是一回事

我们知道《第九交响曲》的乐谱。例如，第一乐章是永不停歇的奏鸣曲，合唱团本身就处于互相较劲的状态，第一节柔和而低回的张力很快就迎面撞上激烈澎湃的渐强趋势，宣告这部作品充斥着一股坚若磐石的情感力量。第二乐章是诙谐曲，它居于舒缓的第三乐章那自制且美妙得惊心动魄的旋律之前，节奏引人入胜而又紧迫，形成沛然莫之能御的局面。接下来是充满想象力的最后一个乐章：合唱团所唱的《欢乐颂》是鼓舞人心的乐天主义乐曲，以惊天动地的轰然雷鸣之姿插入云霄，而且它本身已堪称激动狂热的交响乐。正如德国评论家保罗·贝克（Paul Bekker）所说的，该曲源自"个人体验而上达寰宇，它并非对生命的描绘，而是宣讲生命的永恒真谛"。

然而，我们真的了解《第九交响曲》的乐谱吗？音符是一回事，节奏又是另一回事。这部交响乐早已成为人类文明的一部分，它正式的标题是《D 小调第九交响曲》，作品编号 125。但是，在数千场演出中，人们始终缺乏对时间掌控的共识，即使是最宽松的共识也没有。

例如，演奏第二乐章时应该多强烈？第三乐章应该舒缓到什么程度？关于第四乐章，阿图罗·托斯卡尼尼（Arturo Toscanini）的激动版本为什么硬是比奥托·克伦佩雷尔（Otto Klemperer）冷若冰霜的诠释快了 4 分钟，而且还能把一切都交代得清清楚楚？相比于 21 世纪的指挥家，19 世纪的指挥家能让观众提前 15 分钟欣赏完全曲，这是怎么办到的？ 1935 年 2 月，费利克斯·魏因加特纳（Felix Weingartner）指挥维也纳爱乐乐团以 62 分钟 30 秒演奏完了《第九交响曲》；1962 年秋季，卡拉扬指挥柏林爱乐乐团以 66 分钟 48 秒演奏完同一部作品；2006 年 4 月，伦敦交响乐乐团则以 68 分钟 9 秒演奏完，这是怎么回事？1989 年圣诞节，伦纳德·伯恩斯坦（Leonard Bernstein）在柏林指挥由多国成员组成的交响乐团演奏《第九交响曲》，纪念推倒柏林墙。在这场表演的压轴合唱中，“欢乐”（joy）一词被“自由”（freedom）取代。整场表演共用时 81 分钟 46 秒，令人印象深刻。

难道说我们对交响乐的耐性，在现代社会凡事求快的怪癖下逆势扩张了？难道是因为对天才的崇拜，让我们想耐心品味其中的每一个音符？

> 音乐的壮丽不仅在于其作曲，也在于对其进行的诠释，而且，正是诠释赋予了音乐生命力。艺术无法被归结为一个绝对的东西，情感也不能用时间来衡量。
>
> TIMEKEEPERS

但是，在 19 世纪之初，诠释音乐的方法发生了改变，而贝多芬的暴躁、激进主义与这脱不了关系。

《第九交响曲》的每个乐章都附有介绍与指导，通论其节奏与情调。不过，即使是玩票的观众也看得出来，对这部非比寻常的作品来说，这些指导有多么“不合身”：

- 第一乐章：“活泼、欢乐但适可而止，然后是略带庄严的”。
- 第二乐章：“非常快速且有力的”。
- 第三乐章：“从容而抒情”。
- 第四乐章：“翩然奋起，活泼而又沉稳坚定，悠缓而又甜美”。

这些节奏从何而来？它们来自人类的心跳和步伐。任何定义都需要有一条基线，然后根据基线，也就是正确时间开始操作，可以快也可以慢。一般认为，信步而行以及心境轻松自在时的心跳频率是每分钟 80 下，即 80 BPM[①]，这可以被视为“正常的”，即基线。1953 年，充满传奇色彩的音乐史学家柯特·萨克斯（Curt Sachs）指出，演奏音乐时，节奏的加快和减慢各有上限和下限，以避免使音乐变得令人费解。

> 允许稳定步调或敲击的最慢限度大约是 32 BPM……最快的速度则大约是 132 BPM，再快的话，指挥家就只能手忙脚乱，而不是指示节拍了。

萨克斯还制作了一份对照表，虽然这份对照表也只是取了近似值，但它的原创性十足。它将精确的 BPM 与模糊的术语联系在一起，但很不巧，这与他上述的推测互相矛盾。照他的算法，慢板（adagio）是 31 BPM，小行板（andantino）是 38 BPM，小快板（allegretto）是 53 ½ BPM，快板（allegro）则是 117 BPM。[②]

现在我们熟悉的对节奏的描写，比如“活泼的”（vivaces）和“中等的”（moderatos），都是意大利人引入的。到了 1600 年，古典音乐的情调已经确立，情感不再仅仅是直觉的，而是可以用“喜乐”（allegro）和“悠闲”（adagio）等词语来加以描述。1611 年，阿德里亚诺·班契埃利（Adriano Banchieri）在博洛尼亚表演时，他的风琴乐谱便已附有非常特别的指示了，如急板（presto）、更急板（più presto）和最急板（prestissimo）。50 年后，这些音乐词汇得到了进一步的扩充。意大利语中表示四分休止符的词是 sospiro（叹息），在这里，我们看到了传说中节奏与心跳之间的联结。

① BPM 是“beats per minute”的缩写，指每分钟多少拍，是音乐速度的单位。
——编者注

② 这种说法也得到了呼应。从 20 世纪开始，音乐已分化为各种类型，而定义这些音乐类型的依据往往只是其态度和节奏。爵士乐找到了五花八门的方式来定义其中不可捉摸的类型，例如，比波普（Bebop）通常表示快速的乐风，酷派爵士乐（Cool Jazz）则主要代表更加轻快的乐风。从民谣到速度金属乐（Speed Metal），各种定义也延伸到了流行音乐和舞曲中。现代酒吧中的舞曲几乎完全可以用 BPM 来描绘，浩室音乐（House）一般设定在 120 ～ 130 BPM，出神音乐（Trance）设定在 130 ～ 150 BPM，碎拍舞曲（Breakbeat）差不多介于它们之间，至于速度硬核音乐（Speedcore），那只有到了 180 BPM 才能称得上不错。

然而，这里有个问题：情感是非常容易受影响的，不见得能从作曲家转译到指挥家，也无法在不同文化之间转译。18 世纪 50 年代，巴赫的儿子 C. P. E. 巴赫（C. P. E. Bach）指出，“在（德国以外的）其他国家，慢板明显被演奏得过快，快板则过慢了”。大约 20 年后，莫扎特发现，在那不勒斯演奏时，他对急板的诠释是无与伦比的，以至于意大利人认为他的精湛技艺与他的魔法戒指存在某种关联——后来，他取下了戒指以避免这种怀疑。

到了 19 世纪 20 年代，贝多芬认为这种指导已经是敷衍且落伍的了。1817 年，他在写给音乐家兼评论家伊格纳茨·冯·莫泽尔（Ignaz von Mosel）的信中说，这些有关节奏的意大利术语都是“从音乐的野蛮时代因袭而来的”。

> 比如说，还有哪个词比 allegro（快板）更荒谬吗？它不过就是愉快的意思。可是，我们离这个词的真正意义有多远？远到与音乐作品本身所表现出来的恰恰相反！以快板、行板、慢板、急板这 4 个概念而论，它们一点儿都不正确，甚至不如四季的风向真实。即使没有它们，我们也照样可以过得很好。

莫泽尔同意贝多芬的看法，但贝多芬则担心他们会“被认为是离经叛道的”，当然，他认为这也好过被指控为“封建主义”。尽管有很多不满，但贝多芬仍然心不干情不愿地保留了老式的风格。直到最后一部四重奏，他的作品都是在他非常不以为然的意大利式风格下创作的。[①]为了缓解这种不满，他偶尔会在乐谱的主体

① 在信中，贝多芬暗示他仍然将快板、行板等视为表示特性的有用的方式，只要不将它们用在节奏上就行。

做点小变动。例如，他在《第九交响曲》第一乐章开始不久处注记了“ritard”，这是 ritardando（渐慢）的缩写，表示在旋律开始四处奔放时优雅地舒缓下来。不过，在《第九交响曲》的整份乐谱中，贝多芬还是为指挥和演奏者提供了既新颖又有意义的指导，那是新发明的一种音乐小工具，可以用来更精确地衡量时间。

节拍器与贝多芬的节奏

对贝多芬来说，节拍器的发明是一大革命，就如同显微镜对 17 世纪的细菌学家一样。它能带来终极的稳定，能显示细微时间差的变化，还能将作曲者精确的意图传达给合唱团。演奏开始前，在乐谱每个小节严谨地注明节奏并将节奏划分到分钟的程度，这是再清楚、精确不过的了。节拍器让这位已经上了年纪的作曲家相信自己正在转化时间的本质，毕竟，还有什么比这更能使他感到天人合一的呢？

在写给莫泽尔的信中，贝多芬将 1816 年发明的节拍器归功于德国钢琴家兼发明家梅尔策尔·约翰·内波穆克（Maelzel Johann Nepomuk）。但实际上，梅尔策尔只是将几年前阿姆斯特丹的迪特里希·温克尔（Dietrich Winkel）所发明的装置，拿来复制、改良并申请了专利而已。

梅尔策尔经常复制别人的东西然后将其当成自己的，贝多芬也曾指责他在《战争交响曲》的创作上过分邀功——那是贝多芬为了庆祝威灵顿公爵在 1813 年打败拿破仑而创作的短篇音乐。一开始，贝多芬与梅尔策尔在合作。贝多芬曾经想使用梅尔策尔制造的百音琴（panharmonicon），那是一种风琴样式的机械盒子，能制造出军乐队的声音；但后来，贝多芬扩大了作品的规模，于是这件新乐器便显得有些累赘了。

梅尔策尔就是他那个时代的卡拉克塔克斯·波特（Caractacus Pott）[1]。他的父亲是一位风琴师，而他对机械奇迹般地沉迷。梅尔策尔为贝多芬制作了4个耳戴式的喇叭，其中有两个可直接挂在头上而让双手空出来。这或许就是后来贝多芬为什么渴望弥合彼此之间的分歧并支持梅尔策尔的节拍器。贝多芬在写给莫泽尔的信的结尾处设想了一种局面：很快，“每一位乡下教员”都会需要一台节拍器，而这款音乐教学和表演工具将会通过这种方式被世人普遍采用。

① 卡拉克塔克斯·波特是007系列小说原著作者伊恩·弗莱明（Ian Fleming）所著的童书《007飞天万能车》（*Chitty Chitty Bang Bang*）中的男主角，是一位“怪咖”型的发明家。——译者注

> 当然，必须有人带头使用以引起人们的注意，这样才能调动人们的积极性。我相信自己肯定能让你充分信任，也会很高兴地等你将这项任务交给我。

贝多芬的支持并没有因岁月的流逝而衰退。1826年1月18日，他写信给他的出版商肖特父子公司（B. Schott and Sons），保证“一切都很适合节拍器”。同年稍晚一些，他又写信给他的其他出版商：

> 根据节拍器所做的标记马上就会出现，请一定不要错过。这个发明绝对是本世纪不可或缺的。我从柏林的朋友写来的信中得知，那部（第九）交响曲的演出大受欢迎，而这一点要归功于使用了节拍器。时至今日，演奏者几乎已经不可能再死抱着普通节拍这类记号不放了，而是应该追随这种无拘无束的天才的绝妙构思……

我们大可相信，至此一切都已成定局。这位豪放不羁的天才将会不顾一切地这样走下去，从此，他的作品只会有一种节奏：听众初次听到的新作与近两个世纪后听众所听到的几乎是一模一样的。但遗憾的是，世事总是不尽如人意。贝多芬用节拍器标注的记号字迹漫漶，音乐家们如堕五里雾中，于是只能尽其所能地应对——其实就是几乎无视了它们的存在。

1942 年 12 月，小提琴家鲁道夫·科利施（Rudolf Kolisch）在纽约音乐学协会（New York Musicological Society）进行了一场有里程碑意义的演讲，用一种略带讽刺的口吻轻描淡写地谈到了贝多芬的节奏问题：

> 一般来说，这些记号并没能有效表达他的意图，在演奏中也没有被一致地采用。相反，它们进不了音乐家的法眼，大部分版本的乐谱上根本就没有这些记号。人们的演奏传统和惯例更是完全偏离了这些记号所表示的节拍。

换句话说，音乐家和指挥都对作品有自己的诠释，完全不在意作曲家的标记。科利施说，他们宁可要那些不清不楚的意大利式记号，也不要这种更精确的新玩意儿，而“这种奇怪的现象值得深入研究”。

关于众人为什么决定无视贝多芬的节奏感，一个常见的理由是：这些记号无法准确表达贝多芬的期望。那些不愿意采用这些记号的音乐家宣称，贝多芬使用的节拍器有别于 20 世纪的工厂所生产的，他的节拍器可能比较慢，因此，根据它写下的记号就太快了，几乎不可能演奏得出来。乐评家经常称这些记号是纯属“抽象”的“印象派”。另外，还有一种比较具有哲学意味的看法：使用节拍器会令人感到像是在进行严格的数学计算，以致演奏出的音乐“匠气十足”。贝多芬像是在打自己的脸，用科利施的话来说，作曲是自由自在、不受拘束的行为，“绝对不能……被限制在机械化的框架内”。

50 年后，《音乐季刊》（*Musical Quarterly*）发表了科利施那场演讲的修订版，其中包括贝多芬最早用节拍器做的记号。贝多芬称节拍器是一个“值得让人叫好的工具，能保证我的作品在任何地方都能按照我想要的节奏来演奏，因为很遗憾，我的节拍总是被人误解”。可别忘了，贝多芬是个非常自恋的家伙，他曾经用这样的话来阻止一位乐评人批评他的作品：“老子拉的一坨屎都强过你创作的所有东西。”当然，贝多芬的看法也会随着时间的推移而改变。在支持节拍器之前，他对自己作品节奏的重视程度要轻得多。例如，他可能在某个场合刚说了记号仅适用于前几个小节，又在另一个场合说“他们要么是高明的音乐家，知道如何演奏我的音乐；要么就是蹩脚的滥竽充数者，无法从我的记号中得到一点帮助”。

或许，只有最具挑战性与最具才华的作曲家的作品才值得在每次演奏中都得到新的诠释，又或许，只有旷世杰作才经得起一而再再而三的推敲。正如美学教授托马斯·Y. 莱文（Thomas Y. Levin）所说的，音乐可以简单地存在于节奏架构中，而“在这种约束下，如何处理换气、乐句分节、永无止境的复杂性以及时间的微妙结构等问题，依然都是演奏者的责任”。

意图是诠释作品的重要因素

那么，不同世代的演奏者的责任是否都不一样？对于时间，我们的尺度可能与200年前的大不相同。1993年，瑞士裔美国指挥家利昂·博特斯坦（Leon Botstein）就因为急于赶火车而遇上了这些问题。几个月后，他在《音乐季刊》上写道：

> 我开着车经过一条乡间小路，发现前面有两匹马拉着一辆车厢半掩的马车。让我震惊的是，这两匹马看起来的确跑得很快，毕竟那里并非中央公园有速限的观光客车道。然而，当我紧跟着前面这玩意儿的脚步开车时，我才感觉到它移动速度的缓慢让我痛苦万分，难以忍受。

博特斯坦开始感到焦躁：如果这就是旅行中的最快速度，那他得花多久才能抵达目的地？

> 到了能超车时，我的怒气转而成了自由的联想。有没有可能贝多芬从来都没体验过比这辆马车更快的速度？他对时间、持续时间以及事件和空间在时间中如何相互关联的各种可能性的设想，是不是与我们的截然不同？

在博特斯坦看来，贝多芬的节拍器记号太快了，但其他人的许多作品中的记号又显得太慢了。例如，舒曼为《曼弗雷德》（*Manfred*）所做的记号迟滞缓慢，门德尔松在《圣保罗》（*St Paul*）中所做的部分记号拖拉得令人无法忍受，安东宁·德沃夏克（Antonín Dvořák）的《第六交响曲》（*Sixth Symphony*）中同样也有些记号让音乐家深感与音乐的活力不相匹配。于是，这就引出了另一个难以回答的问题：在数十载之后的、生活节奏更快的现代社会，历史上某一特定时期的音乐作品的节奏是否依然是正确的？所谓的创新是否永远都会过时？世界永远都在疾速发展，艺术革命带来的冲击也都会从让人震撼转变成让人分析，于是，立体主义成为运动而非争议，滚石乐队的音乐也不再是家长眼中可怕的主张。

> 对一部杰作进行的诠释，不仅包括手稿和 CD 附件上的节奏，还包括音乐家的意图。
>
> TIMEKEEPERS

1951 年，威廉·富特文勒（Wilhelm Furtwängler）在拜罗伊特音乐节（Bayreuth Festival）完成了《第九交响曲》最后一个乐章的演奏，但他可不是简单地按照节拍器记号来演奏的，而是诠释了第二次世界大战。当时的很多评论家指出，他有时显然根本并不在意音符，更别说节奏了。他的指挥简直是要通过乐谱来燃烧胸中的义愤。如今，“热情”一词已经被滥用了，但对富特文勒的听众和他的乐队来说，那场演出犹如让人重温了贝多芬的热情，再现了首演时贝多芬双臂狂舞以及对脑海中的喧哗声暴怒不已的样子。

值得探索的领域还有一个。在 1824 年的维也纳，人们对速度和加速等时间概念的内涵几乎是没有共识的。当时的维也纳还称不上现代社会，指挥这件事更是一如两三百年前的样子。那时，时钟并不都是精准的计时工具，时间或快或慢，人们也不需要更高的精确性和同步性；那时，铁路和电报也尚未改变整个城市。然而，有人将一个精准且无情的节拍器抛入这个混杂的城市，引发了惊天一爆，震聋了整个世界。

故事总是要回到耳聋，而这对贝多芬来说或许是无法避免的。柏林爱乐乐团的第二小提琴手斯坦利·多兹（Stanley Dodds）曾经很好奇，《第九交响曲》的神秘伟大之处是否就在于自由本身：

> 有时候我会自问，如果一个人完全聋了，音乐只能以想象的形式存在于脑海中，那它当然会丧失特定的物理特性。人的心灵是自由的，这一点能说明也有助于理解这部作品的伟大创意以及在作曲上的创作自由是从何而来的。

以上是多兹在接受一个专访时所表达的观点。他详细比较了《第九交响曲》的几次演奏，如1958年费伦茨·弗里乔伊（Ferenc Fricsay）指挥的、1962年卡拉扬指挥的、1979年伦纳德·伯恩斯坦指挥的，以及1992年约翰·E.加德纳（John Eliot Gardiner）指挥的，并且觉得贝多芬的节拍器记号“相当诡异”，也太快了。他认为，凡是因为推崇那些节拍器记号而留下的演奏录音，“听起来都有点像是根据乐谱进行的程式化的表演，就像机器演奏出来的一样”，而真人的演奏绝对不止于此。

> 当我们以实质的形式呈现音乐，它是具有重量的。琴弓必须上上下下移动，并且要在每次更换时旋转，因而我们可以将音乐的重量定义为琴弓的重量。或者，分量不重的嘴唇也行，它们必须振动才能使铜管乐器发出声音。再或者，定音鼓的鼓皮也可以，它必须具有弹性。举例来说，双重低音的音效似乎需要更长的时间才能传出来。

这些微小的实质的延迟，或许说明了贝多芬的乐谱根本就是无法呈现的。“但是，贝多芬只是在心里想象的，而心灵是绝对自由的。就像我自己的经验一样——我可以在心里把音乐想得比实际演奏得快很多。”

在《第九交响曲》首演的 3 年后，贝多芬便溘然长逝了，维也纳举城都为他默哀，时钟也停摆向他致敬。他生命的最后几个月都消耗在修改早期的作品，尤其是增加节拍器记号上。这是为了提升他的作品在未来的表演水平，在他心里，没有比这更重要的事了。当然，我们知道，事情并不像贝多芬想象得一样顺利，不过，这个故事还有个特殊的转折，只是要到 150 年后才会发生。

CD，带来全新的音乐时间意识

1979 年 8 月 27 日，飞利浦和索尼两大公司的首席执行官及首席工程师齐聚在荷兰的艾恩德霍芬，就是为了一个简单的目的——改变人们听音乐的习惯。早在“CD”这个词出现的几十年前，他们就已经在计划这项大规模的颠覆性技术了。

刻槽式的黑胶唱片已历时 30 年，却几乎没有丝毫长进，污垢、灰尘、刮痕和弯曲都会对它产生影响。另外，还有一项真的是乏味至极的限制：即便正在欣赏的是最简短的交响乐，你也得在中途抬起唱针、清除细绒毛、给唱片翻面，然后重新开始播放。可在这种情况下，你又怎么可能沉醉其中？当然，唱片也能带给你声音的美妙、触感和温度，而且有移情转化的作用，但我们现在谈的是进步。

接下来，激光唱片（compact disc, CD）问世，至少是被构思出来了。它的构想是将卡带的干净利落与光盘声音的持久性以及可随机切入的特点结合在一起，以吸引音乐爱好者爱上这种新玩意儿。[1] CD的体积很小，以光学方式读取其中的数字录音。用CD播放的音乐缺少声音的温度，但它在活力、精准、随机切入和可擦拭方面的优点弥补了这一不足。同时，CD也是一种很酷的新事物，虽然很少有乖乖掏钱买英国摇滚乐队恐怖海峡（Dire Straits）的《手足情深》（*Brothers in Arms*）专辑的人能预料到CD的出现，但这张专辑确实引领公众进入了初生的数字宇宙。

在达成目标之前，有一个问题必须先克服，那就是格式。在录像带市场，曾有一场Betamax和VHS的格式之战，这两种互不相让的技术为了争取消费者而不断竞争，以致整个行业都受到了影响。最后，飞利浦和索尼同意共同进行研究。[2]他们开发了类似的技术，并于1979年3月公之于世。不过，它们的规格并不相同，于是消费者不得不再次面对如何选择播放器的问题。

然而，一张光盘究竟该压缩到什么程度？它应该承载多少信息？

在艾恩德霍芬和东京举行的执行官与工程师会议持续了好几天，结果是形成了一本名为《红皮书》（*Red Book*）的产业标准手册。多年以后，飞利浦的音响团队中一位叫汉斯·B. 皮克（Hans B. Peek）的长期成员在电气电子工程师学会（IEEE）的期刊《IEEE通信》（*IEEE Communications*）上发表了该协议的摘要，并因为为这项推动了文化发展的产品做出了贡献而深感自豪。皮克认为唱片已经过时了，它在一切都微型化的时代毫无用武

① 卡带是飞利浦在1962年推出的产品，在新一代的流行音乐迷和汽车驾驶员之间广受欢迎。但是，由于效果不佳和人们强烈的拆线欲望，它的声势大受打击。唱片业一度爱死了卡带，直到它被用来录制收音机的音乐，这种热爱才开始消退。光盘也被称为激光光盘，有一部分也是由飞利浦开发的，但事实证明，只有Bang & Olufsen公司的支持者和热爱科技的电影迷才会喜欢它，而且后继无人。

② 录像带格式之战有很大一部分都集中在录像带的时长上。如果索尼的Betamax能录制1小时，JVC的VHS则能录制2或4小时，那所有喜欢运动或电影的人都不难做出选择。另外，飞利浦的Video 2000以及松下的VX也是其竞争者。

之地，各种卖不出去的唱片堆积如山，笨重的唱机则被深藏在橱柜里。CD不像唱片，它是由内往外读取数据的，但是，遗漏、噪声、中断等光学读取的错误可能会由光盘表面有指纹这样简单的因素造成，所以，这些都必须加以克服。此外，在信息密度方面，也必须达成共识。在索尼公司参与之前，约定的光盘直径是11.5厘米，跟卡带的对角线长度一样；CD的播放时间则定为1个小时，这是多么美好的一个整数啊，对唱片来说也是一大进步。

1979年2月，在飞利浦和西门子共同成立的宝丽金唱片公司（PolyGram）的音响专家面前，CD播放器和CD的原型正式登场，而且，宝丽金的人马上就爱上了这款新产品。最重要的是，当播放了CD中的几段音乐样本后，他们完全无法分辨CD和母带的差别。一个月后，轮到记者首次听到CD了，它的声音再度让人惊艳：在最早的一批录音中，有一部分是肖邦的华尔兹全集，其中，你甚至可以听到助手翻动乐谱的声音。当音乐在中间暂停时，现场随即陷入一片寂静——媒体同样喜欢这种什么都听不到的时刻。精准的暂停能令音乐时间中止或延长，而这堪称一项重大的变革。

CD不仅带来了新的音乐体验，也带来了全新的音乐时间意识。目睹乐曲的时长以绿色或红色的数字的形式出现在显示屏中，可将其暂停、重复乃至倒退，这怎能不让人欣喜若狂？如今，操作者能以前所未有的方式控制时间，人人都是快准狠的DJ，走到哪儿“艾比路”[①]就跟着你到哪儿。

TIMEKEEPERS

① 艾比路（Abbey Road）指的是伦敦的艾比路录音室，这里曾是众多殿堂级摇滚乐队的专辑录音地，这也是披头士乐队第11张专辑的名字。——编者注

接着，飞利浦派人到日本洽谈合作事宜，他们的代表与JVC、先锋（Pioneer）、日立（Hitachi）和松下都谈过，但只与索尼签下了合约。1979年8月，索尼的副总裁大贺典雄（Norio Ohga）抵达艾恩德霍芬，双方开始就产业标准商定细节。但是，直到1980年6月于东京再度会谈时，双方才达成共识并提出专利申请。那时，原本由飞利浦提议的格式已经发生了变化。J. P. 辛友（J. P. Sinjou）在飞利浦的CD实验室带领着由35人组成的团队进行研究，据他所说，光盘的直径由11.5厘米改成了12厘米，而这纯属大贺典雄的个人愿望。大贺典雄热爱古典音乐，而宽度增加可以让CD的播放时间大幅延长，正如汉斯·B. 皮克所说的，“有了12厘米的光盘，大贺特别喜欢的74分钟版本的贝多芬《第九交响曲》就能全录进去了”。其他问题则更加快速地得到了解决：“辛友拿出一枚荷兰的一角硬币放在桌上，于是，在场人士一致同意CD中央孔洞的尺寸就要这么大。比起其他冗长的讨论，这只算是小意思了。”

CD一开始的长度是否真的受到了贝多芬《第九交响曲》的漫长录音的启发？如果是真的，那不是很奇妙吗？然而，这个故事不过是一位工程师引用的“逸事”，其真实性很让人怀疑。毕竟，在另一个版本的故事里，贝多芬的粉丝不是大贺先生，而是大贺先生的夫人。这个故事还有个转折：74分钟版的《第九交响曲》虽然可以录进一张CD，却无法被播放，因为最早期的CD播放器只能播放72分钟长的CD。

现在，还有谁会买CD呢？如今，只用3秒钟就能下载完一首歌，所以，除了纯粹主义者，谁会有时间去唱片店买实体CD呢？这是个在线听音乐的时代，谁还愿意花时间去听一张完整的、未压缩的专辑呢？格式再也无法限制艺术的形式，然而，看一看艾比路柜台收银员收藏的唱片，你就会了解格式确实曾经是非常严格的。

披头士如何因 CD 而风靡全球

且让我们稍微加快一下脚步，因为披头士就要录制他们的第一张唱片了。那是 1963 年 2 月 11 日的清晨，艾比路录音室的二号录音室分为 3 个租借时段，即上午 10 点到下午 1 点、下午 2 点半到 5 点半以及晚上 6 点半到 9 点半。这种时间划分方式符合音乐家联盟（Musicians’ Union）的规则，即每个时段不得超过 3 个小时，不可使用长于 20 分钟的录音材料。每位艺人每个时段获得的报酬都是相同的——7 英镑 10 先令，而且必须在当日结束时签好收据，以便从艾比路的收银员米切尔先生那里领取音乐家联盟费。

初次登记收款时，披头士还都是生面孔。他们在那里待了一整天，而这是十分少见的。

租借录音室时，披头士只发表过一首单曲，而这时，Parlophone 唱片公司的品牌负责人乔治·马丁（George Martin）宣布他们要制作一张更长的专辑，不得不说这是一个非常引人注目的消息。毕竟，那时的流行音乐仅限于单曲，过去两年里英国最畅销的唱片不是克利夫·理查德（Cliff Richard）或亚当·费思（Adam Faith）的，也不是猫王埃尔维斯·普雷斯利（Elvis Presley）的，而是吟游歌手乔治·米切尔（George Mitchell Minstrels）的专辑《黑白吟游歌手秀》（*The Black And White Minstrel Show*）中的歌曲。

那天的上午时段就从披头士录制《有个地方》（*There's a Place*）这首歌开始了。他们一共完整录制了 7 次和 3 次假开唱[①]，最后一次假开唱持续了 1 分 50 秒，

① 假开唱（false start）是指仅录制歌曲的起始部分，将来可作为介绍之用。——译者注

在录音室的录音表上标注为“最佳”。

接着，他们直接进入清单上标示着“17”的歌曲，一共录制了9次，包括1次假开唱。在回放时，他们确认了第一次录制的效果最好。几天后，这首歌的名字被改为《我看见她伫立前方》（*I Saw Her Standing There*），并且他们决定将这首歌当作专辑的第一首歌，就像它也曾在许多次演唱会中担任开场曲一样。但是，乔治·马丁感觉这首歌似乎缺少了什么，也就是披头士唱现场时所散发出来的那种活力。于是，他就要求加入了4个字，也就是在第9次录制时保罗·麦卡特尼（Paul McCartney）一开始用的那4个字：“1、2、3、4!!!”

时间限制改变了音乐表演和作曲

1948年，12英寸（约30.5厘米）的唱片上市了。12英寸唱片为每分钟33又1/3转，每一面可以录制22分钟，不像老式的每分钟78转的10英寸（约25.5厘米）或12英寸唱片那样只能录制4分钟或6分钟。它改变了作曲家和音乐家的音乐观念和创作方式。至此，一整个世代以来的人们从音乐中获得乐趣和启发的方式已全然改变。例如，诗人菲利普·拉金（Philip Larkin）认为，性革命差不多就是在披头士发行首张专辑时发生的。

如果说音乐表演的标准时长主要取决于录音技术，那难免过于肤浅了。不过我们可以确定，在覆蜡的录音圆筒和留声机发明之前，音乐是不太需要结构的。例如，在非洲大地上，有古老的歌曲数百年来传唱不已。在晚近一点的时代，表演则不过是在测试人们的耐性，测试人们能有多专注，能自我约束多久。古代的剧场也是如此：在没有空调的空间安坐多久，观众才会要求来一份罗马时代的雪糕呢？

音乐录制从19世纪70年代才开始大行其道，而且确实改变了人们欣赏音乐的能力。早期的爱迪生和哥伦比亚品牌的留声机都是覆蜡式的圆筒，其录制时间从 2 分钟发展到 4 分钟，对人心的限制就像断头台一样没有商量的余地。同样，10 英寸的虫胶 78 转唱片录制时间不过只有 3 分钟，12 英寸唱片（在微槽式长时间唱片之前）也只能运转 4 分半钟。

马克·卡茨（Mark Katz）是录音领域的重要历史学家，他指出，在黑胶唱片出现之前，在家听音乐显然是件麻烦事。他借用了 20 世纪 20 年代蓝调歌手桑·豪斯（Son House）的怨叹："你得站起身来将它放回原位，翻个面，转动唱臂，整理就位，放下喇叭。"对蓝调和爵士乐来说，这已经够糟了，但对古典音乐而言，这简直就是灾难，因为一部交响乐可能会硬是被拆成 10 张唱片的 20 面。

在那些年代，录制下的声音势必会被当成奇迹一般看待，当然，人们还是会习惯的。但对音乐家的创作来说，它不仅是件麻烦事，分明还是个阻碍。一出歌剧或者一部协奏曲不再是依作曲家的想法而被划分为几幕或几个乐章，而是因为覆蜡式录音圆筒或唱片的 4 分钟限制而被切割成数段"假"的乐章。这样一来，音乐听起来就可能是戛然而止的，能让音乐继续下去的唯一方法，是有人肯离开屁股下的"安乐椅"。这会产生什么影响？答案是，人们会倾向于录制时间比较短的唱片或者录制更多简短的曲目。马克·卡茨提到，20 世纪上半叶，虽然也有一般的交响乐和歌剧，但"浏览唱片目录……就能发现，特写作品、咏叹调、进行曲、简短的流行歌曲和舞曲占尽了优势……不久之后，时间限制不仅会影响音乐家作品的录制，还会影响音乐家的公开演出"。会有越来越多听众只想听他们从唱片中得知的简短作品。这种 3 分钟长的流行音乐即使不是这样被创造出来的，也是因为这种录制方式而得到了发展。但更令人讶异的是，这种做法在流行音乐出现之前和之后都存在。

正是因为这种时间限制，1925 年，伊戈尔·斯特拉文斯基（Igor Stravinsky）创作的《钢琴小夜曲》只有 12 分钟长，而且分为 4 个几乎长度相同的段落。他解释说：

> 在美国，我安排了一家唱片公司来为我的部分音乐制作唱片，这让我想到，我应该根据唱片的能力创作些音乐。

于是，我们有了4个3分钟长的乐章，而且每个乐章恰恰符合10英寸78转的唱片单面的长度。[①]也就是说，作曲家也愿意裁剪自己的作品，以迎合唱片的限制。1916年，爱德华·埃尔加（Edward Elgar）缩减了他的《小提琴协奏曲》的乐谱，使它符合4张78转唱片的长度，而完整版的演奏则轻易就可持续它两倍长的时间。

即便是音乐家的演奏，独奏音乐会和录制的版本之间也会有所差别。现场演奏时，音乐家必须善用颤动或者其他共鸣方式，才能在听众的心灵再现整个画面和音乐的质感。正如指挥家尼古劳斯·哈农库特（Nikolaus Harnoncourt）所说的："如果听众看不到音乐家……就必须加入一点东西，使听众能在想象中看到音乐表演的过程。"时机的选择也是会变化的，如两个乐章之间的间隔或其他戏剧性的暂停，这些都不只是细枝末节而已。在音乐厅里，音乐家无论是轻抹琴弓还是替打击乐器消音，都可能在沉默中为音乐会注入戏剧效果；而在CD中，沉默只会是一片死寂。表演这回事，越是井然有序就越会变得狭隘，其修饰效果也会随之变差。

披头士，唱片界的传奇乐队

午后，披头士又回到二号录音室，录制了《蜂蜜的滋味》（*A Taste of Honey*）、《你想不想知道一个秘密》

① 基于这个以及其他理由，许多作曲家和音乐家都不信任唱片，认为它们为后人记录的作品是错误的并且抹杀了让人惊喜的东西。贝洛·鲍尔托克（Béla Bartók）指出，即使是作曲家亲自录制的唱片，也限制了他们的音乐，让音乐无法"持续不断地变化"；阿伦·科普兰（Aaron Copland）则写道："这种不可预测的元素是非常重要的，正是它赋予了音乐真正的生命……但这在唱片播放第二遍的那一刻消亡了。"

在这方面最著名的例子首推知名作曲家约翰·凯奇（John Cage），他对唱片的憎恨可是无人能及的。他认为唱片是没有生命的东西，并曾经告诉一名访问者，唱片"无法摧毁人们对真正的音乐的需求……唱片让人以为自己置身于音乐之中，但根本就不是"。1950年，也就是唱片问世的两年后，凯奇写信给正不遗余力地推广这项异

（*Do You Want to Know a Secret*）以及《悲哀》（*Misery*）。接下来是另一次休息，也就是晚餐时间。在6点半到10点45分这个马拉松式的时段，他们继续录了《抱紧我》（*Hold Me Tight*）、《安娜（去找他）》[*Anna*（*Go To Him*）]、《男孩们》（*Boys*）、《重重锁链》（*Chains*）、《宝贝，是你》（*Baby It's You*）以及《摇摆尖叫》（*Twist and Shout*）。这些歌大多是进行了一次或两次完整的录制。此外，他们还会领到超时加班费。

端产品的皮埃尔·布莱（Pierre Boulez），半开玩笑地说自己将成立"一个叫'资本家公司'（Capitalists Inc.）的协会，凡是想加入的人都必须证明自己已经砸坏了100多张唱片或者一台录音器材，每一位加入的会员也会自动成为会长"。

"在那样的情况下我们还能这么有创造力，简直太棒了！"2011年，乔治·马丁与保罗·麦卡特尼追忆那段录音室内时光时，如此说道。

麦卡特尼的回应是："我跟大家说，'早上10点半到下午1点半，录两首歌'。但就在时间过了一半时，你就提醒我们，'嗯，这首歌差不多了，兄弟们，我们把它完成吧'。然后你谦虚地说，你们在一个半小时内就学会了如何出色地表现。"

马丁回忆道："但我的压力很大，毕竟，你们要全世界跑，能给我的时间少之又少。我对布赖恩·爱泼斯坦（Brian Epstein）说我需要更多录音室的时间。他说，'那我给你星期五下午或星期六晚上的时段'，他就像拿碎屑喂老鼠一样施舍时间给我。"

1963年2月11日那天录制的所有歌都被收进了专辑，专辑名是《请取悦我》（*Please Please Me*）。除了这10首新歌外，这张专辑还收录了他们之前发行的两张单曲唱片上的 4 首歌：《一定要爱我》（*Love Me Do*）、《P. S. 我爱你》（*P.S. I Love You*）、《请取悦我》（*Please Please Me*）、《问我原因》（*Ask Me Why*）。

然后，1963 年 2 月 11 日这天结束了。披头士即将成为世界上最强最火最了不起的乐队，他们的首张专辑已经准备好进行混音，39 天之后就会发行。几年后，《永远的草莓田》（*Strawberry Fields Forever*）需要 20 多次完整录音并且历时 5 个星期才录好，但首张专辑全部的曲目只花了一天的时间进行录制。

或许，在人类的历史上，因缘际会与时机凑巧只是稀松平常的事，要不然就是该来的早晚会来。然而，正如马克·路易松（Mark Lewisohn）所说的：“在整个人类的历史上，每一件事的时机都是尽善尽美的。”

TIMEKEEPERS:
How the World
Became Obsessed with Time

05 演讲，长度决定受众的接受程度

为什么演讲的最佳时长是 17 分钟

55 岁生日的时候，我收到了一封电子邮件。发信人是康妮·迪莱蒂（Connie Diletti）女士，她向我提出了一个很诱人的邀请。迪莱蒂是被誉为加拿大“最重要的思想会议”的 IdeaCity 大会的制作人，每年的 IdeaCity 大会都会邀请 50 位演讲者一起讨论若干重大议题，如气候变迁、食品科学以及加拿大和美国合并的可能性等，她希望我能共襄盛举。那年的大会包括一个爱情与性的单元，于是她询问我是否愿意就情书这个主题发表一次演讲——我写过一本关于书信的书，其中列举的最好的例子都是与爱情有关的。我没有参加过 IdeaCity，没去过多伦多，而且一直希望有机会可以看一看尼亚加拉瀑布，因而我表示非常有兴趣参与。我回复了迪莱蒂的邮件，想知道 IdeaCity 会帮我定几个晚上的酒店以及航班行程如何安排。

迪莱蒂的回函极尽拉拢之能事。为了换取我发表 17 分钟的演讲，他们会为我提供机票和五星级酒店的住宿，把我演讲的过程以高清画质视频的形式永久存放在 IdeaCity 网站的主机上，每晚都有派对，“星期六还有一场演讲者特别早午餐会，地点是摩西家”。

迪莱蒂开出的条件还有很多，以上只是比较主要的。最重要的是，他们只要求我发表 17 分钟的演讲。这不像我平常会做的 45 分钟含问答的演讲，也不像 15 分钟或 20 分钟的整数的演讲。我很纳闷为什么是 17 分钟，这难道是经过多年缜密分析得出的？毕竟，那已经是 IdeaCity 成立的第 16 年了，他们一定已经很清楚听众容易在什么时候乏味、倦怠了。又或者，只有我是 17 分钟，其他演讲者的时间也和我一样完全是随机分配的？例如，英国保守党政治家奈杰尔·劳森（Nigel Lawson）会不会只拿到 12 分钟来发挥他的专长，也就是否认全球变暖？埃米·莱曼（Amy Lehman）博士会不会拿到 28 分钟来大谈特谈非洲坦噶尼喀湖湖岸滥用疟疾蚊帐的情况？会不会有口齿伶俐又幽默的演讲高手能让演讲时间过得飞快，而其他人同样时长的演讲则显得冗长乏味？还有，摩西是谁？

3 个月后，我抵达多伦多，发现其他人的演讲时间也都是 17 分钟。我知道 TED 演讲的目标是 18 分钟，TED 的研究员克里斯·安德森（Chris Anderson）将这个时长定义为最佳时机（sweet spot）：它让演讲者有足够的时间来严肃地探讨问题，但又没有足够的时间将问题学术化；将信息浓缩到 18

分钟，不仅阐述效果没有下降，还让演讲者与听众都不会感到无聊；此外，这也是让一场演讲能够在网络上被疯传的理想长度，因为这差不多就是喝一杯咖啡的时间。

用摩西的话来说，IdeaCity的17分钟是对TED的“一点小唾弃”。康妮·迪莱蒂告诉我，IdeaCity成立于2000年，当时的名称是TEDCity，是摩西与TED的联合创始人理查德·沃尔曼（Richard Wurman）共同创立的。曾经有一段期间，TED和TEDCity的演讲时间都是20分钟，但后来，TED将时间改为18分钟，整个组织也进行了扩大并稍微调整了方向。于是，摩西决定与TED分道扬镳，并设计了这项有点暗含唾弃的元素。

摩西的全名是摩西·兹奈默（Moses Znaimer），他是一位犹太裔立陶宛人，也是一位年逾古稀的媒体大亨。在当地，他就像是媒体巨擘默多克和《花花公子》创始人休·赫夫纳（Hugh Hefner）的结合，不过，他的作风比较自由。摩西很有魅力，但他能爬到这么高的地位绝不只是靠魅力。我收到的那封电子邮件中提到的电视台、广播公司以及文化政治杂志*Zoomer*都是他的产业。他喜欢身边有美女云集和漂亮的汽车环绕。他在IdeaCity开了一个节目，专门介绍每个单元的演讲者。他还会与每位演讲者合照，并且充当非正式的计时员——正式的计时员是演讲台上那座显眼的长方形数字时钟，你一开口，它就会开始倒计时。不过，这位非正式的计时员可能有点鬼鬼祟祟的，一旦你讲到了17分钟，他就会出现在讲台的一侧；如果超过1分钟，他就会慢慢逼近你；而如果你打算继续讲下去，他就会悄悄地靠得更近，直到与你肩并肩站在一起，准备发表机智的评语为你打圆场，当然，也可能是会让你泄气的一番话。

幸运的是，我的场次是在第二天上午，所以我还有很多时间可以吸收他人控制时间的经验，同时也难得感到紧张。演讲的地点是克尔纳音乐厅（Koerner Hall），会场呈马蹄形，可容纳1 000多名观众。这里是加拿大皇家音乐学院

（Royal Conservatory of Music）的所在地，视觉与音响效果都非常出色，播放演示文稿的屏幕技术也不例外。但是，这只会让人更绷紧神经。我还知道，演讲的时候会有人录像，起初他们就保证了“视频会永远存放在我们网站上”，这同样会让人紧张。正如 IdeaCity 的一位演讲者所说的，很可能来一场生态或人文灾难，这个世界就会缓慢地走向可怕的末日。但即使到了那个时候，我演讲的视频也会被保存在某个地方，或许连一个喜欢的人都没有。

如果演讲时间有 1 个小时左右，那么，你不仅有时间打岔讲点别的东西，还有时间在演讲结束前回到正题。如果在前面的半小时漏讲了什么，你还可以在最后的 15 分钟或者问答阶段将它补充回来。但是，17 分钟的演讲可不是那么简单的，它容不下沉闷、重复的话语，也没有闪躲、回避的余地。此外，观众可是花了 5 000 加币才来这儿的，所以你的演讲最好没有冷场的时候。

我演讲的那个上午到了。装帧奢华的节目表上写着，我的演讲从 10 点 11 分开始。起先，我以为是印错了，不过接着我就发现，其他演讲者的开始时间也是这样的，精确而又愚蠢，如 11 点 06 分、1 点 57 分、3 点 48 分。在上场前的 1 个小时左右我才知道，许多演讲者都巨细无遗地进行过排练，然后不断调整文稿，直到演讲恰好有 16 分 30 秒长——这样，演讲期间还能允许有笑声、喘气和呼吸。

我一向害怕在公共场合演讲，这可以追溯到我在学生时代让人感到无力的口吃。从我嘴里说出每个词都仿佛要用上一辈子的时间，而且有些词我根本就说不出来，如以“st”开头的词。学校的环境并不利于克服这一障碍：面对全班演讲已经够吓人了，更别说在开会时面对全校演讲了，而最糟的是，我们时不时就必须做一次。我还有一个毛病是爱炫耀，而口吃意味我的沮丧会加倍。当我被要求宣传自己的第一本书时，这种恐惧仍然存在着，不过焦虑的程度逐渐减轻了，我的演讲能力也提高了，我变得开始期盼书展。我认为自己已经克服了恐惧，因此感到高兴。但是，眼看着其他人恰到好处地用 17 分钟完成演讲，一个一个都流畅无比，我又开始自我怀疑了。

幸好还有 9 点 31 分的那位女士，她没有算好时间，误差大得离谱。她演讲的主题是一种新型的约会方式——如果朋友帮她建立了一段持久的感情，她就会送给朋友很有价值的礼物。如果这段感情能维持到结婚，她就会为有功的朋友安排价值 2 000 元的旅行。不过，才讲了 11 分钟，她准备的素材就用完了，剩下的时间全用来回答摩西棘手的问题，例如："这听起来好像有点冷酷无情，你说是吧？"在她之后在我之前，9 点 51 分上场的先生是一位高手，他仔细准备了一摞卡片还有一组有趣的演示文稿。前一天的演讲主题都是"与年龄相关的疾病的治疗""纯素食的好处"之类的，而对受够了这些沉重议题的观众来说，他的演讲简直就是天上掉下来的礼物。

直到那时，我才恨不得也排练并计算过时间。我的开头还好，只是有点平淡乏味。我上台之前，制作人放了一段短片，是英国演员贝内迪克特·坎伯巴奇（Benedict Cumberbatch）朗读我书中的一封情书的情景。我演讲的开头是向大家说抱歉，因为贝内迪克特无法亲自在这里朗读这封信，这么一说引起了大家的一阵暗笑。接下来，我谈到书信已经有 2 000 年的历史了，Twitter（推特）只不过是蹩脚的替代品，而且并非只有历史学家才会这样想。我第一次瞄时钟时，发现已经用掉了 8 分钟。我一共有 17 张演示文稿，那时才刚放了 2 张。我并没有惊慌失措，但我意识到我的大脑正在同时在想好几件无法公开说出来的事：我快没时间了；他们出钱找我来的，但是钱白花了；摩西要向我走过来了；我就要出糗了；为什么都有了这么厉害的技术了，控制室里的家伙却没有把我的演示文稿设定成能看到下一张是什么的模式？以上这些只是我清楚地想到的念头，还有很多是一闪即逝的。我记得我茫然地看着观众，至少有 5 秒钟那么久。

这场演讲剩下的部分变成了一场实际的操练，让我练习如何有条理地将庞杂的信息压缩到有限的时间内。这就像人生一样，时间已经成了我的敌人。事实上，我曾希望在演讲中为观众带来知识和乐趣，并且稍微为书信的价值辩护一下——非常有讽刺意味的是，写信已经被其他的替代品彻底击败了，而且正是输在时间与速度上。我只剩 9 分钟的时间来播放其余的演示文稿和讲故事了，而通常这些故事至少要花半小时才讲得完。想要将故事浓缩得很好又不至于变成不知所云的废话，其实能浓缩的程度有限。所以，我的处境是前所未有的：在内心中，我和时钟之间正在进行着一场惨烈而急迫的战斗。但是，只有我看得见时钟，观众是浑然不觉的，当然，他们或许已经注意到了，我的语速正在变得越来越快，我也显得有点手忙脚乱。

剩下 3 分钟的时候，我还有 8 张演示文稿没放。其实我不必让观众看完全部的演示文稿或者把想讲的故事全讲完，可是，我在结尾处设计了一句应该会很爆笑的台词，怎么样都不想就此放弃。我不断追赶，整个会场的空气好像都慢慢地消失了。现在，我的视线完全离不开时钟，它的每一点动静都像催魂铃一样。摩西也出现在讲台左侧了，在那里走来走去。我快速地播放演示文稿，活像个紧张兮兮的孩子在历史试卷上列举背得滚瓜烂熟的史实。然后，我的时间到了，时钟由绿变红，并且开始闪烁。我大概是说了这样的话："还有两三件事我快速地提一下。"我往左边看去，摩西纹丝不动，依然客气地留在原地。

我超时了大约 7 分钟，以为自己搞砸了，但事后才知道大家其实还是挺赞赏的。虽然这是一个极端的例子，而且是我自作自受，但这次的经历让我领悟到：

> 过度专注于时间有很大的坏处。很多时候，设置时间限制只是为了提供一个框架和专注的焦点，但事实上却限制了人们的自由思考和想象。
>
> TIMEKEEPERS

就像是又从自行车上摔下来了一次，我的大脑自动封闭了所有通道，只留下一些必要的，让我不至于在用最快的速度说话时言不及义。

与这个例子相反的另一个极端是，用非常缓慢的语速说一大堆废话。这是否有价值呢？如果就像接下来的例子一样，时钟不会闪烁，时间像永远用不完似的，会有什么结果？如果有人可以不停地说下去，又会如何？

讲多久算是讲得太多了

斯特罗姆·瑟蒙德（Strom Thurmond）是美国民主党的参议员，是一位信念坚定的政治人物，而他最深信不疑的一个信念，就是黑人应该被限制在他们自己的地方。20 世纪 50 年代中期，这个信念在实务上就意味着要在学校、餐馆、等候室、剧院和公共交通工具等地方实行种族隔离。

但是，瑟蒙德之所以能在政坛上享有持久的声誉，不仅因为他是美国历史上唯一一个在 100 岁时仍然担任参议员的政治人物，还因为他在 54 岁那年发表了美国政治史上最长的演讲，而且，即使是在世界政治史上，其时长也是首屈一指的。

瑟蒙德的演讲之长，连他的家人和助理都大感意外。1957 年 8 月 28 日下午 8 点 54 分，当他站起身的那一刻，没有人知道他会讲到什么时候。三四个小时之后，已经过了深夜 12 点，几乎没有人还有耐心或好奇心想知道他会讲多久了。至于那些想硬撑着听完演讲的人，当地的旅馆也已经把临时床铺送过来了。在演讲中，瑟蒙德说到的一件事情，就是“我永远都不会支持种族融合”。当然，如今看来，这种说法很令人吃惊，更不必说这是从一位参议员的口中说出来，而且还有长远的政治生涯等着他了。

关于公民权利的争论

20世纪50年代初，民权即使尚未成为社会运动的焦点，也已是一个与切身利益高度相关的议题了。但是，在那几年里，社会大众越来越强的不公平感恰好碰上了几起一触即发的冲突事件。如今，我们认为以下这些事件恰恰就是历史的转折点：

- 密西西比州，一位叫埃米特·蒂尔（Emmett Till）的黑人男孩被谋杀；
- 亚拉巴马州的蒙哥马利市，黑人民权运动者罗莎·帕克斯（Rosa Parks）因为拒绝在公交车上给白人让座而被捕，引起黑人抵制公交车的运动；
- 1954年，布朗诉托皮卡教育局的判决，即公立学校依法隔离黑人与白人学生，引发了旷日持久的暴力冲突；
- 1957年，马丁·路德·金成立南部基督教领袖会议。

艾森豪威尔总统及其顾问团都支持《1957年民权法案》(*Civil Rights Act of 1957*)的构想，该法案将通过消除选民登记的门槛，如通过识字测验，来保障非裔美国人的投票权，并保护他们免受白人优越论者的恐吓。这种做法在人道和宪法方面都是理所当然的，艾森豪威尔及其团队也希望它在政治上是有益的。不过，他们遇到了极大的阻碍：80多年来，南方的民主党成功阻止了任何民权相关的法律的通过。

其中，反对最有力的莫过于斯特罗姆·瑟蒙德了。他坚信自己正在进行一场支持宪法的战斗，对抗联邦政府对美国人民生活的控制——在他眼中，《1957年民权法案》就是令人窒息的侵犯。他也相信现有的系统运作得很好：人人都恪守本分且相安无事，示威抗议只是不起眼的少数事件；美国南方黑人的待遇比北方的还要好，比起几百年来世世为奴的生活，已不知提高了多少，而且他们有无数的机会可以在当地获得做仆役或女佣的工作。这种信念的核心，是他们认为无论是黑人还是白人，都是“与同类相处时更快乐”——并不是因为谎话说了千百遍就成真的了，而是他们真心这样认为。

瑟蒙德说服了他一贯的盟友，包括乔治亚州的参议员理查德·拉塞尔（Richard Russell），即南方对抗改革议题的领导人。瑟蒙德等人认为，他们不应该只是投票反对法案，还应该设法破坏它。根据著名传记作家罗伯特·A. 卡罗（Robert A. Caro）的说法，林登·约翰逊（Lyndon Johnson）借由谈判得到的折中方案，是美国历史上最巧妙的政治操作之一。他成功取信于双方，让双方都以为他跟自己站在同一边。利用午夜致电以及在衣帽间的拉拢示好，他成功说服了所有人，法案的通过势在必行，而只有他们会成为真正的赢家。

约翰逊坚定地认为应该通过该法案，他的信念显然已经超越了个人在政治上的发展。晚年，他经常提起一件令他感到厌恶的事：他长期雇佣的女厨师是位黑人，叫泽弗·赖特（Zephyr Wright），每当她和丈夫搭乘他的公务车从华盛顿返回家乡得克萨斯州时，路上只能在黑人限定的餐厅吃饭，小便只能蹲在路边解决。[①]

① 1964 年，林登·约翰逊总统签署了影响深远的《1964 年民权法案》，他将那支签署法案的笔送给了泽弗·赖特，并对她说："你比任何人都更有资格拥有它。"

《1957 年民权法案》最大的症结是担任陪审团的权利，这一项修订案最终将决定法案能否通过。既然设计这项法案是为了保障黑人选民登记和投票的机会，那么就必须用法律规定可以起诉藐视法律的行为。因此，法案中有一部分赋予了司法部部长更大的权力，可以通过法院的命令来保护公民的权利。不过，另一部分又刻意声明被指控妨碍司法公正者有权接受陪审团的审判。这一点是为了安抚反对者而特别设计的，因为那时的陪审团完全由白人组成，而这会让被告觉得胜券在握。这一条款让法案的支持者怒不可遏，坚称它会使整个法案形同虚设。然而，更大的骗局还在后面。就在对修正案进行投票之前，林登·约翰逊用另一份附录讨好自由派和工会，保证南方各州同意在白人陪审团之中加入黑人成员，毕竟这是个确保民主平等的法案。法案通过了，并将在 1957 年 8 月底进行决定性的投票。而就在这一刻，斯特罗姆·瑟蒙德走进了美国国会的会议室。

史上最长的演讲

> 无限制演讲[①]是劣势一方用以维持反对力道的手段，目的是破坏或者拖延强势一方的提案，这种议会程序的核心就是时间。
>
> TIMEKEEPERS

① 无限制演讲（filibuster）又被称为冗长演说或冗长辩论，是一种在议会中个人延长辩论或阻挡提案的权利，多出现在一些国家和地区的议会或参议院，以此来合法地干扰议事。——编者注

你可以将这视为宪法和民主的本质而感到欣慰，它就像誓死反对到底的示威抗议一样，也是让人们踏入政坛的唯一原因。如果你事务繁忙且相信多数决，那么也可以将这看作精心策划的不民主行径，认为它只是狂妄之徒为反对而反对的不可理喻的行为。想要区别这两种情况，往往必须仔细聆听原委。

到后来大家才明白，为了准备这场漫长的演讲，瑟蒙德可谓用心良苦。那天早些时候，他就到参议院的蒸气房进行了身体脱水，因为他认为体内液体的含量越低，吸收水分的速度就会越慢，他也就越能抑制住上厕所的冲动。他的外套里塞满了应急物资：一个口袋里是麦乳精片，另一个口袋里是润喉糖。开始演讲时，他的妻子琼·瑟蒙德（Jean Thurmond）也到场了，他很感

谢琼帮他带来了用锡箔纸包装的牛排和黑麦粗面包。[①] 他的公关助理哈里·登特（Harry Dent）[②]注意到，瑟蒙德那天整理了许多阅读资料，他本来以为是用来研究的，但事实上，瑟蒙德收集的资料大多数很快就成了演讲的一部分。

瑟蒙德的体格健壮结实，头顶几乎全秃了。他站在会议室后方，开始对在场的 15 个人进行演讲："我认为这个法案不应该被通过，主要有 3 个理由。首先，它毫无必要。"接着，他开始按照字母顺序，逐一朗读美国 48 个州的选举法规，试图证明联邦法律根本就是多余的，深入干涉将会造成一个"极权国家"。其次，瑟蒙德论证了陪审团审判立法的细节要点，将范围扩展到 14—18 世纪英国军事法庭的军事判例，并对 1628 年涉及查尔斯一世的案例表现出了特别的兴趣。在接下来的几个小时里，他朗读了《独立宣言》、华盛顿总统告别演说的内容以及《权利法案》。

临近午夜，来自伊利诺伊州的共和党参议员埃弗里特·德克森（Everett Dirksen）表示支持该法案，而且，可能是因为迫不及待想要睡一觉吧，他跟同僚说："哥儿们，看起来要通宵了！"稍后，另一位来自伊利诺伊州的民主党参议员保罗·道格拉斯（Paul Douglas）拿了一瓶橙汁给瑟蒙德。瑟蒙德很感激地喝了一杯，但还没来得及再倒一杯，哈里·登特便将橙汁拿开了，唯恐他会因此冲进洗手间，就此结束这场马拉松演讲。当巴里·戈德华特（Barry Goldwater）要求在国会档案中插入瑟蒙德的发言作为附件时，瑟蒙德把握住这仅有的这

① 瑟蒙德的传记作者娜丁·科霍达斯（Nadine Cohodas）指出，他的演讲之长，让他的妻子以及在场的所有人都吓了一跳，他的妻子"知道丈夫不会回家吃晚餐，却完全没料到连早餐都省下了"。

② 哈里·登特后来成了尼克松总统的重要幕僚。

一次休息时间，毫不迟疑地奔向了洗手间。

还不到天亮，瑟蒙德的声音就已经逐渐变得模糊不清，几乎变成单调的耳语了。有同僚要他大声讲话，他却建议对方靠过来一点。其他人偷偷打起了盹儿，包括克拉伦斯·米切尔（Clarence Mitchell），即美国全国有色人种协进会（National Association for the Advancement of Colored People, NAACP）华盛顿局的局长，他正坐在旁听席上，意兴阑珊。这时，瑟蒙德已经开始谈到种族问题了，他认为《1957年民权法案》所引发的骚乱直接导致了民族不安情绪的不断高涨。他说：

> 在过去的几个月，政府一直在敦促，要让有钱的黑人买得到房产，他们想要更好的房子，可以远离黑人向来聚集的拥挤房舍。然后，就在白人的社区附近，开始出现黑人专属的住宅区，这一点没有人表示反对。这种事即使不是绝无可能的，现在看来至少也是很困难的，因为黑人不愿意合作……很显然，有人让这些黑人相信，就算是天上的月亮也能唾手可得。于是，目无法纪的极端白人就被激怒了。

瑟蒙德有两次差点丧失发言权：一次是在被打断的时候坐下，因为坐下和倚靠都是不可以的，即使是在演讲中也一样；另一次是在衣帽间吃三明治，他忘了如果不想被取代，就必须有一只脚一直站在会议室的地板上。幸运的是，当时负责主持参议院的副总统理查德·尼克松正在查阅文件，没有注意到瑟蒙德的离席，这或许也是瑟蒙德令人信服的表现吧。

瑟蒙德继续喃喃地说个不停。下午1点40分时，他宣称："我已经站了17个小时，而且我现在觉得还不错。"在这天下午7点21分，《时代周刊》这样形容他："他充其量只是一个枯燥乏味、嗡嗡作响的喇叭。"瑟蒙德打破了美国参议院最长演讲的纪录，之前的纪录是俄勒冈州的韦恩·摩西（Wayne

Morse）在 1953 年创下的。韦恩·摩西的演讲只持续了 22 小时 26 分钟，当时是为了阻止通过关于州石油所有权的法案。而摩西是从罗伯特·“战斗鲍勃”·拉·福利特（Robert ‘Fighting Bob’ La Follette）手中夺得冠军宝座的，罗伯特在 1908 年创下 18 个小时的演讲纪录。[①] 摩西在提到瑟蒙德的时候说：“我向他致敬，能说这么久可是要有很大的本事才行。”

① 福利特进行过两次大型的无限制演讲，一次是在 1908 年，一次是在 1917 年，当时美国正准备参战，而他极力反对以武装商船对付德军。他在 1908 年的演讲之所以能被人记住，主要是因为他在长篇大论时喝了一杯牛奶：由于福利特一直喋喋不休，因而参议院的厨房必须保持开放，员工们显然感到非常失望，于是他们合谋在福利特的牛奶中掺入了臭掉的鸡蛋。18 个多小时后，这位参议员就因为身体不适而无法继续下去了。

大约一天后，瑟蒙德收到了哈里·登特郑重的警告——他越来越担心瑟蒙德的健康了。登特去见过参议院的医生，带着医生的指示回到会议室：“去叫他下来，要不然我就让他没有脚再走下来。”于是，瑟蒙德听从建议，在下午 9 点 12 分结束了这场长达 24 个小时 18 分钟的演讲。

娜丁·科霍达斯在瑟蒙德的传记中记载，离开议事厅时，他的胡茬明显变浓了。登特提了一个水桶在走廊恭候着，以作急需。琼·瑟蒙德也在等他，她亲吻了瑟蒙德的脸颊，而这一吻上了早报。然而，瑟蒙德并没有因此被推崇为英雄，就连他的盟友也不买账。很多南方选民无法理解，为什么他的“南方民主党员”盟友没有支持他，没有轮番上阵继续进行无限制演讲。可事实就是，他的盟友非但没有声援他，还指责他哗众取宠。南方民主党员本来坚信自己根本不用退让半步，但瑟蒙德为了能在时限到来之前破坏法案，所冒的风险正是毁掉这种可能性。理查德·拉塞尔是瑟蒙德以前最亲密的战友之一，但他此时却说：“在当时我们所面临的形势下，如果以个人阻挠的方式进行无限制演讲，我一定会终生自责，因为我犯了背叛南方选民的错。”

瑟蒙德的努力可以说是徒劳无功的，因为隔天参议院就以 60 票比 15 票通过了该法案，艾森豪威尔在 1957 年 9 月 9 日签署，使它正式成为法律。然而，无限制演讲向来都不只是为了获得胜利，它所代表的也是关于热情的企图以及信念的强度。人们通常认为，信念越强烈，就会有越多的选民和政治人物注意到某项法规，于是，信念就越能主导议程。在民权问题上确实如此，不过，发生作用的方式并非如瑟蒙德所期望的那种。

冗长的演讲

无限制演讲是最纯粹的民主形式，确保了反对观点在众声喧哗中被听见的权利。它与坚定的信念有关，而它之所以能成为盛行数十年的反对形式并将继续存在下去，这至少是其中的一项理由。不过，近来有另一种观点越来越引人注目了，即认为与其说无限制演讲象征着热情，不如说它是冥顽不灵和违宪混乱的标志。在世界上其他国家的议会中，近年来已经鲜有令人印象深刻的长时间无限制演讲了，当然，或许针对色情事件除外。

“无限制演讲”一词衍生自军事和革命，起初，它是用以形容有人试图在国外制造动乱，且通常是为了谋取财物。19 世纪，拉丁美洲和西班牙西印度群岛被入侵后，这个词才逐渐流行起来。

在现代用法上，这个词并非普遍适用于美国参议院以外的议会。以英国为例，这类表现被广泛地称为冗长的演讲。这些冗长的政治演讲当然也有排名，不过，它们并非都是作为拖延战术来开展的。这份排行榜中有：

- 1828 年，亨利・布鲁厄姆（Henry Brougham）在英国下议院的法律改革中进行了大约 6 个小时的演讲；
- 1936 年，汤米・亨德森（Tommy Henderson）以北爱尔兰独立工会会员的身份，针对英国政府部门的每一笔支出预算进行了 10 个小时演讲；

- 1985 年，英国前保守党议员伊万·劳伦斯爵士（Sir Ivan Lawrence）为反对控制水中加氟范围的法案而进行了为时 4 个小时 23 分钟的演讲；
- 2010 年，欧洲的政治明星、绿党议员沃纳·科格勒（Werner Kogler）在奥地利连讲了 12 个小时；
- 1927 年，土耳其前总统穆斯塔法·K. 阿塔图尔克（Mustafa Kemal Ataturk）在 6 天之内一共讲了 36 小时 31 分钟；
- 2013 年，美国得克萨斯州议院的温迪·戴维斯（Wendy Davis）为阻止通过更严格的堕胎法律进行了 11 小时的演讲。

戴维斯议员在事后透露，为了那次马拉松行动，她还安了导尿管。她的演讲让她当了一阵子红人，或者说是让她再度成了红人：两年前，她也在参议院进行过无限制演讲，反对削减对公立学校的资助。在这两次事件中，她的演讲都只起到了拖延作用，并未扭转法案的命运。然而，她的立场就已经很重要了——它提供了希望、审视、能见度以及对承诺的渴望。

姑不论其时长和孤立状态，这些演讲的共通之处是什么？《夏洛特观察报》（*Charlotte Observer*）将它置于 1960 年 2 月民权运动的高度，说得很好：

> 这是话语和时间的战斗，是人力和必然性的战斗，是声音和力量的战斗，那力量企图削弱声音，最后达到消音的目的。

2005 年，工党议员安德鲁·迪斯莫尔（Andrew Dismore）以 3 小时 17 分钟的演讲成功击退了一项想要赋予屋主更大的权力以抵御入侵者的法案。几年后，他在《卫报》上反思了当年的演讲：

> 演讲并非为了发泄不满，你要做的是将想要表达的重点组织得有条有理。你必须以井然有序的方式呈现观点，要不然议长会叫你闭嘴。你可以暂停 3 ～ 4 秒，但停顿得再久一点就是有风险的了。

迪斯莫尔提到良好的支持团队很重要：

> 当你开始摇动旗帜并发出信号，你需要同僚介入，而最棒的是对手想要表达意见。在长达 3 个小时的演讲中，理想的情况是有 20 ～ 30 分钟的外界干涉。讨论某些用语的意义，比如“能够”和“可以”的区别，也是很有用的缓兵之计。

英国也和美国一样，这些年来，为了确保发言者不会离题，议事规则越订越严格。人们无法再像迪斯莫尔那样，朗读一份贝类的清单；也无法再像路易斯安那州的参议员休伊 · P. 朗（Huey P. Long）那样，朗读炸牡蛎的食谱。《白宫风云》（*The West Wing*）有一集的灵感就来自朗的事迹：来自明尼苏达州的参议员斯塔克豪斯抗议一项保健法案的手段，就是朗读海鲜菜肴与奶油甜点的成分表。

瑟蒙德在种族问题上的转变

瑟蒙德永远不会原谅盟友对他的弃之不顾，但真正的问题在于：我们能原谅他吗？对于历史上站错队的人，我们能原谅到何种程度？如果是在今天公开发表那些煽动性的言论，那他势必会把牢底坐穿。然而，他的观念是时代的产物，也确实曾盛极一时。比起那些用奴隶船将黑人送到农场的欧洲人，他当然会认为自己对待黑人的态度更加进步。

瑟蒙德至今仍是演讲时间最长的纪录的保持者，这些年来，似乎谁都不再有那种毅力了。较小规模的无限制演讲仍然可以成为新闻，因为任何耐力测验都是公共奇观，人们一向都乐于看到政治人物吃点苦头。可到了 21 世纪，无限制演讲的应用方式已经大幅改变了，我们甚至很少指望能看到反对者劳动大驾，他们仅仅是威胁要进行无限制演讲就已足够表示抗议了。[①]为了迎战反方的无限制演讲，正方必须援引“辩论终结”（cloture）程序，而这需要100名参议员中至少60名同意缩短辩论时间——因为大量无限制演讲反对的是有争议的、冷门的立法或总统提出的任命案，所以参议院通常会采取3/5的多数决以使议事有效运作。

① 当然，也有一些例外情况。例如，得克萨斯州的参议员温迪·戴维斯和肯塔基州的自由主义共和党参议员兰德·保罗（Rand Paul）在参议院演讲了近13个小时，他们谈论如何使用无人机进行间谍活动，借此拖延奥巴马总统颁布让约翰·布伦南（John Brennan）掌管美国中央情报局的任命案。在坐下之前不久，兰德提到了斯特罗姆·瑟蒙德，对他憋尿的耐力深表佩服。

瑟蒙德是时代的产物，他拒绝接受社会正义，这一点俨然使他成了反动的白人优越论者，而他确实也当之无愧，只不过他是非暴力类型的。尽管后来所发生的事非常有趣，但那并没有减轻或抵消他的偏见。

后来的几年，瑟蒙德成为共和党员，支持巴里·戈德华特对上林登·约翰逊角逐总统之位的未竟之志。但是，瑟蒙德同时也温和而缓慢地转向了支持种族平等，他开始支持任命黑人担任高级法院的法官，当然，那是一次保守的任命。瑟蒙德的转变同样也是时代的产物。如果还看不出来黑人的选票越来越重要，那他也就只能当个蹩脚的政客了。过去那些对黑人充满敌意的攻击可能会令他感到懊悔，但他没有公开宣布过放弃对种族隔离的支持。直到过世前10年，他才向他的传记作家清楚地表示，他的所作所为都是基于一个信念系统而做出的，对他千千万万的支持者来说，那是一个理所当然的系统，而且符合民主的原则。

时代毕竟已经不同了，或者说至少让瑟蒙德尝到了苦头。1971 年，瑟蒙德任用非裔美国人托马斯·莫斯（Thomas Moss）为参议院办公室的职员。1983 年，他支持将马丁·路德·金的生日定为联邦假日，不过他的声明看起来像是一种辩解："对我们伟大国家的创造、保护与发展来说，美国的黑人及其他少数民族均做出了众多深远的贡献，本人完全认同且感激不尽。"

如果我们难以接受老旧且令人感到羞愧的价值系统，那通常就代表我们已经在道德方面有了改善，这是不容否定的进步。昔日曾让人居之不疑的事物，如今却教人颜面无光，也因此被弃如敝屣。1957 年，瑟蒙德经历过一段怪诞的时间试炼，那是他最充满戏剧性的时刻。但在超越这一切的某些地方，美国黑人的生活正在发生改变。一件饱受争议的事，总有一天会被揭示出它究竟是高瞻远瞩的还是落伍过时的。如果能预见事情的发展，如果寿命够长，那我们将会成为既明智又富足的人。

就在瑟蒙德进行无限制演讲之后不久，另一个时代的产物也在充满活力的黎明中诞生了。根据《时代周刊》的报道，南方人有了"新武器"。牧师马丁·路德·金公布了他的"争取黑人投票运动"宣传活动，活动内容包括成立"投票诊所"，目的是说明选民登记和投票的事情。这也是一次增强意识的运动，能让"黑人们了解，在一个民主国家，他们改善生活的机会就在于自己所拥有的投票能力"。

这个故事还有一个戏剧性的发展，是种族传统的另一次改变。瑟蒙德于 2003 年过世，不久之后，一位名叫埃茜·梅·华盛顿－威廉斯（Essie Mae Washington-Williams）的女士带来了惊人的消息。为了这一刻，她已经等了很久了。那时她已 78 岁高龄，终于可以爆料她是瑟蒙德的混血私生女了。她的母亲叫卡丽·巴特勒（Carrie Butler），而瑟蒙德的父母正好有一位叫这个名字的黑人女佣。

卡丽16岁时就怀了瑟蒙德的孩子，瑟蒙德负担两人女儿的教育费，寄钱给她的家人，同时严守两人的秘密。埃茜在洛杉矶当老师，育有4个子女。她出书描绘了自己的一生，并且获得了普利策奖提名。她与父亲经常谈到种族议题，并且相信正是这一点拓宽了父亲对种族问题的理解，软化了他的做法。她在2013年去世，也就是奥巴马宣告竞选连任之后的两个星期。当时，美国众议院已经有了43位黑人议员，参议院则有1位。参议院仅有的1位黑人议员是蒂姆·斯科特（Tim Scott），他是南卡罗来纳州的共和党员，而那里正是埃茜的出生地，也是瑟蒙德服务了48年的地方。

值得注意的是，史上最出名的无限制演讲，并不是发生在美国参议院或英国下议院，而是发生在好莱坞。在弗兰克·卡普拉（Frank Capra）执导的电影《史密斯先生到华盛顿》（*Mr Smith Goes to Washington*）中，詹姆斯·斯图尔特（James Stewart）饰演一个叫史密斯的涉世未深的年轻人。他满腔热血，意志坚定地想要揭发新水坝建设过程中的贪赃枉法行为。他的演讲超过了23个小时。琼·阿瑟（Jean Arthur）所饰演的女秘书激励他勇往直前，同时也认为成功的机会很渺茫，就像“要从几米高的地方跳进一个装满水的浴缸里一样”。史密斯在上场时准备了热水瓶与水果，威胁说为达目的不惜战“到世界末日”。欣喜若狂的记者们冲出会议室，高喊“无限制演讲！”其中最夸张的是，有人把它称为“现代最庞大的战争，而迎战巨人的史密斯连弹弓都没有……”最后，史密斯大获全胜，这当然不让人意外，毕竟是电影嘛——电影处理时间的方式总是会让人皆大欢喜。

TIMEKEEPERS:
How the World
Became Obsessed with Time

06 电影，加速或放慢时间来玩弄你的记忆

在洛杉矶街头，有一位戴眼镜的男子高挂在巨大时钟的指针上——这是电影中最永垂不朽的画面之一，也是默片时代的经典。这个画面出自《安全至下》(*Safety Last!*)，至今已有90多年了。这部电影的主角是百货公司的一位店员。电影的开头是一张字幕卡："这个男孩最后一次看到大本德的日出……随之而来的是漫长的旅途。"然后，背景是一副套索，有一位看似是牧师的男性前来安慰他。但是，人们都被唬住了，这部电影骗人的地方有很多，而这是第一

处。下一个镜头呈现相反的角度，人们看到的实际上是车站的月台和隔离边界的围栏，而套索是一种夹住纸张的装置，用来将信息传给快速通过的火车。那个男孩呢？他要到大城市去淘金。

男孩向他的情人保证，等他事业有成便回来娶她为妻。不过，人们再次看见他时，是在他和另一个人合住的房间里——他经济拮据，刚刚当掉了留声机。

男孩在一家百货公司的服装部门上班。他无意间听到经理宣布，公司需要一个噱头来吸引新客户上门，而点子最好的人可以获得 1 000 元奖金。跟他合住的那个人答应协助他在百货公司大楼的外墙表演攀爬。在攀爬的过程中，每一层楼都有阻碍，如坚果掉到他身上招来鸽子、被网缠住、卡到木匠的踏板等。最后，他爬到靠近大楼顶端的时钟并抓住指针，这一幕让人们永远都印象深刻。

在电影放映之前，剧院的经理要求有护士在现场待命。《安全至下》片长 70 分钟，然而，观众却觉得时间仿佛被冻结了。就如同在维也纳阴影下的奥逊·威尔斯（Orson Welles）和浴室里的珍妮特·利（Janet Leigh）一样，[①]生命都暂时停止了，而这些意象已深深植入人们的脑海。那个男孩高挂在城市上空的时钟上摇摆不定，我们的整个现代世界其实也悬挂在那里。

① 这两个场景都是电影中的经典画面。
——译者注

当电影行业在 20 世纪 20 年代晚期引入声音技术时，很少有人敢说默片有一天会成为怀旧或学术研究的对象。在美国这个飞速发展的国家，默片已经没有前途了，已经沦落为没人要的旧玩意儿。如今时代不同了，人们的看法已经改变了，可回到当时，谁会有足够的豪气能把那一大桶一大桶的胶片看成未来的图书馆藏呢，更别说是将它们当作宝库了。

> 看电影的乐趣之一是逃离现实，不仅是为了能在那几个小时的黑暗里逃离现实，也是为了能永远逃离现实。电影不仅揭示了如何获得自由，也揭示了更美好、更丰富且能获得救赎的未来。

这不是逃离现实，而是逃入现实，当然，逃入的是故事里的现实。早期电影里一再着墨的自由，都是轻如鸿毛的承诺。每当新形式的自由映入视野，比如蒸汽火车、汽车、能带你前往任何城市的飞机，都会令人心驰神往。有一段时间，即便是高楼大厦也能让人感到激动，因为它们看起来马上就要突破天际了。

攀爬大楼的“蜘蛛人”

1896 年，威廉 · C. 斯特罗瑟（William Carey Strother）生于北卡罗来纳州，在人们的记忆中，他从小就喜欢爬高爬低。说得粗浅一点，他简直就像爬墙虎一样。他用比尔 · 斯特罗瑟（Bill Strother）作为艺名，从爬大树开始，上至教堂尖塔，下至县内法院，爬得越来越远也越来越高，几乎建筑物有多高他就能爬多高。过了没多久，他就成了名副其实的“蜘蛛人”，这也是他成功的因素。早期他可以靠“专业”地攀爬赚到 10 美元，巅峰时期则可以赚到 500 美元。

500 美元是个诱人的数字，于是，他很快就有了竞争对手——“苍蝇人”。事实上，苍蝇人有两个，有一次，斯特罗瑟和其中一个苍蝇人在同一天攀爬同一栋建筑，最后，斯特罗瑟赢了。

攀爬大楼的致胜关键，是在地面上计划好手脚的每一个动作。和登山者一样，攀爬者必须在“攻顶”之前的几个月就规划好攀爬路线。基础工作准备妥当后，攀爬者还可以在攀爬过程中加入各种花样和把戏，如假装滑落、英勇地向群众挥帽致意、在窗户上耍特技等。斯特罗瑟也进行过一些慈善攀爬活动，如1917年他开始用攀爬为“自由债券”募款，以资助美国参与第一次世界大战。

一直以来，斯特罗瑟的攀爬事业并未遭到阻挠，但他自认为面临着相当大的风险。1918年4月，他如此说道：“这一行非常危险，你攀爬的时候死神也与你同在。我要在3年内赚够钱，然后就可以离开这一行了。”

然而，斯特罗瑟赚的钱从来都不够他离开这一行；或者说，如果不干这一行了，他赚的钱还不够退休的。他试过以卖狗粮和经营旅馆为生，但后来又发现了一件他很感兴趣的工作。唐娜·S. 迪克斯（Donna Strother Deekens）在《米勒与罗兹百货公司的真实圣诞老人》（*The Real Santa of Miller & Rhoads*）一书中重述了这位远亲的故事：他在一年一度的装扮大胡子、穿天鹅绒礼服的工作中找到了新的价值感。米勒与罗兹是一家豪华的百货公司，位于弗吉尼亚州的里士满。20世纪中叶，它让比尔·斯特罗瑟成了全世界收入最高的圣诞老人。为什么斯特罗瑟会如此被看重？因为在他的“圣诞老人节目”中，包括爬进烟囱，小朋友还能看见他梳理自己的大胡子。当他的表演结束后，会有大批群众被吸引进茶馆享用他的“鲁道夫蛋糕”。[①]

① 根据菲利普·L. 温茨（Phillip L. Wenz）的说法——他是伊利诺伊州一个圣诞老人主题乐园的全职圣诞老人，也是印第安纳州国际圣诞老人名人堂的创始会员，能将圣诞老人这一套风趣的戏码表演得恰到好处的，斯特罗瑟是第一批人中的一个。斯特罗瑟让扮演圣诞老人的工作不再那么令人感到难为情，也将扮演圣诞老人“提升到了包含纯粹表演艺术的层次。”

1951 年时，斯特罗瑟圣诞老人的名声如日中天，他在《星期六晚邮报》（*Saturday Evening Post*）的专访中说，他非常喜欢见到小朋友，但也依旧对高耸的建筑充满渴望。“当向下看见欢欣鼓舞的群众，你的内心会弥漫着喜悦。那个词是怎么说的？狂喜！对，我狂喜得不得了！”

电影时间，服务于剧情的工具

1896 年 1 月，观众在卢米埃兄弟的电影中初次看见一辆火车迎面而来并惊声尖叫。这确实是早期电影的最佳宣传之作，不是吗？

在电影能好好讲个故事之前，它必须先讲好自己的故事。这个故事涉及时间和空间，如一个男人打喷嚏打了 5 秒钟、工人们慢吞吞地走出工厂、一对情侣接吻（他们拥抱了差不多20秒，并第一次招来了审查员）、一辆行驶的火车。如果没有时间，那电影还有什么意义？

第一次放映这部火车电影时，观众已经得知了许多有关即将播放的内容的线索。这部电影的名字是《火车进站》（*L'arrivée d'un train en gare de La Ciotat*），影片开始时火车迎面而来的方式是经过细心安排的——月台上等着火车进站的人都往后退，确保摄影机有完整且清晰的视野。在那之前的半个多世纪以来，火车一直都是法国风景的一大特色，而这次唯一不同的是，火车将出现在巴黎一家咖啡厅黑暗的地下室里。

这部影片被按照导演要求的速度播放——仅仅播放了 50 秒。它的续作通常被视为史上第一部电影，比这一部稍微长了一点。续作讲的是，位于里昂的卢米埃工厂内的一群工人，在经过了一天的劳碌后下班的事情。值得注意的是，这虽然不是严格意义上的第一部电影，却可能是第一部欺骗观众的电影——这部电影拍摄了好几次，是在中午拍的，而且拍完后所有工人又回去工作了。

观众之所以会觉得火车电影的片长较短，是因为拍摄者使用了另一项手法，一项电影行业一开始就学会了的手法，即时间加速。如果一部影片令人激动、能吸引观众、前所未见，那么它就会把普通的时间感一扫而空。在这样的意识流动中，所有念头都将不复存在。此外，时间也会玩弄记忆。在人们的回忆中，影片中的画面可能是火车迎面驶来，简直要冲出屏幕。但实际上，那并非制片人的目的，影片的内容也不是那样的——那辆火车只是向人们的侧面驶来，而且现在看起来速度还挺缓慢的，观众完全不会感到威胁感。在影片里，只有不到一半的时间火车是在行进中的，其中还有超过一半的行进时间是在减速行驶的。在影片剩余的时间里，火车只是停在那里发出嘶嘶的声音，接着，画面切换到旅客上下车以及月台上常见的混乱场景。然而，人们很少能想起忙进忙出的站务搬运工，以及走出车厢后一路踉跄像喝醉了一样的男人。

表现变化：调整时间以营造不同效果

默片的产生引起了轰动。[①]第一部屏幕喜剧叫《水浇园丁》(*L'Arroseur arrosé*)，也是由卢米埃兄弟制作的，在1895年上映。片名就已经说完了这部影片的全部剧情，它的剧情幽默风趣，即使是在歌舞剧和英国后来的喜剧电视节目《本尼·希尔秀》(*The Benny Hill Show*)中，观众也能看到它的影子。影片中，一名男性在用一根很长的水管为一座大花园浇水，在他身后，一个男孩踩在了水管上，切断了供水。园丁没看见男孩，困惑不已地查看水管的喷嘴。就在这一刻，男孩的脚放开了水管，于是园丁全身都被水喷湿，连帽子也被

① “默片”一词是返璞词(retronym)，创造它是为了描绘技术与社会的进步，黑白电视、精装书、蒸汽火车、指针式手表等词也是如此。

——作者注

随着社会的进步，有些词所指涉的对象已经与原义不同，因此，人们就会以这些旧词为基础另造新词，代表它原有的意义，并与旧词所指涉的新对象相区别。例如，如今的电视都是彩色的，所以用“黑白电视”这个新词来代表“电视”原来的意义。用这种造词法创造的词即被称为返璞词。

——译者注

冲走了。他发现了那个男孩，揪住男孩的耳朵，甩了男孩几巴掌，然后继续自己的工作。

这部影片长约45秒，但也有40秒和50秒的版本。在那个年代，电影有多长不过是众人的猜测。一个单本（single-reel）影片的标准长度略短于1 000英尺（约305米），但是可以加速拍摄再减速播映，或者反其道而行。在使用自动马达之前，这一切都仰赖摄影师和放映师在拍摄与放映时转动曲柄的技巧。在如今这个万事万物均已标准化得很完美的世界，如果以每秒16幅的速度播放1 000英尺长的35毫米的默片，需要16.5分钟。然而，我们已经看过太多默片里的人颠颠颤颤地跑来跑去或者漫无目标地晃荡了，而这些不正常的动作都是有原因的。

首先，在加入声音和同步化之前，电影都是用手转动曲柄拍摄并人工放映的，但拍摄速度与放映速度经常不一致。例如，《罗宾汉》（*Robin Hood*，1922）和《宾虚》（*Ben Hur*，1925）这两部电影都是以每秒19幅的速度拍摄的，而电影公司要求的放映速度却是每秒22幅；《风流贵族》（*Monsieur Beaucaire*，1924）的拍摄速度与放映速度分别是每秒18幅和每秒24幅；《将军号》（*The General*，1926）这部在有声电影即将出现时所制作的电影，拍摄速度和放映速度则都是每秒24幅。如果拍摄的是多本（multi-reel）影片，因为有时拍摄并不会保持同一速度，所以就会为放映师带来更多的问题。一旦出了差错，你可能就会平白将故事延长好几分钟。反过来说，如果一切都弄对了，你就能控制观众的心情。

巴里·索尔特（Barry Salt）在《电影风格与技术》（*Film Style and Technology*）一书中提到了“表达的变化”（expressive variations），是指放映师依照导演的要求而达成的效果。例如，将窸窸窣窣的舞厅场景或亲吻的场景减速播放，可以表现出浪漫的感觉；一跃上马的动作也可以减速播放，以增加其优雅与沉着的味道。

其他了不起的电影技巧，如梦境的顺序和闪回，也可以在拍摄结束后再来拉长。当身处欧洲最大的电影院线 Odeon，在某些关键的时刻，你身后放映室里的人就变成了创意过程的中心，就像电影的导演或电影中的明星一样。[①]

当然，那也是剧院经理充满心机的杰作。1923 年，摄影师兼放映师维克托·米尔纳（Victor Milner）在《美国电影摄影师》杂志（*American Cinematographer*）上写道，在晚上 8 点忙碌的场次，他得用 12 分钟的惊人速度放完一部标准长度的单本影片；可到了生意冷清的下午时段，"同样长度的影片却要用慢到不行的速度放映，以至于莫里斯·科斯特洛（Maurice Costello）[②]像是要演到天荒地老一样"。放映师每天都会接到这样的指示。剧院里越是爆满，外面排队的人就越是拥挤不堪，放映师的速度也就得越快，当然，观众阅读字幕卡的速度也得急起直追。

我们也是以这种方式放映着自己的人生，其中或许有艺术方面的原因：身处在这个令人激动的时代，人类表现得越有活力，就越会有更加清晰和果断的样貌。

TIMEKEEPERS

屏幕上一辆火车迎面驶来，这是由一台固定式摄影机一次拍摄而成的，完全没有剪辑，这多么像真实的人生啊。从此以后，影片中的人生帮助人们遁入了理想的人生。电影历史学家沃尔特·克尔（Walter Kerr）指出：

① 1908 年，闪回的手法首次出现在《祖母的童话故事》（*Le fiabe della nonna*）这部电影中：老祖母正在讲故事，画面随之淡出并呈现出更多细节，画面再次淡出又回到现在。

巴里·索尔特也深入研究了几十年里电影场景的长度，即两次剪辑之间的时间的变化。他分析了数百部电影，发现在 20 世纪 20 年代的美国电影中，以标准放映速度来说，一个场景的平均时长是 3.5 ～ 7.5 秒，即从《剑侠唐璜》（*Don Juan*）的 3.5 秒到《魔术师》（*The Magician*）的 7.5 秒；在欧洲电影中，则是 5 ～ 16 秒，即从法国电影《黄金国》（*Eldorado*）和《红发 》（*Poil de carotte*）的 5 秒，到德国电影《街道》（*Die Strasse*）和《碎片》（*Scherben*）的 13 秒或 16 秒。欧洲电影老是被批评节奏慢，这或许就是其中的一个原因。

20 世纪 40 年代，乔治·丘克（George

在《摩登时代》中，拍摄的速度使卓别林看起来如同在脚底下放了弹簧，而且手肘就像一把松开的折叠刀。只要按照制片人想要的速度放映，就能让整部电影看起来有这种感觉。

卓别林之所以是卓别林，不仅在于他能撰写并利用摄影重现自己的故事，也在于摄影师和放映师能为他的每一个动作增添活力，并且对喜剧时间的掌握臻于完美。

有了声音和机械化之后，一切都不一样了。直到这一刻，才有可能在海报和宣传资料上写清片长。

Cukor）和霍华德·霍克斯（Howard Hawks）将场景平均长度延长到了大约13秒。到了20世纪90年代，快节奏的主流好莱坞动作片与文化气息浓厚的独立电影之间出现了极大的差异。例如，《摇滚城市底特律》（*Detroit Rock City*）是每个场景2.2秒，《深海狂鲨》（*Deep Blue Sea*）是2.6秒；然而，伍迪·艾伦的《丈夫、太太与情人》（*Husbands and Wives*）平均每个场景的长度是28秒，《子弹横飞百老汇》（*Bullets Over Broadway*）更是长得吓人，有51.9秒。

② 史上第一部福尔摩斯电影的主角。

TIMEKEEPERS:
How the World
Became Obsessed with Time

07 手表，让人以数字化方式紧密相连

“你办得到的，”2015年夏天，在靠近瑞士和德国边境的一个中世纪小镇上，一个灯火通明的房间里，一位过于自信的男性这样对我说，“我敢保证，你能靠自己完成这个的可能性有99.98%。”

我面前的矮桌上有一盒工具：里面有一支附有弯曲金属线的放大镜，可以把它挂在头上，让我看起来像个邪恶的天才；有一个“镊子”，比我用来整理邮票的那种更沉重也更尖锐；有一个螺丝起子，它的头又细又小，都快看不见了；有一根小木棒，顶端有人造麂皮；有一支粉红色的塑料签，和牙签差不多大；有一个分成好几格的蓝色塑料托盘，长得很像外带咖啡的盖子。具体的指示是这样的："万一有什么东西不见了或掉到地上了，那就不必找了，因为在这地板上很难找到东西。""千万不可以用手指碰触机芯，否则这只表就报废了。"

没错，我要做的事就是组装一只手表。我要取下螺丝、夹板、齿轮，把整副机芯拆解开，再试着靠我的记忆、巧手以及指导员克里斯琴·布雷塞尔（Christian Bresser）将它重新组装起来。"无论在什么时候看到金色的发条，拜托都不要把它取出来。"布雷塞尔指向我面前的银色盘子里的一个小零件，继续说："我的一位同事曾经不小心松开了这个齿轮，当时那个齿轮正是在力量最强的时候，直接就射到他的眼睛，把他弄瞎了。所以，你一定要随时提高警惕。"

在机械表变得很复杂之前，制作手表有一套相当标准化的程序，几乎所有手表都是根据同样的原理制造的。也就是由一个螺旋式的主发条驱动一组齿轮，再利用齿轮使摆轮以每秒若干次的频率振荡，而振荡的情况则由另一组被称为擒纵机构的齿轮调节。就是这样的机构，使手表的指针以稳定的速度移动固定的距离。

不过，我面前这张桌子上的，当然是比那复杂的手表。它代表了钟表学150年的历史，代表了这门既优雅又错综复杂的艺术，一名熟练的钟表匠得花上10年的光阴才能获得制作这只手表的资格——那可是不断眯着眼细细检视且掺杂着汗水和咒骂的10年，而我，只有50分钟。

为什么一只手表价值数百万元

万国表（IWC）的总部位于瑞士莱茵河畔的沙夫豪森，距离苏黎世北部只有大约 40 分钟的车程。这家公司成立于 19 世纪 60 年代晚期，自此便成为力量、运输与灵感的源泉。近 150 年来，万国表已经为眼光独到且忠心耿耿的客户制作出了无数精巧又昂贵的手表。它如今的产品，可不是一个菜鸟能在区区 50 分钟的时间内组装得出来的。比如说，葡萄牙系列三问报时腕表（Portugieser Minute Repeater）有 46 小时的动力储备、铍青铜合金摆轮以及滑杆控制，每小时、每刻和每分钟都能以两件式的响铃组悦耳地报时（这组机构本身就包括大约 250 个零件），再加上白金表壳与鳄鱼皮表带，一只售价 81 900 英镑。

典雅的柏涛菲诺（Portofino）系列中有一款女士专用表，含有中型自动月相并带有 18 克拉红金与 66 颗钻石的表壳，珍珠母贝表盘上还有另外的 12 颗钻石——表盘下方悬浮着一个圆环，可以显示地球行经天际时的移动状态，它的零售价是 29 250 英镑。

再来看一款工程师恒定动力陀飞轮腕表（Ingenieur Constant-Force Tourbillon），它标榜摆轮的振频一致，因而具有近乎完美的精准性。它有 96 小时的动力储备，可显示北半球与南半球的双重月相，表盘上还有到下次满月的倒数计时，表壳为白金与陶瓷，售价 205 000 英镑。

最后再来看一款大型飞行员系列腕表（Big Pilot's Watch），它让万国表公司在第二次世界大战期间声名远播。这款表的表盘巨大而又简单，配以即便是戴着飞行员手套也能方便操作的巨大把头。它的内层表壳具有磁场防护功能，能保护手表不受气压突然下降的影响。1940 年，这款表首度被制作出来，如今新款的建议售价为 11 250 英镑。有趣的是，因为身为瑞士人，且对钞票与中立同样感兴趣，所以万国表公司制造的飞行员系列腕表既卖给英国皇家空军，也卖给德国空军，并且双方对这款手表都非常感激，因为它能帮他们调校出最佳的方式，以对彼此进行轰炸。1944 年 4 月，由于一次导航失误，沙夫豪森遭到了美军的轰炸。这个小镇损失严重，有 45 人丧生，不过，击中万国表公司的炸弹只是穿透了屋顶，并未引爆。

以上这些手表都让人怦然心动。它们最大的吸引力在于，无一是华而不实或霸气外露的，不像钟表市场上很多其他的高档产品一样，只知道一味地仿效瑞士军刀。如果你想彰显自己的财力，那么只要戴上一只万国表，就既不会显得张扬也不会让人感到反感。万国表公司一直坚持为纯粹主义者制造手表并以此为傲，而这或许可以解释为什么这家公司不像它的某些竞争对手一样出名，占据瑞士高端制表业的中上等级地位。确实，万国表的地位没有百达翡丽和宝玑高，但也已高到可以建立自己的博物馆了。可想而知，这家博物馆所诉说的故事充满了辉煌的创新与成长。例如：

- 1875 年，他们在一座修道院的果园建立了现在的工厂；
- 1915 年，首次推出腕表系列；
- 1950 年，推出第一组自动上发条机构；
- 1967 年，推出第一只自动潜水表，能抗压力 2 000 千帕；
- 1980 年，推出全球第一只钛金属外壳的手表，设计者是 F. A. 波尔舍（F. A. Porsche）。

万国表公司没有一个人愿意告诉我他们有史以来一共制作了多少只手表，即便是粗略估计的也不愿意，甚至就连去年制作了多少只都不说。自 2000 年以来，他们对这类问题越来越敏感。也就是在那一年，万国表公司以 28 亿瑞士法郎的价格成为奢侈品公司历峰集团（Richemont）的一部分，而历峰旗下还有万宝龙、登喜路、积家、江诗丹顿和卡地亚等精品名牌。不过，万国表公司在导览中提供了许多其他的统计数字，用来引起访客的兴趣。例如，一只葡萄牙系列超卓复杂型腕表（Portugieser Grande Complications）由 659 个零件构成，比人体骨骼的数量还要多 453 件。[①]在游览的过程中，我们还要穿着白色的外套和蓝色的鞋套，并在密封气穴的接待室待一会儿，以尽量减少实验室里的灰尘。有一张告示牌的内容是这样的：

> 此批展示品均为复杂且精密的机械表。导览员非常乐意为您示范这些手表的功能，请勿自行操作。感谢您的谅解并祝您玩儿得开心！

沿路我看到有些人正在组装没那么复杂的手表，他们身旁放着操作手册，一层又一层地组装着。他们都是经过了几个星期的培训后被录用的产品线员工，不同于熟练的工匠。要知道，在这里“手表组装”与“手表制作”是有细致的区分的。手表组装主要是将已经在别的地方组装好的大零件组装起来，这通常是由其他公司生产，再成箱运送过来接受组装。这就像制造汽车或其他复杂的产品一样，尽管很复杂，但仅靠记性就能做好。手表制作则是一门艺术，得花好几年的时间才能学会。它不仅需要钢铁般的耐性与专注、对机械学的深刻认识，还需要实用的灵感。毕竟，画画谁都会，却只有极少数人能画得像塞尚和莫奈一样。

接下来，我看到了钻孔、研磨和抛光的机器，许多成捆的条板以及万国表品牌大使的照片，如影星凯文·史派西（Kevin Spacey）和赛车手刘易斯·汉密尔顿（Lewis Hamilton）。这些都是刻意呈现的内容，用以展示万国表公司参与过的高尚的事业和迷人的活动，如赞助法国弱势儿童的教育、纽约翠贝卡电影节、英国伦

① 我的编辑在阅读过本章的初稿后，在这里写下了简单的批注：“这怎么可能？”但确实是可能的，答案就在手表中的每个小螺丝、发条、面板、齿轮和宝石，也在摆轮边缘的砝码、提供动力的大钢轮、相互连接以形成能量储存的发条盒，以及固定在擒纵齿轮上并用以产生滴答声的擒纵叉叉头等。而最令人叹为观止的是它的一组机械机芯，其中大部分都改编自 17 世纪所发明的怀表。手表零件的精密加工和某些嵌合或许可以由机器代劳，但设计和最后的组装却必须靠人的大脑与双手来完成。在听过关于手表荒谬的成本和各种巧妙而又疯狂的噱头后，人们往往会被它的设计之美震惊得目瞪口呆，以至于会产生这种反应：“这怎么可能？”

敦电影节以及加拉帕戈斯群岛的巨鬣蜥保护活动等。

最后，我抵达了葡萄牙系列超卓复杂型腕表的实验室，这是产生 Sidérale Scafusia 腕表的地方。它在绘图桌上酝酿了 10 年，是万国表公司有史以来最精致的手表。它不仅仅是恒定动力陀飞轮腕表，也不仅仅具有 96 小时动力储备的功能，它还是一个恒星时间显示器，与太阳时间每天相差不到 4 分钟。它能帮助佩戴者“每天在同一位置找到相同的星球”——表底有一幅天体图，描绘了数百个星球的位置。天体图的内容，在制作时可以根据客户在宇宙间的个人位置进行校准。这款手表能让你同时感到不可一世的高傲以及如沧海一粟般的渺小，外加一张 50 万英镑的账单。

德国人罗穆卢斯·拉杜（Romulus Radu）是完成这项壮举的功臣之一。拉杜已经 47 岁了，他将自己的一生都奉献给了万国表。他工作的时候会将眼睛与桌子的高度完全对齐，我们第一次见面时，他看起来开心得像个孩子。他说，他得随时挺直腰杆和肩膀，“否则就会像在餐桌上工作了 8 个小时一样”。他有 3 根手指戴了粉红色的塑料薄套，来增大抓握的力道。他也制作万年历，让手表可以显示日、月、年，并且可以持续 577.5 年。我问他，577.5 年后会发生什么？他的答案果然一如意料中的荒谬——公元 2593 年，手表对日期的显示必须修正 1 日，“当地的万国表精品店可以为你效劳”。

“并不是每一双手都适合这份工作。”这是我在拉杜制作陀飞轮的底座时观察到的。我认为他的心理素质一定特别强，所以才能胜任现在的工作。

“没错。”

我说：“因为要是让我来做，我一定会发疯的。”

“有时候我也会抓狂，但还好只是有时候。”

我看着他面前的各种零件和整盘的螺丝起子，即使是最厚的也比婴儿的指甲薄。我很好奇，他能全神贯注地连续工作多久，并且不会想把所有东西都扔到窗外。

他说："人人都有工作不顺心的时候，但我通常能在一个零件上连续工作两三个小时，然后才需要休息。"

休息是指去喝杯咖啡吗？

"我会在早晨喝一杯咖啡，然后在午餐时再喝一杯意大利浓缩咖啡。我可不能大意。"

我看着拉杜的工作，突然找到了买一只根本用不到的手表的最佳理由——因为它是大师的杰作。早在一个多世纪以前，人们就已经简化并掌握了时间，因此，瑞士、德国、法国以及直到 20 世纪 50 年代的英国的钟表大师有了充足的时间来对钟表进行调整。于是，他们把东西变得越来越复杂了。

机械手表与智能手表之战

1873 年 5 月，美国杂志《钟表师与珠宝师》（*Watchmaker and Jeweller*）刊登了一则广告，宣布一家公司成立，而它的目标"是将美国优异的结构系统和瑞士技术精湛的手工结合在一起"。至此，在 5 年前成立的万国表公司终于开始营业了。这则广告中呈现了一家宏伟的工厂（其实尚未盖成），并且保证这家公司制作的手表"最不可能出现故障"。一开始，这家公司推出的产品是连接细链或胸针的精致怀表，一共有 17 个款式，同时，他们也以这款怀表不需要发条键、以柄轴上链的系统为傲。此外，这些产品的价格"不受竞争的影响"。

万国表公司的创始人是佛罗伦汀·A. 琼斯（Florentine Ariosto Jones）。在美国南北战争之前，他是波士顿的一位钟表匠，南北战争结束后不久，他搬到了欧洲。那时，琼斯正值二十来岁的年纪，他发现了一个机会，也就是把先进的工业技术应用到日内瓦与洛桑的钟表大师那种家庭式的专业技艺上。不同于钟表大师每次都是从零开始制作手表，他的想法是以基本模型为准，生产能互用和更换的零件。在这种做法下，可以利用研磨机制作螺丝和擒纵轮，再引进工作台从事表壳装饰工作。这些美国人，也就是琼斯和他的助理查尔斯·基德尔（Charles Kidder），负责带动产品线，瑞士人则负责提供一种他们至今都以之闻名的东西——加工学校。

琼斯兴致勃勃，却总是遇到不满和阻挠，因为瑞士当地那些说法语的熟练的钟表师一点都不乐意中断既有的工作方式。毕竟，从 400 年前最早的钟表制造开始，这套做法一直都运行得很顺畅。后来，琼斯在瑞士北方受到了说德语的当地人的热情欢迎，沙夫豪森的居民尤其喜爱这个有 100 个新工作机会的前景。

然而，万国表公司一开始的产量简直让人泄气。琼斯告诉债权人，公司每年可以生产 10 000 只手表，可直到 1874 年，总共才售出了 6 000 只。瑞士银行的股东解除了琼斯的管理职位，在公司成立 9 年后，他被送回了波士顿。不过，他对钟表制作和工程的开发并未中断，直到 70 多岁时因贫困而去世。时至今日，在万国表宁静的博物馆以及其中一间会议室里，他的名字仍萦绕不散。也就是在这间会议室里，我所拥有的手表生产方面的专业知识得到了发挥。

在莱茵河畔的万国表公司，他们愿意让一个彻头彻尾的菜鸟在这里自取其辱地组装手表，其中一个原因就是要让你知道，为什么一只定价 205 000 英镑的手表值 205 000 英镑。换句话说，就是要让你知道，一位大师级的钟表师对技术的精通程度是普通人无法想象的。当然，他们不是让我拆解顶级的产品，在我面前的桌子上的，是一只手动上链的98200机芯系列腕表（Calibre98200）。表盘直径37.8毫米，是万国表尺寸最大的产品，专供制表课程使用。我的任务是拆下17个零件再重新装回去，不过，这样仍然不能达到可让手表正常运行的地步，因为它没有指针，也缺少全套动力轮系。但是，至少已经有一些大小齿轮相连在一起，可以经由细杆和表冠操纵。我的任务是在50分钟内完成它，而这只手表的构造是完全针对“傻瓜”的。“我们握螺丝起子的方式有两种，分别是正确的方式和错误的方式。”我的指导员这样幽默风趣地说，他大概已经这样说过千百次了吧。

为了拆解和重组，我不停地把表盘和表底翻来覆去。在这个过程中，我认为容易的部分是旋紧夹板的步骤，正是夹板单元使不同层次以及复杂的零件得以维持在固定的位置。分针齿轮下方的主发条被一个边缘呈齿轮状的发条盒包覆着，要将这个发条盒插入并对齐0.15毫米长的枢轴和宝石，则是一项相当棘手的工作。我使用的是经过合成设计的红宝石，这些低摩擦力的宝石轴承被用在齿轮系和防震机构上，并且一向是手表质量的标志。手表里面的红宝石越多，它的机芯就越准确、耐用、安全。如果没有额外的复杂功能，一只传统的机械手表会装满17颗宝石；但是，万国表中层次繁复的精品可能会要求装入62颗。值得注意的是，复杂功能指的是手表里对报时来说完全多余的所有功能，如显示月相的功能。

要把东西做得非常小往往是极为昂贵的，至少在建立原型和最后的人工检核阶段是这样的。在手表行业，对细致零件精准性的要求是其成本高昂的原因之一。例如，即使是最小的螺丝，成本也要8瑞士法郎。再来是强大的续航能力和几乎不用润滑、保养的特点，这也是人们赞赏一款手表的一个原因。不过，最重要的原因是与人有关的老生常谈，那就是代代相传的智慧。正是因为有了智能，原本只是金属与石头的无生命的组合，才能发挥功能并散发出极致之美。布雷塞尔告诉我：“我知道这样说非常不恰当，然而，这真的是上帝创造的精品或者弗兰肯斯坦手下的杰作——穿着白色大褂的你正在创造生命。”[①]我也在尝试做一件类似的工作，而且已经做到了一半。我正在用镊子拧螺丝，布雷塞尔又说：“要是你把它弄丢了，我不会揍你的，因为你不是真的钟表匠。”

正当我尽力不让螺丝掉到地板上时，我想到了一项新的挑战，人人都可以尝试：请试着讲出一位还健在的钟表大师的名字。你慢慢来也没关系，因为若非圈内人，很少有人说得出来——这一行的人向来甘于保持默默无闻的状态。[②]然而，这些人（几乎清一色都是男性）当然值得人们注意，如43岁的克里斯琴·布雷塞尔。

布雷塞尔说，他曾经想过当战斗机飞行员。当他还是个男孩时，他最大的爱好就是组合玩具模型。快30岁的时候，他在德国一家银楼当学徒，而在此之前，他对于钟表师的工作并不感兴趣。“我知道这么说很情绪化，但真的，有一些我早期组装的手表，我是把它们当自己的孩子看待的。”2000年，他去过瑞士的好几家钟表公司求职，包括劳力士、欧米茄和真力时（Zenith）。他发现这些“金光闪闪”的公司少了他在万国表公司体验到的那种小家庭气氛——当时万国表公司的员工约有500人，如今已超过1 000名了。他在面试时被要求完成的任务之一听起来有点熟悉：将一只手表拆开再重组。不同的是，他要应付的零件更为细致；而且机芯里隐藏着一个错误，他必须找得出来。

“一开始，我对钟表行业的认识就跟10岁小孩一样。”如今，布雷塞尔的才华横跨万年历和双时区手表的制作以及教育推广。他定期主持钟表制作的基础课

① 弗兰肯斯坦是玛丽·雪莱的科幻小说《弗兰肯斯坦》（*Frankenstein*）中创造人造人的医生。——译者注

② 如果是说出历史上有名的钟表大师，就会容易很多。毕竟，我们可以说出宝玑表的创始人亚伯拉罕-路易斯·宝玑（Abraham-Louis Breguet），他生于瑞士，曾在法国当学徒；也能说出来自波兰的安东尼·百达（Antoni Patek），他在1845年认识了法国人阿德里安·翡丽（Adrien Philippe），6年后共同成立了一家钟表公司，即百达翡丽。不过，要注意的是，没有宇舶先生（Monsieur Hublot），也没有劳力士先生（Mr Rolex），至少在钟表学的领域里没有。就和哈根达斯冰激凌一样，宇舶（Hublot）与劳力士的品牌都是市场营销的结果，无关同名的创始人。

程，而这项活动是兼具销售与钟表学教学功能的：菜鸟访客们完成简单的制作手表的过程后感觉良好，对小齿轮和枢轴的了解也更多，当然，这不到 1 个小时的时间也会引导你走向礼品店里闪闪发亮的廉价小饰品。

礼品店就设在博物馆旁边，而它和博物馆都在显示：万国表公司在实务运作上仍然走在近 150 年前所奠定的轨道上，也就是以机械化产品线的效率结合加工线一丝不苟的精良技艺。然而，尽管博物馆有这么多别出心裁的展示，却并未完整地呈现万国表的故事，以及它历经重重困难之后所传递出来的不朽的信念。这家公司挺过了诸多挑战和波动。例如，手表的流行趋势和货币市场的变动、不断变化的劳动力需求和工作实务、与瑞士其他三百多家钟表商以及仿冒品之间激烈且精彩的竞争。如今已经到了 21 世纪的第二个 10 年，万国表面临着一场全新形态的竞争。令人意外的是，这场竞争来自一家计算机公司。

来自美国加州丘珀蒂诺，也就是苹果公司总部所在地的沉重气氛不仅笼罩在沙夫豪森的上空，瑞士的其他地方也难以置身事外。然而，Apple Watch 威胁到的并非单一的产品。呈现在人们面前的远景，是彻底的数字化连接，人们凭借触控，通过智能手机、智能手表或者好用的小芯片，就能掌握生活中大大小小的事。它的挑战在于，人们准备在多大程度上以及多快地控制生活中的一切。如今谁都没有答案。不过，瑞士没有人承担得起忽视这项挑战的代价，就像他们不敢忽视石英的冲击一样。

石英是以低价的方式做相同的事，而智能手表的影响与此不同。智能手表同时具有非常多的功能，报时毫无疑问是最不重要的一项。2015 年，很多人开始佩戴 Apple Watch，有些人却感到很失望，因为能用它做的事似乎没有 iPhone 那么多，只不过它的尺寸小得多。它和手机一样，会通知你有来电和电子邮件，也可以储存文件、买单以及监督你的健身运动情况。当它的消光黑表盘启动屏幕保护程序，对有些钞票多于理智的人来说，光是那美丽的蝴蝶振翅就足以让他们乖乖掏钱了。但在其他人眼中，尤其是在机械手表的制表业从业人员眼中，蝴蝶意味着混沌，Apple Watch 以及此类的产品可能是代表末日的符号。直到 2014 年年中，对于 Apple Watch 以及此类的产品，瑞士人的态度要么是沉默，要么就是不屑一顾，几乎没有人承认这是个复杂的情况。但是，如今情势已经有所不同了，尤其是在优秀的老师傅逐渐凋零的情况下。

万国表数字化的第一步是推了一款被称为 IWC Connect 的设备，它不是手表而是表带，一开始是飞行员系列表款专用的。它附有一个大型按钮，压下并旋转按钮即可连接到你的手机、应用软件、保健功能及电子邮件通知。这项装置是向微处理器颔首致意，却让人感到很窘迫。它是传统高级钟表的对立面和死对头，它在表带上的位置则代表了瑞士人拥抱先进数字技术的方式，即同时与数字技术的粗俗和威胁保持距离。在可预见的将来，万国表不会提供 MP3 播放或摄像功能，更不可能一年升级两次操作系统。他们喜欢以优雅的机械风格滴滴答答地计时，静候风暴早日平息——但愿它会平息。

为什么瑞士人能主宰手表行业

钟表业不是瑞士人建立的，可这个低调的内陆国家是如何在钟表业获得主宰地位的呢？它是如何从掌握乳制品生产技术一跃成为同时掌握乳制品和微型精密机械生产技术的？很多瑞士表走得还没有只卖 10 英镑的杂牌表准，却动辄要价几十万瑞士法郎，瑞士人是如何做到这一点的？ 2014 年，瑞士出口了 2 900 万只手表，仅占全球手表总销售量的 1.7%，却占了总销售额的 58%，这种事是如何发生的？

瑞士手表行业的发展

1953 年，欧仁·雅凯（Eugène Jaquet）和艾尔弗雷德·沙皮伊（Alfred Chapuis）出版了权威巨著《瑞士表的技术与历史》（*Technique and History of the Swiss Watch*），但他们对手表起源问题的讨论略有些含糊不清。第一批手表大约出现在1510年，一开始是在德国、荷兰、法国和意大利登场。起初，手表的表盘是圆形的，然后变成了椭圆形。几十年后，日内瓦发展起小规模的手表交易，而这很大程度上要归功于受雇为金匠的工匠。这些金匠做的是精雕细琢以及制作珐琅制品的工作，他们非常擅于使用繁复的镌刻工具，而这使他们能将注意力转移到微型机械上。雅凯和沙皮伊找到的记录显示，16世纪时，日内瓦共有176名金匠，并且几乎可以断定，来自法国的胡格诺教派（Huguenot）的难民对新兴的制表技术大有帮助。

最早期的手表需要特定的膨松度，因为表内有一个锥形的滑轮机构，被称为均力圆锥轮，能够以最均匀的方式传递上链后的动力，而不是在循环一开始时全力运转，到了结束时则软弱无力。大约在17世纪中叶，荷兰数学家克里斯蒂安·惠更斯（Christiaan Huygens）和英国哲学家兼科学家罗伯特·胡克（Robert Hooke）分别独立开发出了摆轮游丝，使动力控制得到大幅改善，进而增加了手表的准确性。在此之前，最早期的手表只敢指示小时，因为说到准确性，就连日晷都能让它相形见绌。分针也是惠更斯开发的，直到1670年左右才被英国的钟表匠丹尼尔·夸里（Daniel Quare）首次应用。

瑞士出口手表的第一个迹象是在1632年。当时，来自法国布卢瓦的皮埃尔·库佩二世（Pierre Cuper II）旅行到日内瓦，委托安托万·阿洛（Anthoine Arlaud）制造36只手表，并要求他必须在一年内交货。其他手表制作并出口的订单是阿洛的儿子亚伯拉罕和数年后来自君士坦丁堡的让－安托万·舒当（Jean-Anthoine Choudens）完成的。这些迹象显示，瑞士已经奠定了品质卓越和装饰高级的名声——日内瓦人同时也是制作珐琅表壳的大师。

到了17世纪90年代，瑞士的巴塞尔、伯尔尼、苏黎世、洛桑、罗勒、穆东、温特图尔与沙夫豪森等地均有钟表匠，纳沙泰尔也成了一个著名的钟表匠中心，收容来自欧洲其他地区的逃避宗教迫害的熟练工匠。纳沙泰尔还成立了一所制表学校，它很可能是欧洲首例。这所学校招收十几岁的学生作为学徒，并且非常重视制表业的基础设施对全州乃至全国的重要性。然而，宣称自己是第一座钟表城市的是汝拉州的拉讷沃维尔，当地的主要产业是酿酒与生产怀表。

以上仍不足以说明为什么是瑞士获得了如此卓绝的名声，德国、法国等却都与之无缘。而以上史实之所以无法解释瑞士的成就，是因为它的旷世盛名主要是在 20 世纪形成的。在那之前，还有些其他的国家也同样突出。例如，巴黎有宝玑、卡地亚和厉溥（Lip），德国有朗格（A. Lange & Söhne）和许多小型公司，他们均生产珍贵的手表并建立了良好的声誉。而英国，在 17 世纪和 18 世纪，它甚至可以合理地宣称自己是时钟与制表的创新、发明中心，这里有很多重要的匠师，如爱德华·伊斯特（Edward East）、威廉·克莱（William Clay）、托马斯·马奇（Thomas Mudge）、约翰·哈里森（John Harrison）、理查德·鲍恩（Richard Bowen）、理查德·汤利（Richard Towneley）、弗洛德夏姆（Frodsham）家族、托马斯·汤皮恩（Thomas Tompion）以及史密斯父子（Smith & Sons）①。这些姓名早已被淡忘了，主要有两个原因，一是英国人投资不足的习性，二是这个国家曾经在许多重要的方面引领世界风潮，于是丝毫不以为意地忽视了这些人。

瑞士人仍旧稳定地向前走着：偶尔收购欧洲其他地方的顶级公司，因 19 世纪中叶的自由贸易运动而受益，也建立了贸易机构和认证目标，提升了钟表业在质量和诚信方面的声望。19 世纪，工厂的工作内容扩展到机械制造，妥善利用了当时新开发出来的擒纵机构与陀飞

① 史密斯父子公司也是英国海军部指定的钟表商。在史密斯父子公司一份 1900 年的产品目录中，怀表的价格由 3 英镑到 250 英镑不等。该公司宣称“它的使用寿命是瑞士表的 3 倍”。该产品目录特别强调他们的产品是“防磁手表”，在搭乘火车旅行或者靠近电流时，不会像其他表一样“悲惨地”受到影响。

轮。[①] 手表的外形日益向扁平发展，怀表进而演变成腕表。尤其是在骑马的时候，腕表特别方便、好用。同时，瑞士人也充分利用了上链技术的发展，采用早期的柄轴，也就是我们如今所知的表冠，取代以往用发条键上链的做法。这一切进步对出口贸易来说都是举足轻重的。到了 1870 年，瑞士的制表产业已经聘用了 34 000 多人，每年生产的手表多达 130 万只。

① 陀飞轮将擒纵机构与摆轮安装在一个旋转护架内，可限制地心引力对手表性能的不利影响。

接着，第一次世界大战爆发了。由于瑞士保持中立，因而瑞士的钟表商得以繁荣发展。在两次世界大战期间，万国表公司并非唯一同时为交战双方制造手表的公司。

在工作台上，平心静气有助于专注。然而，只靠平心静气并不足以解释浪琴表或雅典表的优雅脱俗，如同它也解释不了布谷鸟钟一样——当然了，布谷鸟钟是没办法解释的。奥逊·威尔斯在《第三人》（*The Third Man*）中饰演哈里·莱姆，他有一段令人印象深刻的演讲，而它之所以引人入胜，是因为它根本就不正确：

> 有个家伙这样说过："在波吉亚家族统治的 30 年里，意大利经历了战争、恐怖、谋杀和血腥，然而也孕育了米开朗琪罗、达·芬奇和文艺复兴。在瑞士呢？他们有手足之情，有 500 年的民主与和平，但是他们创造了什么？布谷鸟钟！"

这部电影的剧本中有些台词并不是编剧格雷厄

姆·格林（Graham Greene）所写的，这段话正是其中之一，而且说得也不对——布谷鸟钟是由德国人最先制作出来的，而德国并没有享受过500年的民主或和平。

如今，瑞士已经立法对造就了瑞士表的质量进行了分类，并进行严格的监管。而且，瑞士表上的产地说明一向写的都是“Swiss made”（瑞士制造）或只有“Swiss”（瑞士）一个词，而非“Made in Switzerland”（于瑞士制造），这个传统可追溯到1890年。每只手表都必须符合若干严格的标准才算合格，或者套用瑞士钟表工业联合会（Fédération de l’industrie horlogère suisse FH）的说法，所有手表都必须遵守“瑞士制造所规定的新要求”。上面所说的质量分类，也是源自瑞士钟表工业联合会。为了能够被归类为“瑞士制造”，手表必须符合以下几点：

1. 使用瑞士机芯；
2. 搭配机芯使用的表壳是在瑞士境内制造的；
3. 在瑞士境内接受检验和认证。

为了能够被归类为使用了瑞士机芯，手表必须符合以下几点：

1. 在瑞士境内组装机芯；
2. 在瑞士境内检验和认证机芯；
3. 至少60%的零件具有“瑞士价值”(1971年，法律规定的比例是50%)。

瑞士的政策对钟表匠人的影响

想知道瑞士表有多么卓越、名声有多么高，最好的方法是到瑞士以外的地方审视，比如澳大利亚。这里有一个叫尼克·夏珂（Nick Hacko）的人，他一直想做出一只手表，能像日内瓦或沙夫豪森出产的一样既坚固又可靠。他在悉尼完成组装，然后以比较低的价格出售，也没有大肆宣传。这是一项很难实现的壮举。

夏珂体格健壮却性情温和，他不仅是一位钟表匠，也是一位维修师和经销商。他算过，他已经卖出了 9 500 多只瑞士表，修过 17 000 多只。他身兼多种角色，最近却开始对瑞士人又爱又恨。2014 年 2 月中旬，当我走进他的办公室，他看到我后的第一件事就是塞给我一件黑色的 T 恤，上面印着密密麻麻且十分醒目的文字，使用的字体是随处可见的瑞士 Helvetica。与其说这件 T 恤是一件衣服，不如说它是一份传单。如果在派对上看到有人穿这样的衣服，你大概会立刻脚底抹油，有多远闪多远。其中，有一部分文字是这样写的：

> 这是另一种企业垄断，迫使独立贸易商退出这一行……瑞士的各大钟表品牌正在积极运作，以确保所有维修都是由他们的工作室并且遵照他们的条款进行的。请支持我们的活动：签署请愿书，拯救时间。

“来吧，拿两件！”夏珂一边说，一边又递给我一件 T 恤。一件是 M 号，一件是 L 号。“这两个尺码应该有一个是适合你的。”他说。

英语并不是夏珂的母语，他是南斯拉夫人，20 世纪 60 年代出生于一个修表匠家庭，12 岁就开始为自己的表做维修。1991 年南斯拉夫爆发内战，不久之后他就离开了。他先是搬到德国，1994 年又搬到了澳大利亚，那时他 31 岁，身上只有最基本的修表工具和 2 万澳币。他用这笔钱的大部分买了债券，从而保障他第一家店的运营。他回忆道：“我非常努力地工作，差不多花了 10 年的时间才建立起我的声誉。”

夏珂现在的店看起来像个办公室，位于 4 楼，有几个房间。这个店面位于悉尼的卡斯尔雷街（Castlereagh Street），这条街就相当于伦敦名店聚集的摄政街。店的正下方是几个产品陈列室，卖迪奥、卡地亚、劳力士和欧米茄等名表，但夏珂对那些会被这种华丽商品支配的人很不屑。他说：“修表匠看事情的方式总是由内而外的，但大多数收藏家只在乎外表，他们只喜欢名牌。”

在这个处处与他唱反调的钟表世界，在这个沉默且孤僻的舞台，夏珂特别引人注目。他发布的免费的新闻简报有 10 000 名订阅者，另外还有 300 名用户付费订阅了更专业的内容。他形容自己这类人“知道自己永远都是对的，是个话很多、牢骚更多的钟表匠，但是痛恨浪费时间的人”。

夏珂的办公室有一侧是一整面墙的带玻璃门的柜子，柜子里有一些精美的物品在闪闪发光。但是，访客的目光通常会被拉到更靠近入口处的一个坚实的柜子上，里面是一整排为手表上链的机器。这些机器缓慢地前后移动着，模仿手臂的日常动作。他解释说：“这些表可不是给懒人戴的，如果你收集了很多自动表，而它们上链的方式是佩戴在手腕上，那你就需要给它们动力，才能让它们保持旋转。这也是一个炫耀的好方法。”

夏珂正在制作的手表叫 Rebelde，这个词在西班牙语中是“造反者”的意思。这是一款手动表，有大型表冠，表盘直径 42 毫米，用手术刀品质的精钢制造，表身沉重。它还有一个吸睛的表盘，是很少见的由罗马数字与阿拉伯数字共同组成的。夏珂亲自设计并定做了所有组件，但这只手表只是一个简单的产品，它“不是要发展成一个品牌，不是为了展示制表师的能力，甚至不是为了满足人们对机械表的需求。它的诞生，纯粹是为了生计”。

夏珂告诉我：

> 重点在于，鬼才知道制表业是从什么时候开始的。但是，我们知道钟表是在什么时候开始跑到瑞士量产，又是在什么时候开始跑到美国平价量产的。然后，日本人就制造出了了不起的玩意儿。可是，最

近发生的事更清楚地显示了——瑞士人是关起门来做生意的。

夏珂提到T恤上的主张，并且特别指出了无法取得备用零件这一点。

> 最恶劣的是，他们不承认自己为什么要这样做。他们贪得无厌，但不会告诉你“这是在保护我们的生意”，他们不相信瑞士以外的钟表匠能把表修好。然而，就是这一批修表匠，才让瑞士的钟表业保持了上百年的活力！

夏珂说，瑞士的政策已经导致很多技术熟练的表匠生计艰难了，而他制造的手表是对这种排挤的示威和抗议。他在博客分享每一个制作阶段的绘图，希望能通过这种方式启发下一代钟表匠。我们见面之后半年左右，他的手表已经准备上市了，价格从2 500澳币（不锈钢）到13 900澳币（玫瑰金）不等。

夏珂对钟表的热情偶尔也会走到濒临窒息的境地。他提到自己的妻子对他的钟表经感到乏味，也提到整天坐着导致他长期患有痔疮，不过，他的执着也赢得了大量的支持者。有一天，他疑惑是不是有可能把一只手表（同一只手表）寄到地球上的每一个国家，结果，他的电子邮件新闻简报的订阅者承诺了要协助他实现这一点。这里提到的手表是一只迪沃斯（Davosa）手表，迪沃斯是来自汝拉州的一个瑞士品牌，创立于19世纪60年代。

这只手表必须在几百个地方被戴着行动，包括在太平洋上的小不点、基里巴斯，当然也包括两极地区。理想的情况下应该有证据可以证明，如当地的报纸或者以地标为背景的照片。若手表遗失了，或者因为其他原因而未能回到夏珂手中，这个挑战就宣告结束。

夏珂有信心取得成功，只不过估计需要5～12年的时间才能完成。“没错，我们正处在这段长途旅行之中！”我写这本书的时候，那只手表已经到过菲律宾、马来西亚、新加坡、印度、巴基斯坦、克罗地亚、黑山、斯洛文尼亚、西伯利亚以及波西尼亚。它已经在瑞士落地又起飞了。

可能会带来世界末日的关键 1 秒

参观过位于沙夫豪森的万国表公司之后，我坐在苏黎世机场的候机厅，被万国表巨大的灯箱广告包围，广告想表达的是万国表极具高度和深度的男子气概。很快，我就会把手表的时间往回调一个小时，不过飞往伦敦希思罗机场的航班晚点了，出境显示屏上写着“请在候机厅等候”。

差不多过了 30 分钟，显示屏的内容还是没有变，只不过现在瑞士国内的其他航班也晚点了。然后，是所有瑞士的航班都被取消了。我们到柜台询问，但只是被告知要等通知。于是，大家都开始用手机查找其他航空公司的航班。那时大约是傍晚 7 点，还没飞的航班不多了。接着，有广播要我们前往另一航厦的转机柜台，于是大约有上百人都跑了起来，其中有些人肯定已经好久都没跑过步了。后来，我们得知是飞机上的电脑出了一些技术方面的问题，但没人知道怎么会突然所有飞机都发生了故障。排在队伍前面的几个人被转到了英国航空的航班，我们其他人则是拿到了市区饭店的抵用券。我们奔向出租车，赶在其他同行旅客的前面抢到最佳西部酒店（Best Western）的空房，然后用餐券在酒店吃了一顿难以下咽的饭。

第二天早上 6 点半，我们再次集合，搭乘小巴到机场，可是几个较早的航班再次全部被取消了。有一位旅客试着平静地面对这些状况，我则在思考这令人啼笑皆非的一切：说到对时间的完美掌握，瑞士可以称得上全世界的鼻祖。可现在，看看机场里几乎遍及每个角落的店面，还有人们被耽误了的生活，这些时间都被浪费了。然而，不久之后的发展更让人抓狂到不行。那天上午 10 点左右的那趟航班确定可以出发，显然，那个深不可测的电脑问题已经被摆平了。不过，难免还是有人会自问是否要搭乘第一趟航班，毕竟，所有人都知道在升级手机操作系统时遇到了程序错误该怎么办。接下来，出境柜台的一位女士告诉了我们航班晚点的原因——闰秒。

当天的前一天是6月30日。地球每自转三四年就会与我们的原子计时，即世界协调时间（Coordinated Universal Time，UTC）[1]不同步，因而需要对我们的时间进行调整。[2]原子钟的准确性可达每1 400 000年误差1秒。以原子钟衡量的话，普通的一天有86 400秒。但地球自转受月球引力影响，会非常规律地减慢。根据美国国家航空航天局科学家的推算，一个太阳日的平均时间是86 400.002秒。如果没能修正这个异常现象，那么几十万年之后，人们就会发现太阳是在时钟上的中午时间下山的。想要修正这个问题，通常的做法是在12月31日加入额外的1秒，并且顺便发出警告，提醒人们这1秒可能会带来世界末日。人们越是以数字化的方式紧密相连，这一校正行为对人们的影响就越深远。例如，上一次加入闰秒是在2012年，澳大利亚航空公司因此停飞了400架班机，以解决电脑网络失去计算能力的故障。

美国马里兰州的国家标准和技术研究院（National Institute of Standards and Technology）负责维护全世界原子钟的加权平均，它与美国国土安全部联合发行有关闰秒的各种指南。其内容中还有这样的信息：在跃迁期间，在接近2015年6月30日的午夜时，原子钟以及受原子钟引导的其他时钟显示的时间是23点59分60秒，这是一种很少见的情况。如果是数字时钟，可能会显示多次59或00……或者直接暂停1秒。

① “世界协调时间”也被称为“协调世界时”或“世界标准时间”。
——编者注

② 世界协调时间由国际原子时间构成（国际原子时间是以全世界大约400具原子钟的读数所组成的尺度），并且与世界时间或太阳时间相配合（太阳时间以地球自转为依据）。世界协调时间是全世界大多数国家公认的时间标准，由法国的国际度量衡局（Bureau International des Poids et Mesures，BIPM）负责维护。世界协调时间代表正式的法定时间，例如，在保险换约或过期时，它就是一项重要的依据。

自从1972年地球时间与世界协调时间同步化以来，已经有过26次闰秒了。这种做法是否必要，多年来各国一直没有达成一致意见。美国方面倾向于反对，指出了这可能会造成的复杂情况，如千年虫或飞机停飞。英国当然是赞成的，因为追本溯源，人类最基本的计时工具就是太阳与星辰，而闰秒能维持人类与这个基本方法的关系。

当然，我是事后才知道这些细节的。在那之前，我度过了在瑞士的最后几个小时，一会儿无聊透顶，一会儿气得七窍生烟。**我是庞大机芯里渺小的齿轮，是原子钟的一部分。我最多只是一名暂时的观光客，我的一生存在于铯原子的电磁跃迁之中。**[①]**毕竟，我们并不是以美妙的跳动圆盘转动这个世界的。**我的指导员克里斯琴·布雷塞尔可能会觉得自己是在扮演上帝，然而，那是个多么大的幻觉啊。太阳并没有绕着地球转，是地球绕着太阳转啊。

① 目前世界公认的“秒”是依据铯原子的特定物理变化来定义的，该变化被称为“跃迁”。原子钟的制造也是以铯原子的跃迁为基础的，调整时间就是以人工的方式介入铯原子的跃迁。因此，作者感叹他的一生不过就是由铯原子的跃迁所控制的，微不足道。

——译者注

TIMEKEEPERS:
How the World
Became Obsessed with Time

08 打破纪录，让那个瞬间被放大为神话

20 世纪 70 年代，我还在伦敦汉普斯特德的学校念书。有一次我拿了一等奖，奖品是价值 10 英镑的图书礼券，可以买任何我喜欢的书。

我要在演讲日接受颁奖。演讲日是伊顿公学式传统的分支，所有学生都必须穿板鞋和裤子，坐在礼堂讲台上的人没完没了地细数田径队和戏剧社的事迹，以及本校学生被牛津、剑桥录取的惊人成果。那天，所有你痛恨的人都会得奖，颁奖的人则是你听都没听过的家伙。这些不知名人士和学校之间的关系通常都牵强得很，他们演讲的内容不外乎未来要面对的重重考验啦，要把人生给你的酸柠檬榨成柠檬汁啦，等等。

为了让母亲和颁奖的人对我另眼相看，我在当地的书店选了一本《罗马世界里的犹太人》(*The Jews in the Roman World*)，作者是迈克尔·格兰特（Michael Grant）。这本书到现在我都没有翻开过，更别说拜读了。我想，谁也没有因此而对我肃然起敬，尤其是颁奖的人，他是我们学校的老校友罗杰·班尼斯特（Roger Bannister）。

班尼斯特让我印象深刻。他不是那种枯燥乏味到让人恨不得退避三舍的演讲者，真不愧是我们的校友，而且他是《男孩书报》(*Boy's Own*）里的英雄人物。① 那时，他已经成为一个传奇近 20 年了，不过，我不记得那天他有没有谈到自己在 4 分钟内跑完 1 英里（约 1.6 千米）创下世界纪录的事。也许他只是一语带过，毕竟那件事他大概已经讲到想吐，大家也都耳熟能详了。他是那时候的我遇到过的最有名的人，当然，如果握个手就算是遇到过的话。

① 《男孩书报》是大约在 19 世纪中期到 20 世纪中期流行于英美的杂志、报纸之一，内容非常阳刚，如运动，读者大多是青少年阶段的男孩。
——译者注

40 年后我再度与班尼斯特见面，那时他只谈论着这件事：在 4 分钟的时间里，曾经如滔滔逝水的时间被凝结、拉长、放大、修订、牢记并且变成神话。自从 1954 年他打破 1 英里比赛的世界纪录，后来有许多人以更快的速度跑完了 1 英里。而他和那些后起之秀的差别在于，他跑的那一次是永恒。

我们第二次见面时，班尼斯特正在奇平诺顿文学节（Chipping Norton Literary Festival）推销他的新自传《双跑道》（*Twin Tracks*）。他在牛津伊夫利路旁的跑道进行过一场精彩的赛事，至今已有60多年了。他一直都在跑道上跑着，一路领先。

> 反正我就是必须在59秒内跑完最后一圈……时间似乎静止不动，或者完全不存在，唯一真实的东西就是我脚下接下来的近200米长的跑道。终点线意味着终结，甚至是消亡。

当时，班尼斯特在卫理公会礼堂进行演讲。活动结束后我问他，对于不断重复地活在相同的4分钟里，他有什么感想。无论是在哪个领域，我都想不出谁和他处在类似的境地。①他说，他一直在与之对抗。“曾经，我更希望因为在学术研究方面的成绩而被大家熟知”，但现在他已经释怀了，可以拿那4分钟大开玩笑——“只花4分钟就能享受到这样的人生，这可不是谁都办得到的！”他曾经有一段时间对时间非常着迷，并且让时间左右了他两年的生活。②

班尼斯特的故事总是让人听得屏气凝神、如痴如醉。好的故事就像战斗机一样，能带你飞上云霄，班尼斯特的故事正是其中之一。他的故事之所以扣人心弦，是因为一切都是业余者的努力，当然，也有英国百代新闻社新闻短片的生动报道的影响。他谈到如何利用午餐时间进行训练，并最终以3.7秒之差打破当时的世界纪录。他也提到，因为他当时还是一名医生，所以那天他是先值

① 当然，其他方面的事例有很多。例如，重温荣耀与灾难的人们，对意外事故和错误判断的记忆，就连流行歌手都会不断播放自己在排行榜上的歌曲。

② 1952年，奥运会在芬兰的赫尔辛基举办，班尼斯特没能在1 500米的比赛中拿到奖牌，而是只拿到了第4名。从此，他就开始痴迷于时间。

完早班又独自一人搭火车前往牛津参加比赛的。他还记得，就在比赛前的30分钟，他还在担心会不会刮大风，不知道是否该尝试创造纪录。他回想起队友克里斯·布拉舍（Chris Brasher）和克里斯·查塔韦（Chris Chataway）已经越来越受不了自己了。接着，他的朋友诺里斯·麦克怀特（Norris McWhirter）就用扩音器宣布了一个奇迹：

> 第8项比赛结果：1英里比赛的冠军是埃克塞特与默顿学院（Exeter and Merton Colleges）的罗杰·班尼斯特，成绩有待确认，这是新的纪录、英国人的纪录、英国所有参赛者的纪录、全欧洲的纪录、英联邦的纪录，还有，世界纪录……时间是3分……

现场3 000名观众的欢呼声淹没了后面的时间[①]——完整的数据是3分59.4秒。

关键是心理上对时间的掌控

关于班尼斯特对时间的掌控，最有趣的部分是心理方面的。在班尼斯特到来之前，几十年来不断有参赛者企图打破4分钟的屏障，并且每隔几年就会有人把差距拉小一点。1886年，沃尔特·乔治（Walter George）在伦敦跑出了4分12.75秒的成绩，当时大家认为这是无人能破的纪录。1933年，新西兰的杰克·洛夫洛克（Jack Lovelock）在美国普林斯顿跑出了4分

① 诺里斯很喜欢班尼斯特的纪录。诺里斯和他的双胞胎兄弟罗斯·麦克怀特（Ross Mcwhirter）因为《破纪录者群像》（*Record Breakers*）这一系列英国广播公司的电视节目而声名远播，他们也共同编辑了《吉尼斯世界纪录》（*The Guinness Book of Records*）及其周边出版物。这对兄弟经常开车接送班尼斯特参加各种赛跑会议，班尼斯特说，有时他会搞不清楚这两兄弟究竟谁是谁。

7.6 秒的成绩。第二次世界大战期间，参赛者们的速度更是大幅加快，仿佛是在说现在不跑以后就没机会了。1943 年 7 月，瑞典人阿尔内・安德松（Arne Andersson）在歌德堡跑出了 4 分 2.6 秒的成绩，一年后又在马尔默创下了 4 分 1.6 秒的纪录。又过了一年，同样来自瑞典的贡德・黑格（Gunder Hägg），也是在马尔默，创下了 4 分 1.3 秒的纪录。这个纪录保持了 9 年左右，直到罗杰・班尼斯特磨刀霍霍地登场。班尼斯特抵达牛津时，有好几位参赛者都巴不得他生病，尤其是来自美国的韦斯・桑蒂（Wes Santee）和来自澳大利亚的约翰・兰迪（John Landy）。他们本以为 1954 年是自己声名鹊起的一年，当记者冲过去告诉他们班尼斯特已经抢在前面打破了纪录时，他们的失望之情可想而知。

奇怪的是，在班尼斯特跑进 4 分钟后，大家也逐渐都能做到了。这之后不到 7 个星期，兰迪就在芬兰的图尔库跑出了漂亮的 3 分 57.9 秒的成绩，班尼斯特自己随后也在温哥华又跑出了一次 4 分钟以内的成绩。1955 年，拉斯洛・塔博里（Laszlo Tabori）、克里斯・查塔韦和布赖恩・休森（Brian Hewson）等人都在伦敦以不到 4 分钟的时间跑完了全程。1958 年，纪录保持者是澳大利亚的赫布・埃利奥特（Herb Elliott），时间是 3 分 54.5 秒。1966 年，纪录保持者是美国的吉姆・赖恩（Jim Ryun），时间是 3 分 51.3 秒。1981 年 7 月，塞巴斯蒂安・科（Sebastian Coe）在苏黎世跑出了 3 分 48.53 秒的成绩，但他的纪录只保持了一个星期，史蒂夫・奥韦特（Steve Ovett）就在德国科布伦茨以 3 分 48.4 秒的成绩超越了他。两天后，塞巴斯蒂安・科在布鲁塞尔重登王座，时间是 3 分 47.33 秒。1999 年 7 月，摩洛哥的希沙姆・艾尔・格鲁杰（Hicham El Guerrouj）跑出 3 分 43.13 秒的成绩，至今仍无人能出其右。

不过，我们很清楚，终有一天这个纪录也会被超越。可以说，当前的纪录是因为人们改善了饮食、在高海拔处进行更严格的训练以及身体素质改善等才得以产生的；也正是因为这些，人们才能超越班尼斯特。[1]

当然，到现在这个故事只讲了一半。一半是遇见瓶颈，另一半是突破瓶颈；一半是一年之前还是天方夜谭，另一半是一年之后突然变得轻而易举。正是基于这样的进步，诺里斯和罗斯这对兄弟才编撰了《吉尼斯世界纪录》并制作了一系列相关的电视节目。在运动变成世界纪录的主题之前，人们认为与人类试图追捕的对象相比，人类算是动作迟缓的。例如，袋鼠的速度可以达到每小时 70 多千米，猎豹是每小时 130 多千米，白腰雨燕则是每小时 350 多千米；而在蒸汽机和机械化出现之前，人类乘雪橇或骑马的速度，大概可以达到每小时 56 千米。有一段期间，弗兰克·埃布林顿（Frank Ebrington）大概算是地球上移动最快的人——当他乘坐的列车的车厢因为没有和列车耦合而加速冲向都柏林附近以真空抽气的金斯敦—多基大气铁路时。[2] 当时是 1843 年，据估计，他的移动速度是每小时 135 千米。1901 年，西门子与哈尔斯克公司（Siemens & Halske）在靠近柏林的轨道上测试电动火车头，车上的人是史上第一次移动速度超过每小时 160 千米的人。而史上移动速度最快的人是阿波罗 10 号火箭上的航天员，在火箭重新进入地球大气层时，他们的速度是大约每小时 39 897 千米。

罗杰·班尼斯特跑步的速度是平均每小时 24 千米左右。但是，在速度之外，班尼斯特的那 4 分钟还有另一个很成功的层面，那就是时间本身。对于不是十分热

① 女性跑者的纪录是在 1996 年由俄罗斯人斯韦特兰娜·马斯捷尔科娃（Svetlana Masterkova）创下的，时间是 4 分 12.56 秒。

② 大气铁路是 19 世纪中叶出现在爱尔兰、英国和欧洲大陆的一种特殊的铁路。大气铁路利用真空原理以轨道推动列车。不过，它以失败而告终，存在的时间也很短暂。

爱运动的人来说，4 分钟的时间恰到好处。4 分钟是播放一张每分钟 78 转的唱片的时间，是欣赏一首流行歌曲的时间，也是在 YouTube 上看完一个小视频的时间，它长到足以吸引你，又不会长到让你厌倦。在 4 分钟内跑完 1 英里是人们认为可行的，当然，在班尼斯特之前还没有人能做到。

一双跑鞋拍出 22 万英镑

> 女士们先生们，现在我们有一件非常非常特别的拍卖品。相信大家都已经看到了，能在这里向您推出这件拍卖品，佳士得（Christie's）深感荣幸。这可能算是佳士得拍卖过的最重要、最具有偶像地位的体育收藏品，而且是来自我们英国的运动家的体育收藏品。没错，这就是罗杰·班尼斯特的跑鞋。让我们回到 1954 年 5 月 6 日的伊夫利路，那天他打破了世界纪录；让我们再回到现在，很高兴能为您推出这双鞋……

时间流逝，但拍卖公司或慈商商店永远都能从中受益。此刻是 2015 年 9 月，距离那场赛事已经有 61 年 6 个月了，一场名为“与众不同”（Out of the Ordinary）的拍卖会正在进行着。班尼斯特的跑鞋是编号 100 的拍卖品，而已经拍卖出去的包括一套 21 件的新奇饼干盒，一具维多利亚时代运河挖泥船的模型，那是一个用铜和钢打造的机械模型，还能运作。拍卖品中还有一扇松木大门，原本属于插画家罗纳德·塞尔（Ronald Searle）的工作室，上面有许多人的亲笔签名，包括 DJ 兼媒体人约翰·皮尔（John Peel）和物理学家史蒂芬·霍金。

班尼斯特的跑鞋每只重约 128 克，看起来像一条腌鱼，版型瘦小，鞋面为黑色、鞋底呈烟熏式棕色，带有米黄色的细鞋带和 6 根原装鞋钉。这双鞋就放在拍卖师讲台旁边的有机玻璃柜里展示着。轮到它们要被拍卖时，一位戴着白手套的助手将它们拿出来，举到与自己眼睛齐平的正前方，记者则纷纷上前拍摄记录下这一刻。然后，潜在的竞拍者收到了一份更正通知，上面写着："本件拍卖品的名称应为'英式黑色袋鼠皮跑鞋一双'，请勿以印刷的拍品目录为准。"其实，拍品目录上只不过是少了"袋鼠皮"一词而已，其他的完全一样。而拍卖场里有多少人会想到"就是袋鼠皮增加了班尼斯特脚部的弹力"呢？我们不得而知。

另外，还有一处更正："也请注意，说明中讲到罗杰·班尼斯特已经告别了'专业运动员'生涯，应更正为'业余运动员'。"拍品目录上对这双鞋的估价是3万～5万英镑，不过，这是一种猜测，毕竟这双鞋以前从来没有被拍卖过。

> 女士们先生们，正如大家想象的一样，有很多人对这件拍品充满兴趣，所以我们已经一路冲过4.5万到4.8万到5万到6万英镑。有人喊6万。6万还有没有人要加？有没有人喊6.5万？6.5万，这里有。6.5万，凯特，谢谢你。6.5万英镑。下一位谁出价？6.5万。7万，会场后面那位先生，谢谢您。7万。凯特，看我这里。

凯特和她的同事正在拍卖场的一侧为电话竞拍者服务。

> 7.5万。8万。8.5万。8.5万英镑。9.5万。9.5万英镑。10万英镑，谢谢您，会场后面的那位先生。10万英镑。电话那边，10万。12万。13万英镑。14万。15万，没错就应该这样。

拍卖还在继续进行着。

> 18 万英镑，新的竞拍者出现了。会场后面那位先生请好好想一想要不要加价。凯特，18 万。

那双鞋的价格最后飙到了 22 万英镑，拍卖师敲下小木槌的那一刻，会场响起了一阵欢呼声和掌声。区区不到 3 分钟，凯特服务的匿名竞拍者赢得竞拍，换来一张账单，包括佣金和税金一共是 26 万 6 500 英镑。

班尼斯特在拍卖会开始之前接受了访问，被问到拍卖跑鞋的原因时，他轻描淡写地说："是时候与它们告别了。"他已经年老体衰，要花钱请看护，还要照顾子女、关注慈善事业。60 年前，他作为一名业余选手从这项古老且高贵的运动中获益，可能也受到了致命的伤害吧。然而在如今这个年代，有奥运会运动员服用禁药，也有残奥会运动员面临谋杀女友的审判，一切都已经变了。①

在 1955 年退出跑道后，班尼斯特便献身给了医学。他的专长是自主神经系统，他喜欢引用美国生理学家沃尔特·坎农（Walter Cannon）的话来说明自主神经系统："它是神经系统的一部分，这部分是上天依照他的智慧所下的旨意，不应该在自愿控制的范围之内。"班尼斯特和他的同事耗时多年来研究脑部循环、眼神经、肺、心脏、膀胱和消化系统。他最热衷的研究项目之一，是情绪压力导致昏厥的原因和目的。

班尼斯特的许多实验都是在一张电动倾斜桌上进行

① 班尼斯特名震天下那一天的事迹也在拍卖会中特别播放了。那天，至少有 3 只秒表（另一说是 5 只）记录到的时间都是 3 分 59.4 秒，其中有一个装在玻璃盒内，和班尼斯特的其他纪念物品一起被收藏在牛津大学彭布罗克学院（Pembroke College）的画廊里——他曾经在那里担任了 8 年的导师。

当时的主计时员查尔斯·希尔（Charles Hill）佩戴的手表已在 1998 年的拍卖会中，被小说家杰弗里·阿切尔（Jeffrey Archer）以近 9 000 英镑的价格买走了，后来又在 2011 年以 97 250 英镑的价格售出，所得的钱均捐给了牛津大学的田径俱乐部。

的。有人看见，这张桌子是他从大奥蒙德街儿童医院（Great Ormond Street Hospital for Children，GOSH）[①]推出来的。他用安全带将患者绑在这张桌子上，然后测量桌子从水平转到垂直的过程中，患者的血压和其他心脏功能的变化。知名医学杂志《柳叶刀》曾经报道过班尼斯特对各种自主神经系统障碍的研究。但是，他最造福后人的成就，是为了修订沃尔特·R. 布赖恩（Walter Russell Brain）的《临床神经学》（*Clinical Neurology*）而进行的研究。这是一本经典的教科书，班尼斯特修订了书中从癫痫到脑膜炎的各种障碍的诊断和治疗方法，后来人们改称这本书为布赖恩与班尼斯特《临床神经学》。

① 大奥蒙德街儿童医院是一所卓越的国际儿科护理医院，被公认为全球范围内为数不多的几家可为患有罕见、复杂或多种疾病的儿童进行诊治的医院之一。
——编者注

20 世纪 90 年代,《临床神经学》已发行到了第 7 版，分子遗传学和艾滋病的神经并发症这两方面的进展也已被纳入其中。但是，在 1973 年发行的第 4 版中，班尼斯特进行的最大的修订之处，与当时仍被称为帕金森病或震颤麻痹的病症有关。班尼斯特观察到，虽然退化的速度有很大的差异，但神经元的退化永远都是渐进的。能抑制震颤的药物非常多，但它们都无法逆转或停止其过程。即使过去了 40 多年，我们对帕金森病的认识和治疗方式已经有了很大的进步，所得到的也依然是熟悉的结果。无论是什么程度，帕金森病都会让人的行动迟缓下来。它会扭曲人体的运动系统，也会强烈影响人们对时间的知觉。班尼斯特如今也受到这种疾病的折磨，他说这是一种“奇怪的反讽”。但是，我不确定这个反讽是源自他的研究工作，还是源自他的声名。

一生都在周而复始地跑个不停

因为医学上的贡献，班尼斯特受封为爵士。他曾经为英国政府的卫生政策提供建议，并于 2005 年获得了美国神经学会颁发的终身成就奖，以表彰他提升人们对退化性疾病的认识。但是，我相信大家来到奇平诺顿是因为对另外那件事感兴趣。

过去这么多年来，班尼斯特显然已经受够了不断重复自己，那就像是在轨道上周而复始地跑个不停一样。他曾经有过一个伟大的日子、一件真正名扬四海的事、一次让他被众人高举欢呼的完美结果，而那样的成就让他再也无法超越自己。无论现代人跑完 1 英里的时间缩短到了多少，他的成就都是无与伦比的，而自主神经学只能让他走到餐桌边。

被打破的纪录无法复原，我问班尼斯特，跑出 3 分 59.4 秒的成绩是否既是一种恩赐也是一种诅咒。他就像一个男孩，在念书时得过一次正式的奖项，从此再也没能真正地摆脱它。因此，我立刻因为问了这样的问题而感到无地自容。他被问到负担一定跟被问到荣耀一样频繁，并且他总是亲切又耐心地回答，他还有一种皮克斯动画风格的鼓舞人心的能力。他答道："不，那是一项荣誉，它能让年轻人相信天下无难事。"就如同他在 1954 年和 2014 年所写的一样："无论未来人们跑完 1 英里的速度会有多快，我们都能共同拥有一个还没有人探索过的地方，而且它一直都被保护得很好。"于是，他总是再度诉说这个故事，而以新的方式诉说相同的故事是他办不到的。时间总是会给事物加油添醋，逃脱的那条鱼必然会随着时间的推移而变得越来越大，但班尼斯特的故事是个例外。

班尼斯特的故事永远都是这样的，也就是 1954 年 5 月 6 日，下午 6 点，伊夫利路旁发生的事。如今已 80 多岁的班尼斯特依旧十分确定当时发生了什么。1954 年，他第一次说到那次比赛："最后那几秒似乎永远都不会结束。"

> 一番苦斗之后，前方模糊不清的终点线如同祥和的天堂。世界展开双臂等候、迎接我，只要到达终点线之前我不降低速度就行了……然后，我的努力结束了，我也晕眩倒下了，几乎失去意识，两侧各有一只手扶着我……我感觉自己像是一个烧坏了的闪光灯泡，宁可一死了之。

在 2014 年的新版中，班尼斯特基本上只是修改了一下语法：

> 一番苦斗之后，前方模糊不清的终点线如同祥和的天堂，世界展开双臂，已准备好迎接我，只要到达终点线之前我不降低速度就行了……然后，我的努力结束了，我也晕眩倒下了，几乎失去意识，两侧各有一只手扶着我……我感觉自己像是一个烧坏了的闪光灯泡。

最大的差别，是班尼斯特更接近人生的终点，现在不想"一死了之"了。但是，还有一个细微的修订是：终点线之前的最后 5 米伸展开来，以至于比赛的时间和码表的时间出现了差异。这是一种新的弹性意识。60 年前他写道："最后那几秒永远都不会结束。"在新书中写的则是："最后那几秒似乎变成了永恒。"或许在这两个版本中，比赛时间和秒表时间的差异是相同的，但遣词造句的改变对他来说是有意义的，因为他的一生都在经历最后那几秒。

班尼斯特签了大约 20 本书，离开时拄着拐杖缓慢地走着。外面有一辆车在等他，这辆车将会载着他经过科茨沃尔德区，回到他的家。

TIMEKEEPERS:
How the World
Became Obsessed with Time

09 摄影，将历史和故事凝固在时间之中

震惊世界的照片：战火中的女孩

有些摄影师总是能拍出杰作，一张接一张，如亨利·卡蒂埃-布列松（Henri Cartier-Bresson）、罗伯特·卡帕（Robert Capa）、艾尔弗雷德·艾森施泰特（Alfred Eisenstaedt）、雅克-亨利·拉蒂格（Jacques-Henri Lartigue）、埃利奥特·厄威特（Elliott Erwitt）、罗伯特·弗兰克（Robert Frank）、吉塞勒·弗

罗因德（Gisèle Freund）、伊尔丝·宾（Ilse Bing）、罗伯特·杜瓦诺（Robert Doisneau）、玛丽·E. 马克（Mary Ellen Mark）、加里·威诺格兰德（Garry Winogrand）、威廉·埃格尔斯顿（William Eggleston）以及薇薇安·梅尔（Vivian Maier）。他们拍出了无数绝妙而又充满新意的作品，让人回味无穷。然而，尼克·吾（Nick Ut）不是这样，他只拍了一张照片。

严格来说，尼克·吾不止拍了一张照片，但只有一张令所有人都难以忘怀。在他拍的所有照片中，只有这张是大家争相谈论或想要掏钱购买的。这张照片令他声誉鹊起，也让他差点身败名裂；不仅让他拿到了普利策奖，或许还加速了战争的落幕。这张照片具有震撼人心的力量，徕卡公司在广告中想提醒世人记起它，却用都不敢用这张照片，而只是在全黑的背景上印了三个白色的词：越南·燃烧弹·女孩（Vietnam Napalm Girl）。

弹指之间的永恒：战争的恐怖

这张照片的故事是广为人知的。1972 年 6 月 8 日，大约早上 7 点，21 岁的越南籍摄影师黄功吾（Huỳnh Công Út）准备出发去壮庞，那是一个小村落，位于他在西贡的基地的西北方，这是一趟他很熟悉的路程。他来自美国的同事都称他为尼克·吾，而他已经在美联社担任了 5 年的摄影记者。他的哥哥也曾经在美联社任职，却在一次任务中遇难，那之后尼克·吾才进入了这一行。所以有些人会用悲伤的语气说，尼克·吾寻求完美的照片就是为了替哥哥复仇。

正午刚过，尼克·吾和一小组人从一号公路开往壮庞，小组中还有其他摄影记者和美军。他看见两架飞机正在投放炸弹进行轰炸，不久之后就看到有人四处逃窜，惊恐地向他奔来。其中有一架飞机在投掷燃烧弹，而他的第一反应是拿起相机拍照。就专业来说，他走运了，因为在场的其他两位摄影师都在装填新胶卷，而他的尼康相机与徕卡相机里都还有足够的胶卷。[1]他使用有长镜头的尼康相机捕捉村落上方的巨大乌云，然后换成徕卡相机，拍摄比较近的人。他最先拍下的照片，是一位妇女抱着显然已经死去的婴儿。接着，他看到一小群孩子向他跑过来。他们一共有 5 个人，其中一个女孩惊声尖叫着，双臂外张。她已经脱光了衣服，皮肤上的烧伤清晰可见。尼克·吾拍下了照片。

这群孩子在路上跑了不远就停了下来，四周围着军人和记者。尼克·吾记得那个女孩不断地喊着“nóng quá!”（好烫！）。此时，他的第二本能发挥了作用，让他停止了拍照，他知道必须得设法让这群孩子就医才行。那个女孩叫潘金福（Phan Thi Kim Phúc），很明显她是最需要帮助的人。有人给她水喝，拿军用雨衣包裹住她。尼克·吾陪他们去了最近的医院，而已经失去意识的金福被判定伤势过重，医生已经回天乏术。虽然她还活着，但被送到了另一个地方——她相信再过不久那里就会被当成停尸间。

尼克·吾带着照片返回美联社在西贡（现胡志明市）的分社。他记得暗房那位也是熟练摄影师的技师问他：“尼克，这次有什么？”尼克·吾回答：“这次我有非常重要的胶卷。”过去几个小时里发生了一连串事件：飞机轰炸、随后展开的悲剧、拍摄照片、赶赴医院。与它们发生的速度相比，接下来发生的事似乎需要一整个永恒那么久。

尼克·吾的胶卷有 8 卷，是 Kodak Tri-X 400 高速胶卷。它们必须在闷热的暗房里显影和定影，技师需要

① 尼克·吾并没有将原始照片的全部画面印出来。如果那么做的话，我们就会发现画面右边有个偌大的身影，而且可以清楚地看到那是另一位摄影师，他正在忙着装胶卷。

将负片放在各种化学药水中不断移动。然后，这些负片被吊在装有吹风机的柜子里烘干，其中有几张相片会用 5 英寸 ×7 英寸（约 12.7 厘米 ×17.78 厘米）的相纸印出来。一开始他们就很清楚地看到，7a 那张负片非常与众不同。观看者往往会聚焦在那个女孩身上，然而照片的内容十分杂乱，其中有两个系列的活动正在同时进行着。那条公路不仅设定了画面构图，将观看者的眼光导入故事中，也刺激人们超越这个故事，思考那炽烈燃烧着的火焰的恐怖。

画面中赤着脚跑过来的孩子共有 5 个，他们彼此之间都有关系。画面左边是一个男孩，他惊恐万分地张大了嘴，而我们通常只有在连环漫画中才会看到类似的表情。在他后面，也就是最后面的那个孩子，是年纪最小的。只有他没有看向镜头的方向，或许是因为他暂时被身后发生的事吸引了注意。画面中间的女孩是金福，照片中可以看到她的左手臂被灼伤了，她似乎是跑在一层很浅的积水上。她后面是一个男孩，被另一个看起来年纪略大的女孩牵着。这群孩子的后面，是一排穿着军服的军人与摄影师。他们和这群慌乱的孩子之间有非常明显的距离，对眼前的一切简直是视而不见，仿佛那都已经是司空见惯的事了。照片中的孩子后来都确定了身份，从左到右分别是：金福的弟弟潘青丹（Phan Thanh Tam）和潘青福（Phan Thanh Phouc）、金福、金福的表亲何凡本（Ho Van Bon）和何施婷（Ho Thi Ting）。

美联社西贡分社的社长是霍斯特·法斯（Horst Faas），他已经在越南待了 10 年。当天下午第一次看见这张照片时，他说："我看，这就是我们的另一座普利策奖了。"

然而，这张照片有一个重大的问题，这也正是各家报纸均无法刊登它的原因——美联社与世界上大多数媒体都严格规定，不可刊登完整的正面裸照。纽约总部当时的观点是，这张照片不能寄出去。法斯积极地向总部争取，认为规则的存在就是为了被打破的。最后，他们达成了协议：不能裁切照片而只留下金福一个人的画面，也不可以做特写。然后，无线电波发射开始了。如果保持联机，每张图片需要经过 14 分钟的逐行传输过程，但很少能保持成功联机。这张照片首先传到了美联社东京分社，又经由地上和海底线路的管道传送到了纽约和伦敦。过不了多久，这个世界一觉醒来就都会看到那张静止于时间中的照片。从此，这个故事和速度再无关系，人人都倒吸了口气。

事发当天，首先报道这则新闻的，是英国独立电视新闻公司和美国全国广播公司这两家电视台；然而，是尼克·吾的照片将它深深烙印到了世人的脑海中。人们一开始感受到的震撼，也就是他按下快门的那一刻所感受到的震撼："天哪，发生了什么事？那个小女孩没穿衣服！"震撼随即转化成愤怒。这是不可原谅的野蛮行为。这场战争必须停止。这张在区区 1 秒钟之内拍下的照片，让世界感受到了这个故事的悲苦。确实，人们一向都是用少数人的图像渲染千百万人的苦难。而且，当受害者是天真且不知所措的儿童时，这种图像更有助于人们感受，屡试不爽。但是，又过了 3 年，越战才画下了句号。

美联社以这张著名的照片报名参加了那年的普利策奖，使用的标题是《战争的恐怖》(*The Terror of War*)。当这张照片赢得"现场新闻报道奖"时，尼克·吾仍身在西贡。燃烧弹攻击发生的 11 个月后，也就是 1973 年 5 月 8 日，尼克·吾被拍到了一张照片，是他得奖的消息传开后，美国记者伊迪·莱德勒（Edie Lederer）拥抱并亲吻他的场景。于是，尼克·吾自己也成了历史性照片的主角，外界也都知道了他的大名。当时他们在一个办公室或者类似的地方，莱德勒站在一旁，而尼克·吾对着镜头微笑。这张照片是美联社另一名摄影师尼尔·乌莱维奇（Neal Ulevich）拍摄的，他在现场的目的就是要记录这个故事的尾声。在美联社的档案中，这张照片所附有的关键词是：站立、亲吻、恭贺、拥抱、微笑。

不停地奔跑：逃离过往，奔向未来

2014 年 5 月我在德国和尼克·吾见面时，不用我提问太过主动，他就简单地将自己的故事说了一遍——这件事他已经做了 40 年。我们见面时他已经

60 多岁了，身材矮小而结实，满头白发，表情丰富，总是面带微笑或含着笑意。他那时住在洛杉矶，仍是美联社的一员。他摄影的内容包罗万象，新闻、政治、名人均有涉及，他也仍然会去被派往的地方。[①]我给他拍了一张照片，照片中他拿着徕卡相机摆姿势，并咧着嘴笑。这其实看起来很不协调，因为他正站在一个背光的灯箱前，而灯箱上正是他拍的那张名满天下的照片。

① 例如 2007 年 6 月 8 日，距离拍摄金福那张照片已经 35 年了。尼克·吾受命去拍摄希尔顿集团千金帕丽斯·希尔顿（Paris Hilton）出庭的场景。《纽约每日新闻》注意到了这两张照片中的巧合："两个女孩都在恐惧中痛哭失声。"但尼克·吾的话发人深省："没有人为帕丽斯·希尔顿哭泣，但每个人都为金福落泪。"

那天，跟大家一样，尼克·吾也是怀着庆生的心情来这里的。我们在一个叫莱茨公园（Leitz Park）的地方见面，它位于德国韦茨拉尔的郊区，而韦茨拉尔是一个小镇，距离法兰克福北方大约一个小时的车程。我们来这里是为了庆祝徕卡公司成立 100 周年。在一场展现徕卡相机丰功伟业的展览上，尼克·吾的摄影作品与其他照片挂在一起，那些照片同样可以用三个词总结：水手、护士、亲吻或者西班牙、倒下、士兵。本章开篇提到的摄影家，几乎都有代表作品在这里被放大并展览。这些摄影家中，有好几个人曾说过将自己的徕卡相机当作身体的延伸。包括埃利奥特·厄威特在内的几位摄影家也出席了，并受聘担任徕卡的品牌大使。我们齐聚一堂，确实是为了共同庆祝相机这种启发性十足的机械的诞生。100 年来，它的技术稳健地发展着，而且正是因为这种机械，才能化不可能为可能，将那些美妙的时刻，比如那浑然忘我的一吻定格在时间中。

韦茨拉尔的历史至少可以追溯到公元 8 世纪，这个小镇主要是用木材和砖头建造起来的。莱茨公园则截然不同，它的建筑物大部分都是用钢铁、水泥和玻璃建造的，其中一部分建筑物的外形就是槽状轮缘的镜头的样子。这里近些年才成为徕卡公司的新总部，距离它以前在索尔姆斯的地址有 15 分钟的车程。新园区包括了工厂、博物馆、展览厅、咖啡厅，当然还有礼品店。在礼品店，你只有克制住自己的冲动，才会不去买徕卡隔热杯、徕卡雨伞以及徕卡相机形状的 U 盘。

那天还有一场拍卖会，拍卖品中有一个店里陈列用的小型相机架，上面有徕卡的商标，标价 4 650 英镑；有一张广告海报，标价是 8 235 英镑；有埃利奥特·厄威特在马格南图片社（Magnum Photos）的记者证，上面有当年罗伯特·卡帕的签名，最后拍卖到了 20 900 英镑；还有一台 1941 年的相机，它能够在一卷胶卷上拍摄 250 张照片，最高成交价是 465 000 英镑。

尼克·吾的行头中最宝贵的部分早已经被美国华盛顿新闻博物馆捷足先登了，你可以在那里看到他的徕卡 M2 相机以及 1972 年 6 月开始使用的 35 毫米的 Summicron 镜头。他的情况让我想到了罗杰·班尼斯特：回首一生，事迹全都被淬炼成弹指一瞬。然后，我又自然而然地想到了其他荒谬至极的相似之处。与班尼斯特一样，金福也在奔跑着，既是远离过往，也是奔向焕然一新且众所周知的未来，是奔跑拯救了她。尼克·吾将金福的奔跑凝固于时间之中，而我们也可以看到有千百名跑者以相同的奔跑的方式通过了终点线。

尼克·吾告诉我，他与金福仍然保持着密切的联系。如今，金福已经结了婚，有了孩子，住在加拿大。她是联合国教科文组织的亲善大使，也是一个为战争受害儿童提供支持的基金会的负责人。尼克·吾说，她依旧承受着烧伤带来的痛苦，但信仰让她得以保持坚强。她说，别人知道她是“照片里的那个女孩”让她感到很高兴。她管尼克·吾叫“尼克叔叔”。

尼克·吾也提到了有关这张照片的一个由来已久的误会。那天壮庞受到了两架飞机的轰炸，有些报道指出它们是受到了误导。但尼克·吾对这样的说法不以为然。他说，大部分人称那张照片为《燃烧弹女孩》，但他喜欢称它为《战争的恐怖》。

相机：让摄影者在正确的时间站在正确的地点

徕卡相机的故事，就像徕卡相机为这个世界创造出来的著名影像一样，是由正确的判断和绝妙的时机共同创造的。会影响拍摄的因素，许多都和速度息息相关，如快门、胶卷的过片杆、在匆忙的情况下填装胶卷所花的时间等。执着于数码相机的人也好不到哪里去，他们也在乎处理速度、每秒钟能拍摄几张等。然而，徕卡相机的故事不是这样的，它从一开始就让摄影师能在正确的时间站在正确的地点上。

1913 年到 1914 年间，一位叫奥斯卡・巴纳克（Oskar Barnack）的患有哮喘病的业余摄影师，越来越受不了在德国当地的森林里拖着三脚架和笨重的蛇腹相机去拍摄。他一开始是在蔡司公司（Zeiss）担任光学工程师，不久之后跳槽到了莱茨公司，专攻精密显微镜的研发。他想要弄清楚能不能用缩小非常多的负片取代沉重又易碎的玻璃。最后，他制作出了一台相机，小到可以装到口袋里。巴纳克想到了使用电影的胶片，他在蔡司公司看到过类似的构想，他们使用 18 毫米 ×24 毫米的负片，但是得到的影像非常糟糕。后来，他灵机一动：如果将胶片横放并将宽度加倍，变成 24 毫米 ×36 毫米，结果会怎么样？他制作出第一台金属相机原型，让底片能够以水平方式穿过胶片，得到了非常了不起的结果。底片上的小影像可以放大到明信片的尺寸，而且他发现最理想的比例是 2∶3。接下来的故事同样精彩万分：第一卷胶卷的帧数（36 帧，也是业界的标准）源自巴纳克双臂展开的长度。因为想要将一卷胶卷摊开且不会扭曲，这是他能够应对的最大长度。呃，骗你的啦。其实他的手臂比较长，第一卷胶卷可以拍 40 张照片。

巴纳克将他先前为显微镜研磨的镜头用在相机上，开始拍摄他的子女和韦茨拉尔的街道。他拍过一张照片，照片中是街上的一栋大木屋，它一直屹立不倒，至今仍会有游客到相同的地方拍照。不过，早期最重要的照片是巴纳克的老板恩斯特·莱茨二世（Ernst Leitz II）在1914年拍的。在前往纽约的旅途上，莱茨使用巴纳克的第二台原型机拍摄了那张照片，回国之后就宣称这台相机“很值得关注”。这台相机的原名是Liliput，后来改名为Leca（徕卡），代表LEitz（“徕”茨）的CAmera（“卡”梅拉）。试过这台相机的人，都称它为革命性的创举。

由于战争的影响，第一款商业化的相机直到1925年才被推出。上市之后，它并没有大卖，纯粹主义者当它是玩具而嗤之以鼻，抗拒接受并使用这种全新的概念和设备。但是，到了20世纪20年代，人们开始重新评估这款相机的价值，那些率先使用徕卡相机的先行者对它的便携性与容易上手赞不绝口。政治艺术家安德烈·布雷顿（André Breton）和亚历山大·罗琴科（Alexander Rodchenko）立即在这款相机身上看到了无与伦比的潜力，并称之为“固定炸药”（fixed explosive），意思是说，在变动不居的世界中，它将事物的运动凝固住了。有了这款相机，纪实摄影师能够随意街拍，满足各种各样的杂志对图片的需求。1932年，当一位摄影天王把他的“世纪之眼”放在这款相机的取景框上时，世界再度翻转了一次。

亨利·卡蒂埃–布列松很快就把徕卡相机当成了武器。过去，他一直在非洲从事大型动物猎杀的工作，他将徕卡相机比作他的猎枪，于是他的遣词用字逐渐成了摄影人士专业词汇中的一部分，如装载、射击、捕捉。他特别欣赏这台相机的实时性，比如快门反应的方式让他想到步枪的反应方式。他拍摄的对象往往是巴黎人，拍出来的照片具有鼓舞人心的力量，几乎无人能及。在这个领域，他唯一的竞争对手是罗伯特·弗兰克，弗兰克在1958年出版了《美国人》（*The Americans*）一书，书中的照片也是用徕卡相机拍的。

第二次世界大战期间，卡蒂埃－布列松当了许久纳粹的阶下囚。战后，他在摄影方面采用了一种不那么有对抗性但严格程度不减的方式。很久之后，他把这种做法与优雅庄重的射箭运动相提并论。他成了摄影界的首席巨星，1947年，他和罗伯特·卡帕等人成立马格南图片社的时候，他的摄影作品早已进入纽约现代艺术博物馆了。

1952年，卡蒂埃－布列松和摄影史上最重要的一个词联结在了一起，不过，这个词并不是他创造出来的。决定性瞬间（decisive moment）这个词出现在卡蒂埃－布列松的《思想的眼睛》（*Images à la sauvette*）一书中，他在绪论那一章引用了这个词作为卷首语。这个词出自17世纪法国人卡迪纳尔·德·雷斯（Cardinal de Retz）的回忆录，全句是“人间万事皆有一个决定性瞬间”。“一个”决定性瞬间比“此”决定性瞬间更不具有限制性，不过，卡蒂埃－布列松的摄影集在发行美国版时把“一个决定性瞬间”改成了“此决定性瞬间”，并将其用作主书名。这个词以及它所代表的观念，如今已是人尽皆知了；然而，它究竟是什么意思呢？依据卡蒂埃－布列松的定义，它指的是“在弹指之间能同时认识到事件的重要性和恰当表现该事件的精确布局形式”。

颇具影响力的评论家克莱芒特·谢鲁（Clément Chéroux）在《亨利·卡蒂埃－布列松：此时此地》（*Henri Cartier-Bresson: Here and Now*）一书中提到，卡蒂埃－布列松在印度还出版过一本摄影集，并且已经在序言中用过了“丰饶的瞬间”（fertile moment）这个说法。他也指出，在描述卡蒂埃－布列松的作品时，这个词已经是陈词滥调了。卡蒂埃－布列松在20世纪30年代早期的许多经典之作，都是时间掌控方面的杰作。话虽如此，但他在20世纪40年代晚期和20世纪50年代为马格南图片社所做的报道，才算是真正与这个形容词相符。可以确定的是，这个词并不适用于他的超现实主义、政治与人像作品，“他晚期那些沉思冥想的作品，其中有一大部分都是在实际拍摄之前或之后几秒拍也行的”。

冻结时间的艺术：揭示真实生活的瞬间

或许，早在许多年前就已经有人发现了“决定性瞬间”这个词的真正意义。19 世纪 60 年代，爱德华·迈布里奇（Edward Muybridge）拍摄的加利福尼亚州约塞米蒂国家公园的照片令人叹为观止，为他赢得了美誉。那些照片都是巨幅的全景画面，技术上涉及多重玻璃面板的精确组合。它的景观庞大，相机的快门开启时，只要有飞禽走兽经过，就会呈现模糊不清的画面或者一团黑影。可是，迈布里奇找到了方法提高快门开启的速度，快到像冻结了时间一样。他能捕捉到半空中跳跃的男子和飞翔的鹦鹉；当女人用水桶倒水时，他能拍到柔软的水落地前固体般的模样。

迈布里奇最知名的作品的创作始于 1872 年春，那时他 42 岁，那一年也是尼克·吾面对着战争的恐怖按下快门的整整 100 年前。迈布里奇为一匹名叫“西方”（Occident）的马拍摄了一系列急驰的照片，拍照的目的是为了解决一个问题：奔跑中的马是否四只脚同时离地？结果证明，是这样没错！而有关他拍摄的故事，成了艺术史上最富有传奇色彩的珍宝之一。他正以最微小的尺度追踪移动的轨迹，他使用的工具是神奇的机械之眼，它能感知到的影像超出人类肉眼所能看到的范围。

如今，不只是摄影历史学家，就连神经生物学家也很喜欢迈布里奇，不过，神经生物学家欣赏的是他的狂怒和执着，而非他拍摄的照片。他能见人之所不能见，这或许是出于他的艺术家禀性，而他那种禀性与其说是来自耐心与技巧，不如说是来自一次差点儿要了他命的意外事故。

因为意外而踏上摄影之路

1860 年 6 月，那时的迈布里奇是一位成功的书商和书籍装订商，尚未拿起任何相机。他要搭乘从洛杉矶出发的轮船前往欧洲，但错过了船期。一个月后，他订了前往密苏里的马车，希望可以从密苏里搭火车到纽约，然后再前往欧洲。就在马上要到达得克萨斯的时候，马匹突然因惊吓而逃窜并使马车撞上了一棵大树。在这次事故中，至少有一名乘客死亡，迈布里奇则被抛出车外，头部受到了重伤。迈布里奇说，他不太记得那次意外事故的细节了，但在恢复期间，他发现自己的味觉与嗅觉双双出了问题，而他每只眼睛看到的影像与以前也有些微的不同，以致会有双重影像。他一开始是在纽约求医，然后去伦敦，甚至找上了维多利亚女王的御医威廉·格尔爵士（Sir William Gull）。然而，除了建议迈布里奇尽量呼吸新鲜空气，威廉·格尔在诊断或解释病情上毫无建树。

然而，现代的脑部医学专家对那些状况会有更加明确的看法。2002 年，伯克利加州大学的心理学教授阿瑟·P. 岛村（Arthur P. Shimamura）在《摄影史》（*History of Photography*）上发表了一篇研究报告，题目是《运动中的迈布里奇，艺术、心理学和神经生物学中的旅行》（Muybridge in Motion, Travels in Art, Psychology and Neurobiology）。他提出了一个有趣的理论：迈布里奇遭遇的意外事故之所以会带来后遗症，是因为大脑额叶前面的眶额皮质部分受到了损伤，那个部分是大脑内部管理情绪创造、抑制与表达的区域。岛村在文中说，迈布里奇的朋友所提供的证据指出，"在发生意外前，迈布里奇是个好商人，为人善良，和蔼可亲；在发生意外后，他却变得暴躁易怒、举止怪异，不在乎冒险，而且情绪很容易失控"。这可以说是一件好事，也可以说是一件坏事：它固然会在各方面导致一系列的问题，但正如我们将会看到的，它也解放了迈布里奇的感知能力。

2015 年 7 月，《神经外科杂志》（*Journal of Neurosurgery*）刊登了一篇文章，作者是俄亥俄州克利夫兰神经学研究院的 4 名临床医师。文章中说，未来还会有很多像迈布里奇那样的"作品"，无论是否被意识到了，这些"作品"中都只有一个简单的灵感："虽然不记得意外发生之前的事情和意外事件本身，但他却感觉随着那次濒临死亡的体验，时间已经被中断而静止不动了。"

除上述症状外，还有两件事也很不寻常。其中一件事是迈布里奇不断改名换姓。1830 年 4 月，他出生于伦敦西南部边缘泰晤士河畔的金斯顿，本名爱德华·马格里奇（Edward Muggeridge），19 世纪 50 年代，他先是把自己的姓改成马各里奇（Muggridge），然后又改成迈伊各里奇（Muygridge），到了 19 世纪 60 年代才总算固定成迈布里奇。到了晚年，他将名字改成了埃德沃德（Eadweard），当在美国中部拍摄咖啡的制作时，他还曾短暂地改名为爱德华多·圣地亚哥（Eduardo Santiago）。

另一件不寻常的事是他杀了一个人。1872 年，迈布里奇 42 岁，他在加利福尼亚州的事业刚迈入第一个全盛时期。他和自己 21 岁的摄影助理弗洛拉·S. 斯通（Flora Shallcross Stone）结了婚，两年后，他们的孩子出生了，取名为弗洛拉多（Florado）。1874 年 10 月，迈布里奇发现自己并不是弗洛拉多的生父。当他出城拍照时，弗洛拉偶尔会出门找一个名叫哈里·拉金斯（Harry Larkyns）的男人寻欢作乐。报纸对拉金斯的形容是“神采飞扬，英俊潇洒”，而这些可都不是旁人会用在迈布里奇身上的形容词。这段婚外情被一张照片泄了底，而那张照片很可能还是迈布里奇自己拍到的。1874 年 10 月，迈布里奇前往一名助产士的家处理账单。他翻到了一张照片，原以为那是自己的孩子，转到背面才发现上面写着“小哈里”。迈布里奇取来他的史密斯 - 韦森手枪，前往纳帕谷附近拉金斯居住的牧场，用这句话问候他：“我是迈布里奇，这是帮我妻子传话。”然后，对他开了枪。

在随后的审判中，陪审团做出了一个令人意外的裁决——并非一般人会想到的精神失常但有罪，而是正当地杀人。法庭的判决认为，迈布里奇有权利杀死让他妻子怀孕的男人。于是，这位摄影师得以安然无恙地走出法院，继续从事冻结时间的工作。不过，这个故事里的其他人可就没这么幸运了：弗洛拉一病不起，在审判结束后的 5 个月内就香消玉殒了；弗洛拉多被送进了孤儿院，而拉金斯早就进了阴曹地府。

关于迈布里奇，丽贝卡·索尔尼（Rebecca Solnit）写过一本精彩万分的书。

她在书中谈到了这一时期的社会氛围，指出当时已是既火热又兴奋的状态。

> 在迈布里奇74年的人生中，时间的经验本身正在剧烈地变化着，而19世纪70年代的变化之甚更有过之而无不及。在那10年里，电话与留声机的发明也加入摄影、电报和铁道之列，共同成为“消灭时间与空间”的工具……现代世界，我们生活在其中的现代世界，就这样开始了。迈布里奇推了它一把。

吊诡的是，迈布里奇那些最著名的照片让我们第一次能够看见熟悉的事物。他的著作《动物的运动》（*Animal Locomotion*）出版于1887年，收纳了他超过15年的作品，共计11册，有将近20 000幅照片。虽然他的照片尚未被称为艺术，但却立刻就被誉为科学：迈布里奇在许多家顶尖的科学机构展示过他的作品，包括伦敦的英国皇家学院（Royal Academy）和皇家学会（Royal Society），而且这些展出的照片采用了“动物”这个词最宽泛的定义——其中有马、狒狒、山猪和大象，也有奔向母亲的儿童、赤裸的摔跤选手、投掷棒球的男人以及作势要打小孩耳光的女人。[①]他先是使用6部相机排列成马蹄形，从不同角度拍摄对象；不久之后，他试验将一组12部相机排成一列，拍摄对象快速经过时，再用一条线启动每部相机的快门。《动物的运动》一书中与马无关的研究，例如提着水壶爬上楼梯的妇女，或者两名全身赤裸的女人，则大部分都是利用预先设定的电动钟，以一瞬间的时间差分别启动多部相机

① 迈布里奇的成就不仅在摄影和电影两方面获得了回响，在科学与艺术的其他众多领域亦然。例如，法国印象派画家埃德加·德加（Edgar Degas）、马塞尔·杜尚、英国画家弗朗西斯·培根（Francis Bacon）、索尔·勒维特（Sol LeWitt）和菲利普·格拉斯（Philip Glass）等人都曾经提过受到了他在艺术方面的恩惠。

拍摄而成的。

这整套项目计划全是由宾夕法尼亚州立大学赞助的，他们想要获得照片以供医学训练之用，或者如一名记者所说的，是为了呈现“病患、肢体麻痹人士等对象走路的姿态”。[1]这项事业也开放给个人参与，凡是早期捐助的人，都有机会自选动物在迈布里奇的摄影棚拍照。没有人知道那里曾经出现过多少客串的动物，不过迈布里奇最常拍摄的主题是他自己。照片中的他往往没穿衣服并且正在从事某项活动，比如正要坐下，“弯腰接一杯水，然后喝掉”。照片中的他身躯瘦削，白色的胡子长而尖锐，并且带有暴露癖的味道，让人在科学探索之外更感受到他猖獗的自恋气息。

摄影历史学家马尔塔·布朗（Marta Braun）说过，迈布里奇的运动研究并非完全像它们表面上看起来的那样。这些照片偶尔会脱序，因此经常需要经过某些处理，如裁切、放大，然后再组合成“虚假的统一模式……《动物的运动》这个计划的每个元素都经过了种种操弄”。企图建立或确认某个论点时，迈布里奇拿出来展示的照片会和在相机中见到的不同，这是一种无害的欺骗，也算是非常早期的明确启示——如果相机不会说谎，那摄影师往往就会。暗房里标榜的，是揭露真实生活的瞬间，但它反而提供了扭曲和变形。迈布里奇延续所有古典的说故事传统，裁切、放大、编辑照片。如果你正在寻找美国电影中那些充满幻想而又不可靠的世界源自何处，它就近在眼前。

① 迈布里奇第一批马匹运动的照片是由利兰·斯坦福（Leland Stanford）资助拍摄的，斯坦福是加利福尼亚州的前州长，后来迈布里奇与他闹翻了。斯坦福从铁路业起家，他不再经营赛马之后，将大部分财产转投公益。斯坦福大学如今的校址有一部分就是在帕洛阿尔托农场的旧址，迈布里奇大部分马匹研究的照片都是在这里拍摄的。在迈布里奇的传记作家中，有眼光远大的人因此认为，他的照片所代表的科技开拓精神与后来的硅谷之间有直接关系。

迈布里奇利用一件道具展示他的照片，他称之为动物实验镜（zoopraxiscope）。它是一个木盒，可投射一片发光的旋转玻璃盘；它也是个会转动的魔术灯，能够欺骗我们的肉眼。迈布里奇小心翼翼地将他的运动研究照片按顺序放在盘面上（初期是剪影或线条图），当盘面快速旋转，即可产生动态的影像。它是原始的电影放映机，同时也旋转了世人的脑袋。迈布里奇曾经提到，对于这项发明，他最早的一个愿景是要把它当成“科学玩具”。不过，它的发展可不止于此：迈布里奇的照片断开了时间，接着他的机器又将时间重新组合了起来。此外，迈布里奇为一个速度更快的新快门系统申请了专利。就相机的价位来说，迈布里奇能够捕捉到时间一瞬的能力，很快就可以普及了。然而，速度更快的快门能帮你做的只有这么多：你还是得在那完美的一瞬间按下快门，还是得有艺术创作的天分。对加利福尼亚的迈布里奇来说是如此，对巴黎的卡蒂埃－布列松来说是如此，对离西贡不远处公路上的戴维·伯内特（David Burnett）来说也是如此。

因为更换交卷而错过的故事

戴维·伯内特并没有拍到重要的照片。他人在越南，帮《时代周刊》《生活》《纽约时报》等媒体工作。1972 年 6 月 8 日的中午时分，金福等人跑过来的时候，他就站在尼克·吾身旁。当时有两名摄影师因为正在装填胶卷而错过了时机，遗憾的是，他就是其中之一。2012 年，他在《华盛顿邮报》的事件 40 周年纪念专辑上解释了原委。他说，生于数码摄影时代的人，或许很难理解底片相机是怎么操作的。

> 你的胶卷是有限的，在拍第 36 张照片的时候，它必然会在某一瞬间结束。你得拿出已拍完的胶卷，用一卷新的替换，只有这样才能继续捕捉照片。

卡蒂埃－布列松想必能理解捕捉照片的说法，它仿佛是在说：有一张完美的照片就在野外的某个地方，而你必须把它找出来。伯内特切身体会到：在其他的短暂瞬间，当你正在更换胶卷的时候，“那张照片正好发生，这种事永远都有可能。你会预想在眼前发生点什么事，而避免在某个时空交会的千钧一发之际，胶卷却用光了……错过照片的故事可多得是"。

就在那特别的一天、特别的时刻，伯内特正在为他的徕卡相机更换胶卷。他回想起这部徕卡相机，说它是"非常棒的相机，而它更换胶卷的困难度也是举世闻名的"。当时，他看到携带燃烧弹的飞机，接着又看到模糊的人影穿越烟雾跑来。他还在笨手笨脚地帮徕卡相机换胶卷，就见尼克·吾已经把相机的取景框摆在了眼前。

> 在顷刻之间……他捕捉到的影像超越了政治和历史，并且象征着战争的恐怖降临无辜的生命。当一张照片拍得恰如其分，它是以一种无法磨灭的方式掌握住了时间与情感的所有元素。

不久之后，也是太久之后，伯内特已重新装好了胶卷，而尼克·吾已经和司机将孩子们送到了医院。几个小时之后，他在美联社的办公室再次遇到尼克·吾，他仍记得那时尼克·吾刚走出暗房，手里拿着先前拍到的照片，上面的药水还没干。

时至今日，当伯内特回想那天的情景时，他最清晰的记忆是"从眼角看到这样的一幕：尼克与另一名记者开始跑向迎面而来的孩子们"。这是一幅新的画面：实际上是尼克·吾跑向那些孩子。伯内特说，他经常想起那一天，想到一张来源相对来说只是小规模战斗的照片，竟然变成了所有战争中最重要的影像之一，这是多么不可思议的事啊。

> 我们背着相机走在历史大路旁的人行道上，并且以此糊口。对我们来说，即使在如今这个到处都数字化过了头的世界，知道单凭一张照片，无论是自己拍的还是别人拍的，仍然能够说出一个超乎语言、时间与空间的故事，真是令人感到欣慰。

TIMEKEEPERS:
How the World
Became Obsessed with Time

10 工作效率，挖掘每一分钟的经济价值

几年前我决定去学习一下怎样制造汽车。那时，宝马 Mini 这款车即将迎来它 50 岁的生日，而我正在写它的动荡史。我写到中途才明白，除非能成为这个过程的一部分，否则我休想理解 Mini 的生产过程。于是，在 2008 年 11 月某个星期一的早晨 6 点 15 分，我开车到了宝马的工厂。它位于牛津郊区的考利，Mini 就是在这里制造的，我怀着忐忑不安的心情进入了安检大门。

天色未明，我就开始接受第一天的基础训练。课上还有另外的两名男性工人，他们都有制造汽车的经验。我完全是汽车制造领域的新手，就连帮停在前院的汽车打气都不太会。他们说我会被丢到生产线的最底层，而那里可都是些非常劳累的工作。但是，只要我能遵守几条简单的指示，想要掌握实际的程序就不会有太大的困难。最重要的指示有：

1. 为自己的工作感到骄傲；
2. 不能让生产线慢下来；
3. 别犯会上法院的错误。

最糟糕的事，就是犯了错却不告诉其他人。

我的训练内容与汽车的两个重要组件有关，虽然这项训练并不是为了测试我的资质而专门设计的，但实际上看起来简直就是这样的。第一项工作是锁定后副车架，确保车轮和后刹车不会突然在路上掉下来，吓坏车上的人。第二项工作是固定安全气囊控制箱的电力联机，如果固定正确，发生交通事故时就能避免驾驶员与乘客飞到挡风玻璃上——如果弄错了，那就不知道会发生什么了。车辆组装部经理迈克·科利（Mike Colley）在讲解的一开始就提到了车厂设有一间休息室，靠近训练室，“想祷告的话可以去那儿”。他解说了车厂的基本布置，接着在他身后的屏幕上放了张演示文稿：“这是掉在车上被找到的螺栓组。”

> 没错，它们不会造成太大的抱怨。可是，如果你刚花2万英镑买了一辆全新的车，那你首先要做的，一定就是里里外外地好好地检查一番，看看它是不是一切正常，确定你买到的车是怎样的。如果你掀起后备厢盖和放工具包的小面板，却发现有几个螺栓组在那里，那你的感觉一定不会太好吧。

我觉得自己完全不用担心这个问题，我也确定任何购买了我组装安全气囊控制面板的汽车的人也会有相同的看法。

科利说，大多数生产线都一样，共同的关键要素是安全、效率、准确和生产流程：如果生产线上的每一位员工都能准时在分配好的时间内正确完成他们分内的工作，那这就是圆满的一天。以车窗的电路来说，从焊接、锁螺丝到安装，每一项工作都必须先在那个小小的车窗上完成，然后才能传送到生产线在几米以外的下一站，这一站的人也才能继续进行另一组焊接、锁螺丝与安装的工作。在所有的生产线，每个人都有各自的职责，而如果每个人都能达到预期的标准，那么每 68 秒就会有一辆车从生产线送出来。

除非有人按下其中一个中止按钮。在生产线，每隔 3 ～ 5 米，柱子上就会设有一个“行灯”（andon）按钮，“行灯”是日文“灯”的意思。按下这些按钮会使生产过程暂停，同时会向经理办公室发出警报，表示有人需要帮助。

> 他们会跑来生产线，查看按钮上亮起的灯并大喊：“行灯！行灯！”而你会说“是啊，我的螺丝锁不上”或者其他的什么。

如果生产线上的生产过程被中止，那它衍生的问题是显而易见的：工人的效率和收入会缩水，而那些负责让工作保持不中断的人则压力倍增。流程改善经理伊恩·卡明斯（Ian Cummings）告诉我，这种压力让他觉得自己的工作是全世界最困难的。即使一天下来没有人按过中止按钮，也仍然需要“其他人都能准时上班且是带着正确的心态来的”，因为只有这样才会万事平安。卡明斯有时候会希望员工都是机器，员工是人的麻烦在于他们为流程注入了不可预测性。例如，旷工会让工作横生枝节，而即使没有旷工的问题，也不见得每个人都能准时各就各位。在每一次轮班开始的前 3 分钟会响起提醒铃声，铃响过后生产线就开始转动。在午餐或晚餐时间，你可以离开厂区，去逛一下乐购或汉堡王。然而，如果你无法准时回来，那么“不用说什么‘我饿扁了，可是排队的人好多’，这些话都是无济于事的，因为生产线不会等你，你会漏掉四五辆车的工作”。

Mini 组装，分秒必争

第一辆 Mini 汽车是在 1959 年卖出的。即便是它的设计师亚力克·伊斯哥尼斯（Alec Issigonis）这么心高气傲的人，也没有料到它能连续 50 年屹立不倒或者能成为全球最畅销的车型之一。21 世纪的 Mini，严格说应该是 MINI，以便和它的前身相区别，和 20 世纪 60 年代成为大不列颠象征之一的那一款汽车已经截然不同了——它现在隶属于宝马。即使如今的 Mini 体型变大、价格大幅上升，我们也仍旧看得出来它是一款成功的产品。过去，它呼应着时代的气息，如今，则有高明的工程技术与营销相结合，确保它依然能与当代的气息相呼应。

我加入训练的那天，生产线实际上每小时产出了 53 辆新车，我完全没想到这套复杂的机械竟有如此令人惊叹的表现。想到每一辆车都有高度量身定做的工单，大约 8 个星期前才由买主在展示间敲定，我更感到佩服了。每个工作日可完成大约 800 辆车的组装，由于从合金轮圈到两侧后视镜、车顶贴纸等有上百种选择，每辆车的可选范围都很庞大，因而生产线很久才会遇到一次两辆车的工单完全相同的情况。身为消费者，只有一个选择是你不会做的，那就是让像我这样的人为你安装后刹车。

接着，来了一位车辆组装经理，叫理查德·克莱（Richard Clay），他指导我们如何锁定后副车架。副车架是用机器举到车子上，我们的工作是安装水平臂和抗翻杆。“你们这个程序有 68 秒可以用。”另外两名学员微微嘘了口气，仿佛时间很充裕，做完之后还能去瞎拼一回。克莱说：“如果这些固定工作有什么闪失，汽车可能就会无法搭配动力系统或者无法动弹。这样一来，可能就会导致严重的事故甚至闹出人命，企业形象也会受损。这些都不是好事。”

装配的流程复杂且在高度控制之下，这是个扫描与工具作业的流程，被称为国际生产系统质量（IPSQ）。每辆车都有一份可以远程控制且能够追踪的电子式历史纪录，在装配流程中会利用条形码扫描的方式检核每个新的阶段是否达标。随着车辆在生产线前进，有一个名为DC工具作业的系统会确认各个固定部位的扭矩都是正确的，然后这一部分的装配流程即可签结。重要固定部位的强度以牛·米作为量测单位，如副车架需要达到150牛·米，而安全气囊撞击感应器可能只要2牛·米。

我们必须做的第一件工作，是扫描位于引擎盖上面或下面的车辆识别码（VIN）。在生产线的终点，所有流程都会储存在电脑中，这样，万一有哪里出了差错，重新加工区的人还能知道应该修理哪一部分。Mini和大多数工厂的生产系统一样，它的运作原则也是每件事都应该“第一次就做对”。另外，还有一则忠告：

> 请不要把条形码扫描仪当锤子用，它们每组要价400英镑，电池再加150英镑。如果你的工作流程中需要把东西压进去，请来领取木槌，我们会提供给你。

后副车架的工作结束之后，我们移往房间的另一头，在那里有一座工作台，还有电线，也就是安全气囊感应器。克莱说：

> 在这里，我们会为你计时，但这和及格不及格没有关系，只是要让你知道，在生产线上，这项工作必须以特定的速度完成，你不能在那里歇着。如果有个接头没接到，重新加工区的人就必须花上大半天的时间才能找出哪里的连接中断了，而且整台车都得拆解开，把所有东西一样一样地拿出来。所以，如果你在一开始的时候没有正确连接，请务必告诉别人。还有，请把所有润滑液和电力零件保持距离，不可以混着放。

才一开始，我就注意到其他人比我的动作快非常非常多，有些时候我的零件就是不听话，要不就是需要用到某种我不会的特殊技巧。克莱会跟其他人说“很好”“做得好”之类的话，对我却一言不发。我用录音机录下了我的工作，结果却只能听到我自己在机器的嘈杂声之外说：“我搞不定这东西！”

我用掉的时间不是1分8秒，而是8分多钟。“8分钟！”克莱说，“还不算最慢的，有个家伙花了14分钟。”那位仁兄目前不在这里上班。我猜，在2 400名“伙伴”里，就眼前这些事来说，所有人都能做得比我快。午餐过后我再度尝试，弄得我指尖好痛，也擦破了皮。我的用时缩短到了5分多钟。未来的汽车就这样在生产线一路被我耽搁了下来。

日本人如何操控工业时间

在考利的工厂，经理教我的东西大多数都学自德国慕尼黑的宝马生产线，而德国生产线的大部分又学自日本丰田。说到对工作时间的掌控，日本人可以说是全世界都羡慕的对象。

> “第一次就做对”这一原则是另一条涵盖范围更广的原则中的一部分，那条原则被称为“实时”（JiT, Just-in-Time）。实时原则源自20世纪60年代的丰田汽车，它既是一种因果哲学，也是一种实践哲学。[①]
>
> TIMEKEEPERS

① 实时原则是指材料供应紧密呼应制造需求，有需即有供，需求多少则供应多少，没有备而不用的库存，也不会有浪费。这是供与需之间的因果循环关系，所以作者称之为因果哲学。然而，这条原则不仅是一种原则，还发展成了实时生产管理系统，因此作者又称之为实践哲学。

——译者注

丰田汽车利用这项革命性的生产系统，使它的工人与工厂变得几乎无法区别[①]。从这个系统诞生出来的产品，无论是一个小玩意儿还是一艘邮轮，都源于对理想的工业和谐的追求。这个概念有赖于消除浪费与多余的库存、简单而有效率的后勤供应链、高度灵活且积极的劳动力、自给自足但互相联结的生产单位，以及尽其所能消除犯错的可能性。当然，这些并不是都和几分钟、几小时这种层次的时间有关，但这个概念的目标是在比例恰到好处的时间框架之下，将以上的元素像创作交响乐一样结合起来，创造出一家可以充分发挥效率、产能和盈利能力的工厂。个中关键在于消除工作流程中的等待并使其顺畅无碍。就像在 Mini 车的工厂，此生产系统的目的是通过消除错误与不可预测性来实现利润最大化。而在实际运作中，它势必需要让人与人之间的互动就像上了油的齿轮一样平滑顺畅。也就是说，员工不会待在汉堡王而迟迟不归，也不会有人按中止按钮，更不会有人把扫描仪当锤子用。

① 即工“人”已经完全制式化，成为工厂生产“设备”的一部分。——译者注

20 世纪 80 年代，实时原则在丰田达到了终极状态，即“精炼”的程度。虽然有证据证明，日本的造船厂和其他工厂早就有了实时原则，但只有在汽车制造商采用了之后，才使它在 20 世纪最后的那 30 年里几乎影响了整个西方世界，尤其是影响了福特汽车。

丰田还有另一项更深入的创新，它的影响也有类似的效果。工厂生产线实行“实时”策略，使丰田在 20 世纪 70 年代生产汽车的速度比 10 年前快了许多倍，而顾客却几乎没有因为这种提升而受益。由于丰田的销售

部门没能在精炼方面获得足以与生产部门相当的改善，订单仍然需要将近一个月的时间才能录入、取得资金、传送到车间并开始生产。于是，公司的管理阶层领悟到了一件事，一件用现在的眼光来看再明显不过了的事：在许多消费者眼中，耐心不再是值得珍视的美德了。

1982 年，丰田将生产与销售部门合并，建立起更具有连贯性的计算机系统，简化了批量处理客户订单的旧方法，而旧方法阻碍了重要信息的传递，以致造成了大量的时间浪费。几年后，波士顿咨询公司的资深副总裁小乔治·斯塔克（George Stalk Jr.）在《哈佛商业评论》上撰文分析这种做法的结果，他观察到，丰田打算把销售和配送循环的时间打对折，从日本全境范围内 4 ～ 6 个星期减少为 2 ～ 3 个星期。但到了 1987 年，这个循环已经缩减到了 8 天，这还包括制造车辆所需的时间。“这样的结果尽在意料之中，”斯塔克写道，“销售预报越近、成本越低，顾客就越心满意足。”

日本人操纵工业时间的概念取得了全球性的优势，后来其他人才赶上他们的脚步并开始模仿他们。关于日本人操纵时间的做法，实时原则只是其中的一个例子。想要多了解一点的话，我们就得暂时离开汽车行业，把眼光投向摩托车行业。20 世纪 80 年代早期，本田和雅马哈摩托车之间的战争可以说是空前惨烈的，而且一战定江山，使它变成了业界的一则寓言。它甚至还有个简写的绰号——H-Y 之战。

冲突是从 1981 年开始的。那年，雅马哈摩托车建造了新的工厂，宣称要成为全世界最大的摩托车制造公司。当时稳坐王位的本田摩托车当然不会对这种宣言太温和，于是他们祭出了几招，想要让雅马哈的大话变成一场空。本田一边降价，一边增加营销预算，同时用一句口号激励全体员工：“消灭雅马哈，片甲不留！”

他们提出的这场毁灭行动，是以一种全新的生产方法为基础的：经过全面的结构性变革后，本田大幅提升了推出新车型的速度，一举扭转了局势。在18个月内，本田推出和更新换代了113款摩托车，生产时间也缩短了80%。而同一时间，雅马哈仅推出了37款摩托车。本田的新车有些只是经过了外观上的美化，也有些在引擎和其他方面的技术上有许多改进。他们的用意很直白，就是要让所有摩托车族都知道：你想要的我们都有，而且我们推出新技术和新车型的速度让对手望尘莫及。现代消费者忧心的对过时的恐惧，被本田一举消灭了。经过这一战，本田不仅成功击退了直接的竞争对手，还一并压下了铃木和川崎等对手。这一战，雅马哈输得颜面尽失，总裁公开认错："我们要结束H-Y之战，这一战是我们的错。未来的竞争在所难免，但竞争将会是基于对彼此地位的尊重而展开的。"

其他公司从本田与丰田的案例学到了不少。松下公司生产洗衣机的时间从360个小时减少到了2个小时；在美国，生产白色家电的公司也都得到了相当大的改善。斯塔克在《哈佛商业评论》的文章中写道：

> 对各行各业的所有公司来说，关键在于不要执着地认定优势只有唯一且单纯的来源，最了不起和最成功的竞争者都知道如何不断保持前进，并且随时处在顶尖的位置。如今，处在顶尖位置的是时间，市场上领先的公司管理时间的方法（在生产、新产品开发与引进、销售与配送等方面），就代表竞争优势最有力的新来源。[①]

① 这一项基于时间的创新，确保日本和远东的其他制造业公司能够继续以美国公司所需的三分之一的时间来生产电视机等产品。时间已经取代了传统的财务指标，成为衡量一家公司成功与否的关键尺度。技术创新与设计方面的领先地位，或许已经从日本转移到了硅谷。但是，从最新型的手机到最奢华的书籍，最有效率的大规模生产仍是亚洲的工厂说了算。

在考利的Mini工厂，本田和丰田的影响无处不在。所有跟“实时”有关的进步，比如响应时间、库存削减和精简的工厂布局，乃至不断增加的款式和定制化服务，都是不言而喻的。2000年时，本田和丰田在工厂产能与专业技术方面进行的巨大投资，使产量从2001年的42 395辆增加到了2002年的160 037辆，而且仍要持续攀高才能满足日本各地的需求。消费者越来越渴望买到更好的以及更快地买到，而他们也受益于越来越多的选择和越来越快的交车时间。当然，从水涨船高的订单、输出和利润来说，宝马、Mini工厂和他们的全体员工更是获益匪浅。

可是，如果缺少一套优良的刹车系统，失控的成功很快就会变成失控的灾难。Mini之所以能热卖，其中一个原因是车主相信它的品质，而车厂经理也相信员工不会在制造过程中出任何差错。于是，我就这样被残酷地举报了。由于我在安全气囊控制盒的电力线路组装上的速度慢到不行，装配线的负责人认为最好别放我去组装真正要行驶的汽车。在全世界的各个角落里，所有顾客都翘首企盼着他们的Mini，他们绝对不会愿意生产线被拖慢下来，哪怕只是5分钟也不行；或者说，他们也不希望在生产线的某个阶段有某些零件的组装不恰当，而让他们可能必须去法院解决。

地狱来的老板：拯救低效率

在还没有变成老梗之前，商界人士很喜欢用一个笑话来消遣顾问，说顾问就是借你的表来告诉你现在几点的人。这个笑话曾经是确有其事的。

一个世纪前，弗雷德里克·W. 泰勒（Fredrick Winslow Taylor）是管理顾问行业的开路先锋，他发现了一个能使美国的工业生产起死回生的方法。他带着一支秒表走进表现不佳的工厂，为他眼前所见的工作计时。他看到的大多是惰性和低效率的结合，而他的解决方法既单刀直入又雷厉风行。他计算出完成一件具体任务的最短时间，而这通常比实际执行时所花的时间短得多。他称这种松懈懒散的工作行为是“打混摸鱼”，并告诉工厂的主人，如果他们希望事业蒸蒸日上，那么只要采用他经过精确计时的新工作方式，一切就都会逐渐好转。他的建议没有得到工人和工会的好感，这是不可避免的。对他们来说，一个地狱来的老板就这样横空出世了。

泰勒曾谈到，一个尽心尽力的工人在这种经过优化的工作日工作一天后会感到自豪，批评泰勒的人则指控他丝毫不在乎新方法给工人造成的生理和心理影响。然而，泰勒的构想抓住了工厂老板的心，尤其是当他们在短短几年内就看到生产力翻倍，利润也成倍增长后，对他的观念更是无比支持。

泰勒主义：用科学管理提高工作效率

在米德维尔钢铁厂（Midvale Steel Works）任职的经历塑造了泰勒的理论。这家公司位于美国的费城，靠近泰勒的出生地。1878—1890 年，泰勒从基层一路向上升迁，通过提高效率和消除浪费满足了铁路和弹药厂巨大的需求，使产量几乎增长了 3 倍。他在一家造纸厂和另一家钢铁厂也取得了类似的成功。此外，他还和助理曼塞尔·怀特（Maunsel White）发明了一种新式的钢铁裁切技术，为他的家人赚进了大笔钱财。借他的传记作者罗伯特·卡尼格尔（Robert Kanigel）的话说，和他共事的人看到“世界就在眼前活生生加速了”。

起初，泰勒称自己的原则为“任务管理”，后来改为“科学管理”。不过，随着他的方法在美国工业界风行，进而传播到全世界，大多数人都称它为“泰勒主义”。1911 年，他在纽约出版了阐明原则的宣言，采用哗众取宠的竞选造势风格，呼吁让这个国家重新伟大起来。这本小册子附有一幅插图，图上是一只手握着一个秒表，这是一种伟大的命运的象征，有经验科学作为支柱，并且说服力十足。[①]

泰勒的大作（别忘了那是在100年前写的）以坚定的断言破题，如今的读者恐怕会因为似曾相识而感到震惊：

> 我们看到森林正在消失、水力虚掷浪费、土壤随无情的洪水奔向大海，而且煤矿和铁矿的枯竭已近在眼前。

然而，最大的浪费根植于人类的缺乏效率。根据泰勒的看法，这种现象是个愚不可及的错误，唯有靠伟大的想象力和科学训练才能拨乱反正。他宣称，“以往我们以人为尊，将来我们必须以系统为重”，过去，在各行各业我们都把“英雄伟人”视为繁荣的未来不可或缺的，如今，只要是经过现代方法的训练，哪怕是平庸之辈也可取而代之。

泰勒所谓的现代方法，就是指他自己的方法。他如此写道：

> 在各行各业的重要部门，所有被应用到的不同方法与工具，永远都有一种方法、一件工具会比其他的更快也更好，唯有对使用中的所有方法和工具进行科学的研究与分析，再加上对准确而细微的动作和时间的研究，才能发现或发展出最好的方法和最佳的工具，而这涉及逐步全面以科学取代机械艺术中的经验法则。

① 保护国家的天然资源是合情合理的愿望，而美国在6年之后加入第一次世界大战，使它成为具有先见之明的必要作为。然而，即便是在当年，让国家重返伟大的期望也可能沦为让人厌烦的政治口号。比较有吸引力的看法，显然是相信过去比现在更加美好。不过，在1911年的泰勒和罗斯福总统心里，或者在2016年的唐纳德·特朗普的心里，往日是否比较美好恐怕就很难说了。

泰勒所说的科学是以观察和数据驱动的，在他的研究中，工人待在原来的位置进行日常的工作，泰勒则在四处走动，“将轮胎放在机器上并准备转动……粗糙的平面前缘……加工的平面前缘……粗糙的钻孔面……加工的钻孔面”，他以秒表记录诸如此类的微小的细节需要多少时间才能完成。他对这些感到着迷，他不断测量装满一铲物料所需要的理想时间是多少，以及运送那一铲物料的时间是多少才能达到最高的效率。得到时间的总和后，他又为完成任务量身定做了新的铲子。从来没有人用如此细微的方式衡量这类任务，也没有人为了这么强制性的目的而做。时间被分解完成后，每一名机械工都会收到说明单以及管理指南，教他们如何尽可能用最少的能量完成任务。凡是能够按照泰勒的新指导圆满完成任务的工人，都可以获得略高于薪资的奖励。

实时原则不过是经过机械化、超大化以及重新人性化的泰勒主义。

TIMEKEEPERS

泰勒对工作场所时间的关注有多少原创性？就其严格的程度和华丽的辞藻来说，他无疑是足够新颖的。但是，他所强调的几个元素，100 年前在英国的工厂训练过的人也能看得出来。早在 1832 年，查尔斯·巴贝奇（Charles Babbage）就出版了《论机械和制造业的经济》（*On the Economy of Machinery and Manufactures*）一书，他在书中指出了如何摆设纺织机才能获得最大的产能；也提到了如何区分劳动，认为应该将没有技巧可言的手工劳动和需要更高能力的工作区分开，并给予工人不同的薪资。然而，泰勒著作的与众不同之处在于细节以及冷酷无情的滔滔雄辩。[①]

① E. P. 汤普森（E. P. Thom-pson）在他著名的论文《时间、工作纪律与工业资本主义》（Time, Work-Discipline and Industrial Capital-ism）中讲到了一项有趣的调查，是关于工作场所中时钟和其他计时机制的分布和使用情形的。他指出，在 19 世纪开始之际，工业化的英国拥有怀表的工人之多简直让人惊讶，怀表或许就是这些人最有价值、最贵重的财产。然而，在棉花厂和其他工厂，携带怀表往往是被禁止的。与其说是工人以自己的时间控制产出，不如说时间才是真正的主人。在傍晚的时候，工厂老板会把时钟往回调，手动延长工作日的时间。

泰勒做了前辈们没做到的事，那就是诊治全美的懒惰病。他声称美国与英国的运动员是世界一流的，拥于渴望胜利的心，赴汤蹈火也在所不辞。然而，当他们去上班后却变得懒散了起来。他所定义的“打混摸鱼”分为两种，一种是天然性的，一种是系统性的。第一种是人类的本性，“是人类好逸恶劳的天然本能”。第二种则是人类根深蒂固的信念，认为比同事做得更快是对团体的不忠和破坏，是偏向管理阶层而不是自己的阶层；另外，人们还会觉得动作太快最终会导致工作机会变少。1903 年，在一篇题为《工场管理》(Shop Management) 的论文中，泰勒举例说明了一名男性如何以两种不同的速度生活。

> 前往工作场所时，他以每小时 5 ～ 6.5 千米的速度走路，下班后则经常小跑回家。抵达工作岗位时，他的脚步会立即放慢到时速 2 千米左右。举例来说，当他推着满载货物的独轮车时，即便是上坡他也会以相当快的速度前进，只为了使负重的时间越短越好。在回程时，他行走的时速会马上下降到 2 千米左右，以不断拖延坐下来的时间。为了确保自己不会比隔壁懒惰的同事做得更多，他会努力慢走，而这其实也累到了自己。

最终，效率的关键并不在于严格执行新的规则，而在于教育和强制。管理阶层与工人之间的对抗，应该被对良性循环的理解取代：产量增加可以使产品价格降低，进而有更多的销量、更多的利润、更高的薪资，最后则是工人能够得到事业的发展和更多的就业机会。在 20 世纪初，这一点仍然并不是不证自明的观念，这让泰勒感到十分惊讶。

> 在整个工业化的世界里，毫无疑问的是，从很大程度上来说，员工的组织与雇主的组织存在的理由就是为了战斗而非为了和平。或许大多数人依旧不肯相信他们有可能和平共处，并且可以经由安排彼此

的关系使双方都获得利益。

战争以及另一种形式的打混摸鱼很快就突显了以最大限度生产的必要性，而这是泰勒的文章没能做到的。泰勒于1915年过世，因而他没有欣然目睹这一切。在接下来的100年里，泰勒的名声起起伏伏。1918年，美国艺术与科学院（American Academy of Arts and Sciences）推崇泰勒是“发明家詹姆斯·瓦特的合法继承人”，认为他的研究“同样改变了社会”。有人则认为泰勒的方法是令人窒息的阶层制度：在新管理结构中采用的层层叠叠的新增主管，正是很多庞大而僵化的公司在那个世纪即将落幕之际想要除之而后快的对象。

虽然泰勒直言对和谐的期望，但泰勒主义却导致工人产生了极大的不满。采用泰勒主义的工厂，员工流动性大幅上升，铁路和钢铁厂则在示威抗议中陷入停摆。大家都说泰勒不是个和蔼可亲、可以合作共事的人，他表现出来的许多特点，如顽固、自吹自擂、满口恶言，都是他认为的管理阶层应该设法避免的。为了合理化对劳动力的严格划分，泰勒曾经有过这样的评语：如果某个人“在体力上能处理生铁，而且也迟钝又愚蠢到选择了处理生铁作为职业，那这种货色就很少能理解处理生铁的科学”。

泰勒的“科学”向来都是唾手可得的恶搞对象。卓别林的《摩登时代》虽然被公认是对不人道的工业最伟大的讽刺之作，但它同样也是对福特式的装配线以及泰勒式管理技巧的抨击。卓别林在片中饰演一名拧螺丝的工人。影片一开始，第一幕是羊群和走出地铁站的工人人潮融合的场景，清楚地暗示工人是“待宰的羔羊”。在演员表中，卓别林饰演的角色的名称就只是“工人”。当他被绑在椅子上被吃饭机喂饭时，椅子上还有故障零件的金属螺母，而那位头发修剪得光鲜整齐的老板连续两次指示，要他的传送带加速前进。[①]

亨利·福特总是提到，在实践上，泰勒主义与福特主义并没有关系。这个说法几乎没错，对福特影响更大的是美国另一个成功的工业分支——屠宰场。然而，泰勒与福特之间也有一些相似性：他们都希望能恢复美国制造业的骄傲与繁荣，也都要通过科学以及市场的癖好，使机器对人权的支配地位合法化，无论是管理机器还是钢铁机器都是如此。

泰勒最重要的批评者认为这是泰勒最大的毛病。他对时间和利润的看法极大地改变了许多大型产业在那个世纪中叶的经营方式，但长期来看，这个系统的僵化对繁荣和产业关系却会有不良的影响。第二次世界大战后的日本之所以能稳健地前进，日本的体系之所以能在 20 世纪 80 年代被世界各地采用，其中一个原因就在于此。

世界应该从泰勒主义中解放出来

如果人们还记得弗雷德里克·泰勒，那么在人们的回忆中，他最主要的角色一定是开疆扩土、影响深远的特立独行的人物。他的传记作者罗伯特·卡尼格尔提到，比起泰勒向大部分工人所提议的生活，他喜欢的是更加丰富多彩且充满美感的生活。他永远都住最高档的酒店，因为从钢铁切割的创新技术中获得了大笔专利费，而且只在心情好的时候工作。他往往不愿意去了解自己的计划带来了多少破坏和混乱。然而，在高压且头重脚轻的管理理论以及严格的精打细算之外，他确实为世界

① 卓别林声称《摩登时代》是针对大萧条以及幸存下来的工作的缺乏灵魂所进行的反思，但事实上，许多观众都会将它与福特联想到一起。1923 年，卓别林前往底特律拜访亨利·福特和他的儿子。有一幅照片是他们站在一台大机器前面的合影，而在电影中，这台机器丝毫不会显得违和。

留下了些别的东西。卡尼格尔在 1997 年的时候写道：

> 泰勒留给我们的，是一个属于任务的钟表世界，它的计时单位可以达到百分之一分钟，我们这个时代的标志，是对时间、秩序、生产力和效率充满了激烈而又令人憎恶的迷恋。对于这种迷恋的形成，泰勒推了一把。来过美国的外国游客经常会谈到我们的生活中那种匆匆忙忙、令人喘不过气的品质，而泰勒从 1856 年到 1917 年的一生，几乎完美地契合了美国工业革命的巅峰，促使我们过上了这样的生活。

卡尼格尔指出，1994 年，在美国的小石城举行了一场由当时的总统克林顿主办的经济会议，曾担任苹果公司总裁的约翰·斯卡利（John Sculley）在演讲中特别提到了泰勒主义，认为现代世界应该从这个系统中解脱出来。

如今，取而代之的是一副新的枷锁。我们的数字世界可能会让泰勒吃惊，除了现代商业全受计算机控制的现象，他还会被很多其他事吓到也说不定。他无法预见亚洲的兴起，无法预见每天工作 8 小时成为现实，也无法预见女性在市场上的地位。但话又说回来，没有什么事物像我们对未来的看法一样，过时得那么快了。1930 年，经济学家凯恩斯预言，一个世纪内我们会达到每个星期只工作 15 个小时，剩下的时间将不知道如何安排才好。当然，我们不需要专业的时间管理书籍或忠告教我们如何从每天讨回额外 18 分钟“只属于自己的时间”。相反，我们大可把所有时间都花在电影院，并且让所谓“闲暇的问题”之类的事折磨我们。

TIMEKEEPERS:
How the World
Became Obsessed with Time

11 手表，从计时工具到营销产物的转化

为什么现代人还要戴手表

我买的天美时手表到货了。4 天前，我在杂志上看到了它的广告，为了买它，我不断对自己说：如果花 59.99 英镑买了这款手表，我就不会再被另一则广告里的手表诱惑了。那本杂志其他广告页上的手表几乎都比这只贵几万英镑，够夸张吧？！

这只表是天美时的 Expedition Scout 男式腕表，美国制造，表身厚重，表盘直径 40 毫米，这个尺寸现在很常见。它的米色厚表带是尼龙材质的，看起来像油画的画布。这款手表的很多设计灵感都来自军队。它没有繁复的设计，具有石英机芯和用来设定时间的老式表冠。它没有难看的秒表按钮和毫无意义的月相显示，也没有透明的表底让你可以一眼看见机芯。它的秒针故意被设计成跳动的形式，而不是平顺地滑过表盘。它的表壳是黄铜的，模仿成抛光钢的外观。这只手表没有镶嵌宝石或其他有的没的，只有一个小小的日期显示，并且每到 2 月底就必须手动校正一次。它的防水强度是 50 米，表盘上是阿拉伯数字，有夜光功能——这在晚上或者执行危险的任务时很重要，但我没有危险任务要执行，不需要那么高的防水强度，也不想听到机芯发出的奇怪噪声。而且，只有把手表放进抽屉里，才能减弱那种噪声。如此一来，夜光功能就毫无用武之地了。

那么，我为什么要买这只手表？更重要的是，生活在 21 世纪的人为什么还要买一只手表？

这些问题根本不会让手表行业或者它们的营销部门感到困扰，甚至可以说，手表行业忙碌的营销部门本身就是这些问题的答案。我会买这只手表，其他的千千万万人也会买手表，纯粹都是营销作祟——我们买到的是随时随地都要掌握并显示时间的需求。人们越不需要手表，它们卖得就越好。**买表的第一个理由是层出不穷的广告。**高档杂志的读者总是要先翻过一页页广告才能看到内文，他们也都很熟悉这样的过程，仿佛是在经历一场谈判。翻开《纽约时报》，那页面就像是在滴答作响一样。手表、香水、珠宝和汽车的广告，撑起了印刷媒体的命脉。

我打开一本近期的《名利场》，发现前几页分别是：

1. “传统”这个说法对我们的工作来说太老套了。我们雕塑、绘画和探索，但雕塑家、画家和探险家的头衔都不适合我们。我们所做的是难以名状的，因为我们走的路只有一条，那就是劳力士之路。

2. 瑞士的汝拉溪谷。几千年来，这里一直都是一片严峻且不屈不挠的天地。1875 年，布拉苏斯小镇成为爱彼表的发源地，早期的钟表匠都是在这里发展起来的。在此处，他们敬畏大自然之力，在它的驱使之下善用繁复的机械工艺，掌握了大自然的奥秘。（这些文字出现在一幅经过处理的照片上，照片的内容是一轮满月照亮了黑沉沉的森林。）
3. 万宝龙非常景仰欧洲探险家以及他们对极致精准的追求，并推出了传承系列全历计时瓦斯科·达伽马特别版腕表（Montblanc Heritage Chronométrie Quantième Complet Vasco da Gama Special Edition）以表达我们的敬意。这款手表有万年历功能，月相表盘上布满了涂有蓝色亮漆的星辰，能准确呈现出好望角的夜空，一如 1497 年达伽马航行时所见。请前往 Montblanc.com 选购。（附图是一位单肩背着背包的男性准备踏上直升机的画面。）

这些广告是设计来诱惑普通读者的。至于钟表鉴赏家，因为他们早就有了好多表并仍在随时寻访新品以加入其收藏之列，所以广告就必须走得更深入一些。只有战争时期的黑市商人才会同时戴好几只手表，一般情况下，其他手表都只是盒子或保险柜里的寂寞芳心或者只是一个要上发条的玩意儿，除了闪闪发光和具有投资潜力，大多数时候都是多余的东西。此外，同时戴几只手表会让人感到不安：一只手表能给人满满的自信，让人以为自己掌握了精确的时间，可两只手表呢？只要显示的时间稍有出入，势必就会捣碎这个幻觉。再说到价钱。手表曾经是不可或缺的，如今却成了多余的，而要花几万英镑买这样的东西，真的得需要相当强的自我说服能力。因此，这些广告必须诉诸人性的另一面，而它们所采用的手段，就是变得明明白白的荒谬和夸张。

我曾经参加过一次钟表商的集会，并在报名表上留下了电子邮箱。自那之后，我就总是会收到各种参展商发的广告信函，向我推销最新的商品。我总是

喜滋滋地点开这些信函，例如：

> 亲爱的西蒙·加菲尔德先生：
>
> 法郎维拉（Franc Vila）很高兴向您介绍 FV EVOS 18 Cobra Suspended Skeleton 镀铝碳纤维腕表。请查收附件的宣传数据，探索本款腕表的更多内容。
>
> 敬祝，顺心如意！
>
> 欧菲丽（Ophélie）敬上

我迫不及待地打开附件，想了解有关镀铝碳纤维的更多细节。这是种很新的材料，就连维基百科都还没有相关的条目呢。这份宣传资料可以用一句诗来破题："啊，时间的双飞翼，且为我悬空静止。"

> 这是法国作家阿尔封斯·德·拉马丁（Alphonse de Lamartine）的诗句，寥寥数字却蕴含着微言大义，巧妙地一语道尽含有悬空式镂空机芯的眼镜蛇腕表（Cobra）……为了便于鉴赏内部机械的运作，本款腕表舍弃表盘，用玻璃取而代之，让机芯可一览无余。当目光停留在镂空机芯上时，我们就会领悟到它宛如魔法般的力量，果然让时间着魔，仿佛悬空静止了。

或者你比较喜欢海瑞·温斯顿（Harry Winston）的 Opus 3，这是由维亚内·霍尔特（Vianney Halter）设计的一款数字表，设计灵感来自计算器，费时两年才制作出原型。这款手表共有 250 个零件，有 10 片层层叠叠的圆盘，还有 47 个数字在它们的旋转轴上以不同的速度旋转，通过 6 个不同的数字窗或"舷窗"显示时、分、秒和日期。它的数字分为两行，每行 3 个。上面一行的左边与右边以蓝色显示小时数，下面一行的左边与右边则以黑色显示分钟，中间一列的两个窗口以红色共同显示日期。这是计时方面的杰作，却既丑陋又烦琐，还很显然是没有必要的。这款手表一共有 25 只，每只差不多要 100 万英镑。

我也收到过路易·莫华奈（Louis Moinet）的邮件。这家公司成立于1806年，路易·莫华奈正是计时器（秒表）的发明者。路易·莫华奈的新品拥有恐龙化石制成的表盘。这款侏罗纪腕表（Jurassic Watch）几乎具有所有的现代化功能，看起来却有1.45亿～2亿年那么古老。

买表的第二个理由是能把历史戴在身上。现代的营销人员擅长说故事，甚至连超市的鸡蛋都有故事可说了，比如说它们的孵化之地，说它们是鸡骄傲的遗产等。在钟表行业，当代的说故事大师非宝名表这家公司的主人莫属。宝名表公司的根据地在英国牛津郡的泰晤士河畔亨利镇。宝名表公司通常会在其手表内嵌入一件细小的历史古物，再用一段故事帮手表大打广告，而且他们已经通过这种手段树立起了自家的品牌。

宝名表是2002年由尼克·英格利希（Nick English）和贾尔斯·英格利希（Giles English）这两个英国人共同创立的。这家公司在制作精美的航空物品方面颇有根基，但他们也喜欢带有一点冒险勇气的事物。所以，他们在2013年推出了解码腕表（Codebreaker），并在表中融入了布莱奇利公园[①]故事的3个元素——表冠上带有来自小屋6号的一小片松木；无论是不锈钢款还是玫瑰金款，表壳侧面都特别设计了一小段计算机打洞卡；表背面更是融入了一块薄薄的转子，那是取自德国恩尼格玛编码机的。这款表的起售价是12 000英镑左右。

① 布莱奇利公园曾经是第二次世界大战期间的密码破译中心。1939年，这里布满了新建的小木屋，那是密码分析人员的工作场所。其中，小屋6号专门对用于空军和陆军的恩尼格玛密码进行破译。——编者注

为了反映英国以前那段足智多谋的时期，另一款表

特别选用了经历过1805年特拉法尔加海战[①]的一小块木材与铜材。在纳尔逊将军的英国皇家海军“胜利号”（HMS Victory）定期维修保养时，英格利希兄弟一眼看出了机不可失，于是和船主进行了一笔交易。

① 特拉法尔加海战是英国与法国之间的一场海战。
——译者注

宝名表还有一款腕表融合了一种改变人类生活的材料，那就是1903年12月17日莱特兄弟所驾驶的第一架飞机的材料。莱特兄弟在美国北卡罗来纳州的基蒂霍克附近一天飞行4次，人们可能会认定他们的飞机“莱特飞行者号”很快就会成为一件神圣不可侵犯的历史古物，任何一小部分都不可能被变卖或回收。事实则不然。直到1948年，“莱特飞行者号”一直都在伦敦科学博物馆展出，如今则被停放于美国航空与太空博物馆。但是，就在初次飞行和1916年首次公开展出之间的某个时候，这对兄弟移除了覆盖在机翼上的平纹细布，改用其他比较新鲜、干净的材料。宝名表向莱特兄弟的家族买到原始的平纹细布，并将其放到了莱特兄弟限量版腕表（Wright Flyer Limited Edition）的表背，也就是玻璃下方那片小小的布料。多美妙的腕表啊，伟大的历史就佩戴在人们脆弱的手腕上。我这个以写字为生的天美时手表的主人，真的也很想拥有一只那样的手表。不过，我应该不会掏29 500英镑去买的。

买表的第三个理由是保留文化遗产。他们会说，数百年来，有多少为您制造手表的工匠累坏了眼睛，如今品味高尚的阁下，想必不会摒弃如此精致的传统，仅仅是草草翻阅英国零售连锁商Argos的产品目录就选购想要的商品吧。在瑞士的首都伯尔尼，从天色未明之际开始，我们就已经在狭小的工作间为您打造无价的手表，为您珍贵的收藏再添新成员了。

然后是宝玑，在那华丽的牛奶咖啡色调的广告中，他们通过引用大师的作品制造出了自身与文学的联结。例如，他们用过的有：

> 在林荫大道上的花花公子……信步晃荡，直到永远都尽忠职守的宝玑提醒他，当下已是正午时分。
>
> ——普希金，《叶甫盖尼·奥涅金》

> 他抽出史上最赏心悦目的宝玑表。真想不到，11 点钟，我起得早了。
>
> ——巴尔扎克，《欧也妮·葛朗台》

> 他背心的口袋上悬挂着一条精美的金链子，一眼就能瞧见扁平的怀表。他玩弄着“棘轮”发条键，那可是宝玑新近才发明的。
>
> ——巴尔扎克，《搅水女人》（*La Rabouilleus*e）

通过引用文学大师的巨作，宝玑这个品牌诱引着我们联想：在这代代相传、绵延不绝的英雄伟人之列，或许也有我们的一席之地。当然，如果钱足够的话。

手表成为冒险与时尚的代名词

时至今日，已经很少有手表广告会强调计时功能或者质量可不可靠、多久保养一次等的问题了。反之，现在的广告大多都在诉说惊奇与冒险的故事。其形式是人类对抗大自然恶劣天气的挑战，或者是实现了自己的终极目标。例如，参加美洲杯帆船赛时戴哪只手表，打赢7次大满贯网球赛时戴哪只手表。在广告的世界里，有洋溢着诗情的天文学，有严峻而不屈的天地，准确只是最基本的门槛，而且如今准确的程度早已超乎任何人手腕上那个玩意儿所需要的程度了。

事实上，难道现在还有谁需要用手表来看时间吗？我们有千百种可靠的方式能知道现在的时间。计时这件事，最初是从教堂和市政厅开始的，然后蔓延到了工厂和铁路，如今呢？经由晶体管、原子物理学和卫星的作用，计时已经变得万无一失且无所不在了。这个世界，这个计算机的世界、导航的世界、金钱的世界、彻底工业化的世界以及对浩瀚宇宙满怀探索热情的世界，都需要精准的计时，却都不需要仰赖钟表。然而，我们已经习惯了时不时地看表。

我们习惯到什么程度？习惯到连全球最大的科技公司之一都要制造自己品牌的手表，即 Apple Watch；习惯到全世界最知名的钟表商每年都要齐聚在瑞士的巴塞尔。巴塞尔国际钟表珠宝展（Baselworld）会场的规模有机场那么大，钟表商会在这里推出精美奢华的新品，现场的气氛无拘无束又让人感到财大气粗。即便知道他们所卖的是自己已经拥有且不需要再添购的商品，我们也仍然知道那是我们永远都乐于再多买一件的东西。而为什么要再买呢？因为有些人想要用这些行头来定义自己的地位。如今，那些西装革履、腰缠万贯的人已经不会再一身珠光宝气了，相反，仅仅是一只手表，就能满足他们的所有愿望和期待。2015 年初，爱彼表博物馆的负责人塞巴斯蒂安·维瓦斯（Sebastian Vivas）坦言说并不畏惧 Apple Watch，真正令他害怕的，是有一天人们能接受佩戴宝石“却不需要拿计时功能当借口”。

就像音乐和时尚一样，手表的设计也深受人们变幻莫测的审美左右：前一个 10 年人们还青睐于沉甸甸的手表，下一个 10 年却又喜欢上了超乎细腻的优雅的手表。让人惊讶的是，即使是到了数字时代，手表也仍然证明了自己是永远不可或缺的工具，或者是被当作不可或缺的工具卖给了我们。当然，在营销术、消费主义和炫耀之外，手表行业蓬勃发展还有一个原因，那就是“我的工资和奖金让我买得起这件荒谬的首饰，而且我也相信广告所说的，它能表现出我独到的品格，展现出我对精致事物的鉴赏能力”。

1995 年，科学历史学家詹姆斯·格雷克（James Gleick）观察到，人类的分析能力与资料处理结合在一起只有两次，一次在大脑，一次在手表。他写道，近年来手表的功能得到了扩充，虽然往往是以一种笨重的、像盒子般的形式扩充的，但它们能进行高度探测、深度探测和指示方向，还能“通知你约会……监测你的脉搏和血压……储存电话号码……播放音乐”。

如今，我们过度设计和将物体小型化的能力已经提升到了新的水平：手表这个小小的物品曾经只专注于显示一项重要的信息，现在却也能显示 56 件没那么重要的事了。[①]过去，你必须一天上两次发条，你的虚荣心依赖于它的精确性：它与教堂的钟声越接近，你就越自鸣得意。而对如今这个忙碌的世界来说，上发条太费时间了，所以我们不再做这种工作。这对钟表行业而言就相当于洗碗机的发明，你只需要在日常活动中摆动手臂，螺旋式的主发条就会自动供应动力给驱动系统，而时针和分针即可精准无误地运行。

手表行业的蓬勃发展还有另外一个理由。自 15 世

① 复杂功能表的纪录确实是拥有 57 项功能。这项纪录是在 2015 年 9 月由江诗丹顿的 Tivoli 创下的，那是一款维多利亚风格的怀表。它能模拟伦敦大本钟的报时，能显示希伯来人的万年历并附有赎罪日特别通知，能显示夜晚长度、春分秋分和夏至冬至，等等。

在这款表之前的纪录保持者是法穆兰（Franck Muller）的 Aeternitas Mega 4 腕表。这款表至今仍然是功能最复杂的手表，内含 1 483 个零件，拥有 36 项功能，其中有 25 项功能是肉眼可见的。例如，这款表的大自鸣能模拟伦敦威斯敏斯特大教堂的钟声，能显示公历、阴历和每个月仅误差 6.8 秒的月相，等等。法穆兰为其成就感到自豪是理所应当的。

纪以来，报时一向是人们展示对机械和技术的掌握程度的方法。或许手表是你可以在同事面前炫耀的东西，但它可能也代表着某种更宏伟的、天文学意义方面的东西：我们已经在工程学上完成了一项壮举，而借由这样的成就，我们眼中的满天星斗秩序井然，我们对时间本质的领悟也颇有进展。

> 一开始我们使用钟摆，然后它演变成擒纵机构，如今又化为一个奇妙的装置，小巧轻盈且优雅无比，规范着我们狂乱的世界。我们创造了这个世界，而它加速运转以致几乎超出我们的控制。从很大程度上来说，这个世界就是靠钟表创造出来的，钟表的能力蕴含着我们的命运，使我们不受上天无所不在的线索的影响。

TIMEKEEPERS

或许，拥有一只精准的手表可以暗示我们仍然在名义上掌控着一切。然而，拥有一只更昂贵、更稀有、更密实、更轻薄以及功能更复杂的手表，是否就代表我们比其他人或者比从前的人更能掌控局势呢？广告商就是想让我们这么想。

宏大壮观的巴塞尔国际钟表珠宝展

巴塞尔国际钟表珠宝展自成一个世界，每年 3 月在巴塞尔举办，会场是多层的展厅，占地 14 万平方米，参展的品牌大多都会在展厅内建立起自己的王国。例如，2014 年我来此参观时，看到百年灵（Breitling）在展位上方建造了一个庞大的长方形水族箱，里面养着数百种热带鱼。这种做法没有什么理由，有钱就是任性。当然，那也不算是展位，简直就像个“楼阁”。在展馆的其他地方，还可以见到天梭表（Tissot）和帝舵表（Tudor）在展位筑起巨墙，墙面上是闪烁不已的迪斯科灯光。泰格豪雅（TAG Heuer）在展位前安排了一组工作台，有一位钟表师现场示范在众目睽睽之下制作手表有多么困难。如同赛车迷喜欢偶尔看到撞车一样，泰格豪雅的粉丝也站在四周不走，等着看那位钟表师掉根螺丝。

我拼命挤进了宇舶表的讨论会，参加讨论会的有若泽·穆里尼奥（José Mourinho），当时他仍是切尔西足球俱乐部的经理，也是宇舶表最新的品牌大使。每个手表品牌都需要品牌大使，即使这些大使在事业巅峰时刻并不会经常佩戴该品牌的手表，品牌也不会太在意。例如，各大品牌的品牌大使有：

- 爱彼表：足球明星梅西；
- Jacob & Co.：足球明星罗纳尔多；
- 宇舶表：穆里尼奥和世界上最快的短跑运动员博尔特；
- 百年灵：明星约翰·特拉沃尔塔（John Travolta）和足球明星大卫·贝克汉姆；
- 万宝龙：明星休·杰克曼；
- 泰格豪雅：明星布拉德·皮特和卡梅伦·迪亚斯（Cameron Diaz）；
- 劳力士：瑞士网球名将罗杰·费德勒（Roger Federer）；
- 万国表：明星尤安·麦格雷戈（Ewan McGregor）；
- 浪琴表：明星凯特·温斯莱特（Kate Winslet）。

最积极地将品牌营销成源远流长、具有跨世代价值的百达翡丽，一直避免让各种明星为其代言。相反，他们善于利用来自另一个时代的顾客的名单，而这份名单是从维多利亚女王开始的。

我挤进宇舶表的讨论会时，穆里尼奥才刚从切尔西足球俱乐部在科伯姆的训练基地飞到巴塞尔。他身穿灰色雨衣，里面是灰色的针织毛衣。他在零散的掌声中接下品牌方送给他的手表，然后发表简短的讲话，说到他一直都是宇舶表的粉丝，也算是“宇舶家族”的一分子，不过现在才正式加入这个家族。也就是说，他已经收到了品牌方支付的费用。他收到的手表是宇舶王者至尊系列（King Power）的Special One腕表，大如拳头，用18K王金和蓝碳制成。

这是一款可以自动上链、拥有 Unico 机芯的飞返计时腕表①，内含 300 个零件，表盘直径 48 毫米，并且这些都可以从表盘一览无余。它搭配有蓝色的鳄鱼皮表带，表面镂空，动力储备 72 小时。这款表只发行了 100 只，每只售价 44 200 美金。这款表的简介就像是在说穆里尼奥："这款表霸气外露……坚毅的外表下隐藏着内在的天赋。"令人惊讶的是，它竟能集惊艳与狰狞于一身。

① 飞返功能也被称为飞返计时，专指计时手表的一项功能，其作用是按下按钮后指针瞬间归零，并马上开始下一轮的计时。
——编者注

宇舶王者至尊系列腕表最奇怪的一点，并不是它看起来像装甲坦克，而是它不准时。美国流行杂志《钟表时间》（*WatchTime*）曾经用它早期的表款进行过测试，发现它每天会快 1.6 ～ 4.3 秒。而花了这么大一笔钱买到一只瑞士表，你绝对不会希望它发生这种事。我的天美时 Expedition Scout 比宇舶王者至尊系列强多了，至少它一个月只会慢 18 秒，或者说一年慢大约 4 分钟。一年差 4 分钟，对我来说不痛不痒。你或许可以在 4 分钟内跑完一英里，但要逛完巴塞尔国际钟表珠宝展铺满地毯的走道，这么点时间是远远不够的。

由于我只买得起天美时，容不下宇舶表的大驾，因而我在展厅的大部分时间都花在了看营销上，这也是我跑去那里的第一个理由。我特别喜欢瑞士国铁表（Mondaine）Stop2go 系列表款的文案。就像瑞士国铁表的大多数表款一样，Stop2go 系列表款也是仿照瑞士铁路时钟设计的。不过，这款表的设计是先快跑 58 秒，然后在表盘顶端停留 2 秒再继续移动。盯着这款表看是一件很令人不安的事，因为时间真的会静止不动。同时，它所附的宣传语也让我大吃一惊："2 秒钟对你来说意味着什么？"

在维氏（Victorinox）瑞士军刀的展位上，有一位先生说，他的手表恰好与瑞士军刀拥有相同的特质，也就是既好用又值得信赖。那年维氏的"英雄"表款是瑞士军表 Chrono Classic，"无论是长期的计时还是短期的计时功能"，它都有——既能容纳万年历，也能进行百分之一秒的计时。可是，对于徘徊在独立品牌 MCT 展位四周的人来说，这一切都太普通了。他们正在叹服的是 MCT 的 Sequential Two S200 腕表，这款腕表非常清楚地表现出它已经受够了传统上用指针指示时间的做法。它的小时数"以 4 个非常大的区块显示，每个区块则由 5 个三角柱组成"。小时数"通过开启的'窗口'显示，相当清楚易读；其他部分则以一个有缺口的圆环形机件遮住，该机件每 60 分钟会逆时针旋转一格"。很显然，问"为什么这样设计"是毫无意义的，就像你也不会问毕加索的作品"为什么那样画"一样。

虽然这些品牌大多数是面向那些过度争强好胜的男性的，但也同样欢迎过度争强好胜的女性自投罗网。例如，爱马仕的 Dressage L'Heure Masquée 女士腕表"为您准备了一个'大逃亡'的恒久的机会，并且让您握住真正重要的时刻"。芬迪（Fendi）呢？芬迪的 Crazy Carats 女士腕表有"3 种类型的宝石，可随您当下的心境而定"。柯籁天音（Christophe Claret）的 Margot 系列腕表模仿雏菊，"是独一无二的专利多功能表，将要偷尽世间女子的芳心：先给您一个世界！只需压下两点钟位置的按钮，这款腕表就会立刻变得生动起来，如同顺从大自然的奇思幻想，时而藏住一片花瓣，时而两片，殊难预料"。再来，还有杜比萧登（Dubey & Schaldenbrand）的 Coeur Blanc 系列腕表。这款表的两根指针位于钻石构成的圆环内，这一圈钻石"好似飘浮在表盘上，并没有任何零件将它们固定住，而是这款腕表本身的诱惑力使它们不离不弃"。它们"拥抱表壳的侧面环带，与附件合而为一，在表冠上闪耀如明星，随后在表带环扣处有了光彩夺目的收尾"。

我还得出了一个结论：除了价格高昂、复杂和疯狂，这些手表还有一个共通之处。无论我走到哪里，所有手表显示的时间都几乎是一样的。而且，它们显示的并不是准确的时间，因为那太难了：展场里的表几乎都卡在10点10分左右。为什么是这个时间？首先，设定在10点10分的表看起像是在“微笑”；其次，它让表盘上3点钟的位置可以空出来，那是通常会显示日期的位置；最后，它可以形成一个看起来顺眼的平衡的画面，确保两根指针不会重叠或者遮住表盘顶端制造商的名称。

天美时把促销表款的时间设定在10点9分36秒，这个时间是故意设定的，是为了避免让表盘看起像情绪低落、眉头深锁的样子。现在，他们也致力于将寄给顾客的表都设定在10点9分36秒。如果提前6秒，设定在10点9分30秒，就会妨碍所谓的手表功能“第二语言”的表达，包括夜光功能和可抗水压深度。瑞士国铁表选择了10点10分整，劳力士喜欢10点10分31秒，泰格豪雅是10点10分37秒，Apple Watch则是10点9分30秒。

2008年，《纽约时报》针对这一趋势进行过一次调查，结果发现，亚马逊网站上排名前一百的畅销表款中，除了3只，其他的都将时间设定在10点10分左右。他们还在自家杂志上发现有一款雅典表将时间设定在8点19分。不过，雅典表公司的一名主管解释说，他们公司并无意改变世界，纯粹是因为这样能比较清楚地显示日历。

劳力士表的日期期位在表中央，不会有妨碍显示的问题。不过，劳力士手表还有其他的规则：手表显示的日期都是28日星期一，过去如此，未来可能也是如此。

瑞士钟表行业的现状

天美时的展位完全是生活风格的。有些欢乐的人们围着篝火而坐的照片，照片上有“戴得好”和“走出去”等广告语，此外，还有天美时“秋季新品上市”的相关信息。与天美时在 20 世纪 50 年代刚起家时的那些相比，这些宣传活动显然已经大不相同了。当时有一则电视广告，内容是在箭尾上束有一只表，然后射穿一片玻璃，广告语是“就算撞到痛，天美时也永远都会动”。另一则广告是先打出一个斗大的标题：“震撼！”接着是一个拿着大锤的男人的特写，并写着：“天美时能承受和撞墙一样的力道！”然而，我最喜欢的宣传营销其实并不是一则广告，而是一份很出色的宣传资料，也就是 1981 年 5 月《波士顿环球报》的头版报道。该报道称，纽约一名男性在遭遇抢劫时把一只天美时手表吞了下去，5 个月后，医生才把那只手表从他的胃里取出来。医生很高兴地宣布，由于胃里又黑又晃，这只表的时间已经有一点儿不准了，不过它还在运行。

闲逛过后，我走进了一间大厅的新闻发布会现场。在众多体面人士鱼贯而过的盛大游行之后，接下来的活动就如同重演了特洛伊战争大获全胜的场面。每一位致辞的人都经过了长时间的梳妆打扮，而且人人都带来了好消息：今年的展览是史上规模最大、最辉煌、最自以为是、最厚脸皮地自吹自擂的钟表与珠宝大展，一切的一切都汇聚在这里，为我们欢呼吧！各位何其有幸，能够躬逢其盛！有 4 000 名记者参加了这场展览，几乎可以确定，这比报道两次世界大战的记者还要多。当时，大概有十分之一的记者在这个大厅。他们中有许多人耳朵里都塞着翻译机。有一份简报上说：2013 年，瑞士手表的出口总值是 218 亿瑞士法郎，比上一年增长了 1.9%。这一增长趋势锐不可当，出口总值比 5 年前高出了 86 亿瑞士法郎之多。其中，平价瑞士手表的出口则在走下坡路，售价 200 瑞士法郎左右的手表的出口总值下降了 4.5%。但在高档手表方面，也就是真正重要的这一部分，一切都好极了：售价 3 000 瑞士法郎以上的手表，出口总值增长了 2.8%。

那是 2014 年的情况。一年之后，气氛变得沉重了起来，瑞士的上空似乎有乌云笼罩着——来自 Apple Watch 的威胁只是其中一个原因，全球金融不安全则是另一个原因。瑞士法郎很强势，而这代表瑞士表的价格看起来更高。中国和日本的需求在下滑，中国香港地区的市场几乎阵亡，卢布的波动冲击了俄罗斯的订单。历峰集团在一次利润报告中提到了一些不为人知的情况：利润持平。要知道，以往利润可都是呈增长趋势的。真力时（Zenith）这家诞生于19世纪的瑞士表品牌的首席执行官告诉《金融时报》："现在已经是一片混乱了，没有人知道还会发生什么。"

不过，其他钟表商的态度就轻松多了，而对一个两百多年来不断获利并成长的产业来说，这种态度是合适的。他们相信，瑞士会稍微"呛口水"，面临一些困境，但终将会雄姿英发地浮出水面。瑞士人以高超的工程、技术为全世界制造了美妙而又不可思议的产品，这个世界也必然会继续陶醉在它们的精致、复杂和意想不到的疯狂的设计之中，并会永远以我们不需要却又渴望不已的方式将时间卖给我们。即使是在像素化的世界里，传统和工艺也依然是很重要的。佩戴机械表能让人显得更有人性，而这是我们永远都想要拥有的感觉。所以，先不要慌，它并不像20世纪70年代的石英危机那样冲击力巨大。

瑞士表大反攻

1975年9月，《钟表学期刊》（*Horological Journal*）上刊登了一则封面广告，近距离特写了一只用电池提供动力的镀铬天美时手表，它被握在一只手的拇指与食指之间。广告语是："石英表问世，价格令人不敢置信。"广告里没有提到关于经久耐用的噱头或特点，也没有弓箭、玻璃和大锤，倒是有一个小小的标签悬挂在手表的一侧，上面有手写的价格——28英镑。

这并不算便宜，毕竟，当年的28英镑差不多相当于2016年的250英镑了。但是，以它保证的事情来说，即保证比所有瑞士表都准时，这只表可以说是物有所值了。那一期的《钟表学期刊》上还有一篇文章，称那只手表是“10 年来钟表行业终于出现的便宜手表”和“钟表行业历史上的里程碑”。

> 它的准确性可让它跻身于市场上的中高档产品之列，而它的零件更换很容易，这简直是钟表匠的梦幻作品。
>
> 当今的顾客对手表的要求是什么？风格、容易识别、准确和价格合理？天美时 Model 63 Quartz 表款可以满足这一切的需求。

这款手表最了不起的地方是它采用了石英这种材料。手表里用到的石英也就是一片细小的水晶，用电池提供动力之后，它能以高速且固定的频率共振。接下来，这个稳定的信号会被传送到一具振荡器，它是一组电子回路，用以调节齿轮，进而转动手表的指针。这种机芯大约在 20 世纪 20 年代就出现了，却直到 20 世纪 60 年代晚期才由日本的精工（Seiko）和卡西欧制作出原型。20 世纪 70 年代早期，虽然石英机芯确实令人感到兴奋和新奇——这个构想能够取代有数百年历史的发条与动力储备机芯，同时也能精准地报时，因而吸引了很多收藏家前往日本和美国，但在那时，它的价格并不亲民，你得花上几千美金才买得到。但现在，通过天美时及其在美国的主要对手宝路华（Bulova）的大规模生产与市场营销，电子表象征了一种理念的转变。

1975 年，新款的天美时石英表能够以每秒 49 152 次循环的频率振动，再以一组微电路将频率分割，用来驱动指针。在外观上，石英表和一般的手表没有区别，但它是一只固态手表。之所以称它为“固态手表”，是因为它缺少会移动的零件，它是将石英的振荡转化为电子脉冲，驱动微小的电子灯，也就是照亮表盘的数字显示灯。它还有很快就会毁掉剧院里美好夜晚的小闹铃，这种小闹铃的出现简直是个征兆，让日本人与美国人认为自己预见了未来。

新式手表的出现也代表了另一个现象，那就是以大众科技为基础的消费主义即将到来。将一秒再加以细分的计时方式原本是物理学家和技术人员的独门绝招，现在却在全社会得到了普及。要说从机械世界到电子世界的巨大转变，还有什么象征符号比这更贴切呢？

瑞士人是如何回应这场混乱的？他们在否认与恐慌之间来回摇摆。1970—1983 年，瑞士表的市场占有率从 50% 掉到 15%，瑞士钟表行业裁员超过一半。警报早在 1973 年就已经发出了：那一年，天美时在全世界卖出近 3 000 万只表，相比 1960 年的 800 万只，增长惊人；而且，3 000 万只差不多已经是瑞士表每年销量的一半了。这些石英手表都是些没有镶嵌珠宝的机械玩意儿，它们有点笨拙，有点嘈杂，还会在一天之内随随便便就快几分钟或慢几分钟。但是，只用 10 美元就能买到一只，在买家眼中它们是可以用完即丢的东西。到了 20 世纪 70 年代中期，石英手表轻轻松松地就在竞争中超越了瑞士表。①

然而，在20世纪80年代初期，末日迫在眉睫之际，瑞士以新的理念以及一款塑料制、更便宜、用石英和电池驱动的手表反攻了，它就是 Swatch。就从它的名称开始，Swatch 为瑞士表找回了色彩、热情、年轻活力与轻松好玩儿——天知道这个沉闷到发霉的产业有多么需要这些。接下来是一系列信心满满的营销，让每个青少年都为它流口水。Swatch 的 Pop 系列让收藏手表成了年轻人也能做到的事，它的成功让瑞士表看起来就像是一点麻烦都没有遇到过。

让我们来看一段有关电子表的精辟之论吧，它说得

① 天美时宣称它“真正始于 1854 年”，但事实并非如此。天美时公司直到 1969 年才成立，是美国时间公司（US Time Corporation）换的新名字。美国时间公司的前身则是创立于 1854 年的沃特伯里钟表公司（Waterbury Clock Company）。这家公司之所以能在第二次世界大战后获得成功，得益于一位内向的挪威难民——若阿基姆·莱姆库尔（Joakim Lehmkuhl）。1940 年，纳粹入侵挪威时，莱姆库尔逃离了祖国。1942 年，他成为沃特伯里钟表公司的老板，那时，这家公司的主业已经转移到给英国军队制造弹药保险丝了。然而，他最大的资产正是瑞士人已经失落的，也就是对发明与创新的兴趣。莱姆库尔无法接受美国人不能用 10 美元就可以买到一只手表，享受准确计时的便利。他认为这样的手表要经久耐用，或者至少能撑到人们有能力再花 10 元美金买一

只新表。在美国的消费主义风潮以及人们对国货的渴望中，这款手表掀起了一股巨大的风潮。它并不在一般的珠宝店销售，反而像洗衣粉一样在连锁超市销售，还有通过大众邮购产品目录销售。事实证明，这种方法非常有效。

一气呵成又精彩万分，当然，它并不是完全准确的。英国剧作家汤姆·斯托帕德（Tom Stoppard）的剧作《真情》（*The Real Thing*）讲的是有关对事业的忠诚与奉献。它的第一幕场景是剧中剧，剧中的角色麦克斯是一位稍微有点酗酒的建筑师，他怀疑自己的妻子并非如她自己所说的那样刚从瑞士旅行回来。他思考着 Basel（巴塞尔）这个词的正确发音，说道：

> 你知道瑞士表吗，百分之百可靠。而且，它们的可靠并不是走向数字化，我很佩服这一点。他们知道数字化只是个骗人的圈套。我记得数字表刚出来的时候，你必须用力甩手才行，就像把温度计里的水银甩回起点一样。而且，你只有在东京才买得到。大家还在数字表上到处找 15 颗宝石的机芯，然后开始高呼什么“齿轮已死”！但是，人家瑞士人就是不慌不忙。事实上，他们也做了几只数字表，这是个假象，好吸引日本人更进一步陷入泥淖，他们自己则继续数着银行账户里的数字。

斯托帕德认为数字表的生命是有限的，他用了一个隐喻来形容这一点：“像内建了自毁机制。”可事实上，Swatch 正是扎扎实实地建立在石英之上的，而且已成为这一行最有影响力的大咖之一。2014 年，Swatch 的销售总额超过了 90 亿瑞士法郎。如今，Swatch 集团是全球最大的钟表公司，旗下有诸多曾经令人“闻风丧胆”的品牌，比如浪琴、宝珀（Blancpain）、雷达（Rado）、海瑞·温斯顿和宝玑等，其中，宝玑还宣称是它在1810年制作出了第一只腕表。①

什么样的广告是好的广告

1996年5月，以伦敦为根据地的广告代理商李戈斯雷尼（Leagas Delaney）宣布又争取到了一笔全球性的大生意。他们已经与以销售高档产品和奢侈品而闻名的哈罗德百货以及保时捷汽车签订了合约，现在更是将高档钟表公司百达翡丽也纳入客户名单之中。根据《广告活动》杂志（*Campaign*）的说法，这笔交易价值1 000万英镑。这次争取客户的竞争是一场硬仗，对手都很强大。当赢得这场竞争时，李戈斯雷尼的一位高层说："这次争取行动让全公司的人都兴致高昂，能赢得这笔生意真是让人激动万分。"

发布这一消息的新闻稿指出，百达翡丽对自家公司的手表极度在意，以至于在过去150年里卖出的表比劳力士一年生产的还要少。这件事是好是坏我们并不清楚，我们也不知道百达翡丽是否迫切期待新的广告宣传，借以缩短与劳力士之间的差距。在新的广告中，最早的包括一幅照片：一个男人坐在钢琴前，他的大腿上有一个穿着睡衣的小孩。你看不到大人和小孩的面孔，也看不到他们的手腕，当然，也看不到手表。唯一的手表出现在广告语的下方，广告语的内容很多，占据了照片的下半部分，而其中的第一句就是："开启属于自己的传统。"

① 有许多家公司宣称自己"发明"了腕表，而这往往会涉及的情节是：有位顾客取出一只怀表，然后缠在手腕上。不过，宝玑的宣称有更多的依据：他们的订单登记册显示有过一笔订单，是为拿破仑·波拿巴的妹妹卡罗琳·缪拉（Caroline Murat）制作一只银色表盘的椭圆形小表，而且它是专门装在手镯上的。

无论进行什么样的创新，百达翡丽都坚持手工制作每一只手表。编号5035的男士年历腕表（Annual Calendar）是史上第一只自动上链、可显示日历的腕表，每年只需重新设定一次。由于百达翡丽的独特做工，每只表都是独一无二的艺术品。或许正是因为如此，有些人才会深感没有人能真正拥有百达翡丽，你只是在为下一代保管。

后来，这则广告中广告语的最后两行经过改写后独立出现：

没有人能真正拥有百达翡丽，你只是在为下一代保管。（You never actually own a Patek Philippe. You merely look after it for the next generation.）

这两句话“命中要害”，自此成为最著名的广告语之一，至今仍在使用。

2011年，《创意评论》杂志（*Creative Review*）请各行各业的专家评选最经久不衰或最具巧思的广告语，他们选出的结果范围很广且令人印象深刻，例如：

- 我爱纽约。(I Heart NY.)
- 带给你其他啤酒无法企及的清爽感觉！（Refreshes the parts other beers cannot reach.）
- 买豆子就找亨氏。(Beanz Meanz Heinz.)
- 小心说话，平安无事。(Careless talk costs lives.)
- 保持冷静，继续前进。(Keep calm and carry on.)
- 顾名思义就对了。(Does exactly what it says on the tin.)

《创意评论》的专栏作家兼自由撰稿人戈登·科姆斯托克（Gordon Comstock）选择的有约翰·刘易斯百货的“绝不故意拼低价”（Never knowingly undersold）、英国《独立报》的“本报独立，你呢？”（It is. Are you?），以及耐克的“做就对了”（Just do it）。但是，他的名单榜首正是“没有人能真正拥有百达翡丽，你只是在为下一代保管”。对此，他这样解释：

> 那个品牌每年都会用不同的照片搭配这段广告语，并付给李戈斯雷尼100万英镑的报酬。它大概也值得……在标题中连用两个副词，这个写广告语的人够自信。①

① 英文写作指南总是提醒初学者少用副词，许多知名作家对副词的鄙夷更是到了不加掩饰的地步。

这个够自信的人是蒂姆·德莱尼（Tim Delaney），也是英国广告界最伟大的人之一，有许多人认为他堪称世界前十的广告语创作者之一。德莱尼15岁入行，20世纪80年代拥有了自己的公司，也就是李戈斯雷尼，为索尼、飞利浦、添柏岚（Timberland）、格兰菲迪（Glenfiddich）、英国国家测绘局（Ordnance Survey）的地图、巴克莱银行（Barclays）、《卫报》、伯兰爵香槟（Bollinger）、现代汽车、英国广播公司、英国工会联合会以及英国工党等设计过广告。2007年，当他加入唯一俱乐部（The One Club）②时，德莱尼的前同事马丁·高尔顿（Martin Galton）说：“在一个不流行冒险的年代，当我们都在单调乏味的汪洋大海中游行，这个世界比任何时刻都更需要蒂姆·德莱尼。”

② 唯一俱乐部是一个创意俱乐部，是一个多元化的群体，由创意思考者和实干家组成。这也是一个非营利组织，致力于建立一个更有活力和灵感的全球创意社区。——编者注

德莱尼的公司，即李戈斯雷尼为添柏岚设计的一则广告中有一张照片，照片上是一位盛装的印第安人，还有一句广告语：“我们偷走他们的土地、水牛和妇女。然后，我们又为了他们的鞋子而回来。”

李戈斯雷尼为哈罗德百货写了这句广告语：“哈罗德只有一家，特卖只有一次。”20世纪80年代，为全英房屋抵押贷款协会（Nationwide Building Society）写的广告语是：“如果你想知道银行是怎样变成世界上最有钱、最有权力的机构的，今天就走进红色的这家吧。”[1]

[1] 我最喜欢的是李戈斯雷尼为 Tripp 行李箱写的广告语。不久之前，也就是在所有新款行李箱都有4个轮子之前，行李箱最大的创新是变得越来越大。你拉开隔层的拉链，然后行李箱变大了三分之一。李戈斯雷尼为一款以大容量为特点的行李箱写的广告语是：“这是一款可以扩大的行李箱。现在，你可以偷浴袍和洗漱用品了。”

随着百达翡丽的那句广告语变成人尽皆知，以代代相传为主题的广告宣传活动还请了赫布·里茨（Herb Ritts）、艾伦·冯·安沃斯（Ellen von Unwerth）、玛丽·E. 马克和佩姬·西罗塔（Peggy Sirota）等人拍摄照片，照片内容无一不是这类代代相传的时刻。例如，父子之间令人向往的钓鱼之旅，乘坐东方快车一同旅行的父子，父亲教儿子如何打领带，以及母女在家庭生活中开怀而笑。这些广告大多都让我感到恶心，我也写邮件告诉了德莱尼我的感受。

我告诉德莱尼，我感兴趣的是如何把手表卖给根本不需要的人，我也很欣赏他为百达翡丽设计的广告，但广告中那些完美的家庭和他们矫揉造作的行为让我很火大。“我特别想狠狠地扇那些大人一巴掌。然而，更严重的问题是，那些广告让我也很想买一只那么精美的手表。”

我也告诉德莱尼，我对百达翡丽广告的概念和意图很感兴趣。我说：

为什么它这么有效？广告的效果会持续

> 到照片里的孩子长大成人，然后把手表传给他们的孩子吗？我们都会死翘翘，但那些家族会继续保管手表并将它传给下一代。这真是太神奇了！这就像是查利·考夫曼（Charlie Kaufman）的电影一样。①

① 查利·考夫曼是美国著名的编剧、监制和导演，以《暖暖内含光》(*Eternal Sunshine of the Spotless Mind*）赢得了2005年的奥斯卡最佳原创剧本奖。他的作品有很多，且都深受好评。——译者注

德莱尼很愿意和我聊天。他解释说，其他知名品牌的手表，绝大多数都是从某个家族转手到了某个企业集团手中。而他想要强调，百达翡丽始终如一，一直在同一个家族手中。这些广告之所以成功，"是因为在公司、所归属的家族和设计理念等方面的持续性——每只百达翡丽手表都有其来历和渊源，都不是突然从天上掉下来的"。

和大多数广告公司一样，刚开始为新客户服务的时候，李戈斯雷尼也花时间查看了以往的广告，并找出了他们认为有效和无效的部分。有一则广告强调以往的手表主人，如维多利亚女王、爱因斯坦等。德莱尼及其同事进行了一些特别有用的调查："如果拿那样的广告给美国人看，那他们自然而然的反应就是觉得'哦，可跟我有什么关系呢？'，所以，我们就想到了'开启属于自己的传统'，接着就有了现在的广告语。"

德莱尼是在飞机上想到"开启属于自己的传统"这个概念的。他说，他采用了"没有人能真正拥有……"这句话，将它融入广告语。但是，他不记得这句话的原创作者是公司里的谁了，"很多人都说是自己，邀功的人总是有很多"。

之后，这则广告刊登在《时尚先生》《GQ》《经济学人》等杂志的封底，牵动了读者的责任感和家族意识，尤其是建功立业和留下遗产的意识。它和其他奢侈品的广告一样激动人心，但这则广告针对的是那些想成为真正的贵族的有钱人。当然，这则广告成功的关键在于一个扭曲的概念：想要履行其义务，没有百达翡丽表的人就必须先购买一只百达翡丽表。新款百达翡丽表的价格从数千到数十万英镑都有，出现在拍卖会上的经典表款的价格则直逼数百万英镑。

我问德莱尼，为什么这个广告能持续这么长时间。他说：

> 我想，那是一种普遍性的深刻见解，而且人们会对此做出反应。那不是一种强硬的要求，那种意念的力量不会衰退乃至消失，不会因为你看多了就变得比较肤浅……但是，它不是出自天才的了不起的手笔，而是结合了各种因素、偶然事件以及处在恰当的位置才有的结果。

历年来，百达翡丽的广告照片和字体都有细微的变化。“你会根据文化和经济的要求而改变，也会对那些买得起手表的人的行为观察入微。”

> 这些照片的目的是表现仁慈和温暖。真相……被理想化了。谁都知道那只是个广告。虽然这两个人不是真正的父子和母女，但你强烈地感觉这两个人之间有天然的联系，因此这些照片是可以被接受的。唯一的问题在于，我们试着控制每一件事，让照片不会变成虚情假意，让它能在广告的框架内保持可以接受的程度。

我问德莱尼，有没有别的手表广告是他很欣赏的。他不假思索地回答我“没有”。

不过，德莱尼或许会对一则广告有一点点嫉妒吧。假设你是一家著名的手表公司的营销经理，而你莫名其妙地让第一个登上月球的人戴着你们公司的手表在月球上踩了几脚。那么，你势必就有了可以用来吹嘘的事情，可以营销到世界末日。所以，你可以想象一下，当美国国家航空航天局选中欧米茄手表作为阿波罗号的官方定时器时，欧米茄的人有多么高兴。当确定阿姆斯特朗会佩戴着欧米茄超霸系列（Speedmaster）专业计时表走出登月舱、走入宁静海（Sea of Tranquillity）时，他们更是欣喜若狂。毕竟，如果要找手表大使，难道还有谁比阿姆斯特朗更完美吗？

阿姆斯特朗飞往月球，一心一意地想着在月球上踏出个人的一小步、人类的一大步的那个时刻，并且戴着欧米茄手表。然而，当老鹰号登月舱在月球着陆时，他故意将手表留了下来，因为登月舱的定时器发生了故障。于是，轮到巴兹·奥尔德林（Buzz Aldrin）出场了。1973 年，这位登月第二人在他的回忆录《返回地球》（*Return to Earth*）中写道：

> 在月球漫步的时候，没有什么事比知道得克萨斯州休斯敦的时间更没必要的了，真是无稽之谈！我可是个手表迷，所以我决定把欧米茄超霸系列手表直接绑在右腕庞大的宇航服的外面。

欧米茄的广告团队马上就采取了行动。有一则广告这么说："说欧米茄是地球上最值得信赖的手表实在是有点太轻描淡写了。"这种扬扬自得的气势丝毫没有减弱的意思，另一则广告说："穿着价值 27 000 美金套装的人，该如何迁就一只售价 235 美金的手表？"有一则推销超霸系列 Mark II 表款的广告是这样说的："它老爸上月球去了。"后来，欧米茄又宣布了一项不可能的消息，它将要参与 1975 年的阿波罗 18 号计划。欧米茄认为："对其他手表公司来说，这个打击太大了。"

欧米茄参与了美国所有的太空任务。1972 年 12 月 14 日，当阿波罗 17 号的指挥官吉恩·塞尔南（Gene Cernan）在月球上留下足印时，他两只手臂上都戴着欧米茄的超霸系列腕表，一个显示的是休斯敦时间，另一个显示的是捷克时间，那是他母亲的出生地。“超霸系列腕表是我们带到月球上的唯一完全没改装过的东西，它完全是现成的。”这位宇航员说的这些话，简直就像是欧米茄的营销部门为他写的。[①]

这段故事为我们带来了地球上最有价值的手表，也就是巴兹·奥尔德林佩戴的表盘直径 42 毫米的 Calibre 321 手动上链超霸系列计时腕表。这只表值多少钱？没有人知道，也没人知道它现在流落何方。阿波罗号的宇航员返回地球后，都被要求交出了手表，它们都成了美国国家航空航天局的财产。但是，巴兹的表归还之后不久就遗失了，而且至今未能找到。如果你想爬到床底下找找看，那请记住，那只手表底壳内侧的编号是 ST105.012。

① 当然，欧米茄超霸系列腕表并不是第一只登上太空的手表。1961 年 4 月 12 日，俄罗斯航天员尤里·加加林（Yuri Gagarin）乘坐东方号宇宙飞船飞驰时，他佩戴的是一只功能不太复杂的 Sturmanskie——一款在莫斯科制造的军用表。如今，一只美到爆的全新欧米茄超霸系列腕表售价 3 500 英镑，特别版更贵。但是，加加林纪念版 Sturmanskie（石英表，并非机械表）100 英镑就买得到。

TIMEKEEPERS:
How the World
Became Obsessed with Time

12 时间管理，让你成为高效能人士

节省时间的秘密

过去几年来，我已经积累了不少有关时间管理的书，但没有一本能告诉我怎么找到足够的时间把它们全看完。这些书大多都带有各种练习和心理锻炼计划，还有些书会建议你上网参加额外的课程、填写问卷。等做完了这些，你也快累死了。在这些书中，我最喜欢的几本是：

- 《微时间管理术》(*18 Minutes*)，彼得·布雷格曼（Peter Bregman）著；
- 《高效15法则》(*15 Secrets Successful People Know About Time Management*)，凯文·克鲁斯（Kevin Kruse）著；
- 《一天26小时》(*The 26-Hour Day*)，文斯·帕内利亚（Vince Panella）著；
- 《时间大事：每周多出5小时》(*It's About Time: Find 5 Extra Hours Each Week*)，哈罗德·C. 劳埃德（Harold C. Lloyd）著；
- 《一天5分钟》(*Five Minutes a Day*)，琼·雷诺兹（Jean Reynolds）著；
- 《时间多一点，压力少一点》(*More Time, Less Stress*)，朱迪·詹姆斯（Judi James）著；
- 《一年12周：用12周完成比12个月还多的工作》(*The 12-Week Year: Get More Done in 12 Weeks Than Others Do in 12 Months*)，布赖恩·P. 莫兰（Brian P. Moran）与迈克尔·伦宁顿（Michael Lennington）合著。

以上还只是初级班的内容。它们讲的都是每小时、每天或每个星期能省下或赚到多少时间，你只要照着其中的步骤和方法做就行了。不过，这只是皮毛，下面是更进一步的“药方”：

- 《每天最重要的2小时》(*Two Awesome Hours*)，乔西·戴维斯（Josh Davis）著；
- 《半小时的力量》(*The Power of a Half Hour*)，汤米·巴尼特（Tommy Barnett）著；
- 《15分钟让人生改头换面》(*The 15-Minute Total Life Makeover*)，克里斯蒂娜·M. 德巴斯克（Christina M. DeBusk）著；
- 《揭开时间管理技巧的75个秘密》(*75 Secrets Revealed on Time Management Skills*)，乔·马丁（Joe Martin）著。

这些书中大多都有类似的建议，比如将早晨的时间留给重要的工作；不同时处理多项任务，而是把一件事做好；腾出时间给自己；保持充足的睡眠；一整天不开会，等等。新颖的建议纯属吉光片羽，例如，《高效 15 法则》的作者凯文·克鲁斯提到，我们应该停止列“待办事项清单”的行为，因为那些事永远都做不完，只会转移到其他更长的待办事项清单上。待办事项清单会使紧急事项优先于重要事项，而且人性使然，人们总是会从可以快速完成的事做起，却不对只需少许时间的事项和需要大量时间的事项加以区分。针对这一点，他进行了一项研究，得到的结论是：在待办事项清单上的项目中，有 41% 的未能完成。克鲁斯建议，**与其使用待办事项清单，不如将你的计划按日期记录在日历上，然后按此执行。**

克鲁斯也回答了以下这个问题：“能不能靠 3 个简单的问题让你每星期节省 8 个小时的时间？”答案当然是肯定的。他称这些是“哈佛问题”，因为它们源自朱利安·伯金肖（Julian Birkinshaw）教授和乔丹·科恩（Jordan Cohen）教授在《哈佛商业评论》上的主张。这两位教授认为，人们之所以喜欢随时都很忙碌的感觉，其中一个原因是这能让人觉得自己很重要。不过，两位教授在 2013 年所做的研究发现，忙碌本身其实并不是很有效率的。如果强制工作者慢下来，更深入地思考自己的行动，那平均来说，这些人每个星期会节省 6 个小时案头工作的时间以及 2 个小时的开会时间。这 3 个哈佛问题就是：

1. 在我的待办事项清单中，哪些事项是可以完全删除的？
2. 哪些事项可以交给下属去做？
3. 哪些事项需要做但可以用更有效率的方式做？

不只是克鲁斯，大多数作者和研究者都认为，**在有限的时间内解决这么多问题的关键，就在于授权。**所以，去招人吧。正如潜能激发教练安东尼·罗宾（Anthony Robbins）所说的，找个人帮你去干洗店取西装，这样你就可以专心做其他事了，“只要别人能做得更好，我就不会亲自去做”。或者，正如《勇敢说不！》（*Go For No!*）一书的共同作者安德烈亚·华尔兹（Andrea Waltz）所说的，越是授权，你活得就越精彩。再或者，如播客主持人刘易斯·豪斯

（Lewis Howes）所说的："集中精力做你最擅长的事，其他的让别人去做。"就算再找来30本讲时间管理的书，说的也是同一件事：谁有多余的时间，就向谁买时间。然而，如果你买不起该怎么办呢？"你一定可以做到的。"安东尼·罗宾说。

克鲁斯可不是时间管理方面的新手，他在22岁就创办了自己的公司，不过以惨败收场，穷到只能借用当地的青年旅舍洗澡。据他在自传中所说的，直到发现了"全身心领导力"的力量和"充分利用每一分钟"的方法，他才有了如今的成就，成为多家价值数百万美元的公司的创始人。一路走来，他积累了大量与时间管理有关的信息，能用以改变一天、一个星期甚至是一生。克鲁斯的主要信息来源是克鲁斯集团，这是他的时间管理研究库。其中，最亮眼的信息是这一则：

> 报告指出，主动将事情委派给他人的人有更高的生产力，更快乐，更有活力，也比较不会感到"工作过度和不堪重负"。

在如今这个数字化的时代，授权不再意味着公司里工资较低的人难逃工作负担过重的命运，你完全可以通过手机应用程序或互联网把工作外包出去。换句话说，现在你可以用很民主的方法节省时间，这也是创业者的宝库。所以，克鲁斯网罗了各路人马，在他写书的时候帮他节省时间。例如，新加坡的克拉丽莎（Clarissa）帮他设计封面，印度的巴拉吉（Balaji）帮他搜集资料，泰国的塞雷娜（Serena）帮他处理有关调查数据的邮件，美国的卡米尔（Camille）则是他在Fiverr.com找到的图书编辑。而且，他与克拉丽莎、巴拉吉和卡米尔都没见过面。

克鲁斯对人与事的描述有时可能显得过于平庸和简化，但那些人与事也是历经了艰辛的过程才有后来的成就的。例如，"29名优等生的时间秘诀"是需要严格的自律：

1. 关闭社交媒体；
2. 晚上不出门，并且在学期中主要和同学社交；
3. 5 分钟以内就可以完成的事要立即去做；
4. 安排“只属于我的时间”，并效法医学院学生凯特琳·黑尔（Caitlin Hale）的做法：“我会确定每个晚上至少有一个小时是给自己的。”

“13 名奥运选手的时间秘诀”也很有成效：

1. 不要在手机上制订训练计划，而要在一张大的月历上做计划，它会帮你看清楚目前已经完成了什么以及还需要做什么；
2. 不要因为拒绝别人而心情不好；
3 休息或许是最受忽视和低估的重要方面；
4. 效法美国女足的完美守门员布里安娜·斯卡瑞（Briana Scurry），并自问：“这项活动能让我表现更好或帮我们夺冠吗？”

克鲁斯等人的建议都是为了帮人们在工作上节省时间，他们的目标也都是耳熟能详的：使工作效率最大化、击败对手、致富、实现“美国梦”。的确，这些书籍差不多都是美国人写的，我们很少看到巴塔哥尼亚或珀鲁的部落里会有人热衷于安排“只属于我的时间”或者将开会的时间减少 10 分钟。人们在写这类书时还都喜欢在书名里加入数字，因为这样可以使目标量化。不过，还有一种时间管理法倒是较少有人采用。它的立场比较温和，更有整体性，要求平衡工作与生活。如果想要了解，可以参考下面这些书籍：

- 《不堪重负：无人拥有闲暇时的工作、爱情和玩耍》（*Overwhelmed: How to Work, Love and Play When No One Has the Time*），布里吉德·舒尔特（Brigid Schulte）著；
- 《抓狂妈咪的时间管理术》（*Time Management for Manic Mums*），艾莉森·米切尔（Allison Mitchell）著；

- 《全神贯注管理时间》(*Managing Time Mindfully*)，汤姆·埃文斯（Tom Evans）著；
- 《老板们，家人想念你们》(*Business Owners: Your Family Misses You*)，迈克·加德纳（Mike Gardner）著；
- 《吃了那只青蛙！停止拖延并用更少时间做更多事的 21 个方法》(*Eat That Frog! 21 Great Ways to Stop Procrastinating and Get More Done in Less Time*)，布莱恩·特雷西（Brian Tracy）著；
- 《吃掉那只大象：克服不知所措》(*Eat the Elephant: Overcoming Overwhelm*)，卡罗琳·V. 布卢姆（Karolyn Vreeland Blume）著。

等你吃完青蛙和大象，可以从下面这本书开始进行自我整顿和提升：劳拉·范德卡姆（Laura Vanderkam）所著的《时间管理手账》(*I Know How She Does It*)。范德卡姆说："时间管理永远都是热门的主题，因为我们都生活在时间中，而且我们的时间都一样多。"

阅读这类书籍的时候，你或许会取笑他们的文风。但是，范德卡姆或许能让你的嘲讽转为欢呼。虽然她的文笔有时太过甜腻，但她的情绪化还是会让人印象深刻。她的书告诉我们：6 月的某个下午，她和自己的两个孩子在宾夕法尼亚的一个农场摘草莓，当时她有过瞬间的开悟。她注意到空水果盒上有一行像诗一样的句子："莫忘了浆果的季节如此短暂。"如果把那个水果盒装满，大约是 4.5 千克，堆得满满的则大约是 7 千克。她想知道人生是否也是如此。"你的一生如何度过是一道函数题，也就是如何利用一年里的 8 760 个小时，如何利用构成你一生的那么多个小时，而那可能是 70 万个小时吧。你的人生就是这样的一道函数题。"于是，她决定把更多时间用在"摘草莓、哄孩子入睡、至少能改变世界一角的工作上"。

对范德卡姆而言，那项工作需要她向 143 名职业女性发送一份详细的每个星期的时间计划表格，请她们提供总计 1 001（143 × 7）天的生活内容，以供她研究她们在工作、家庭和自我追求方面是怎样分配时间的。这个“马赛克项目”（Mosaic Project）中的时间计划表格由以半小时为单位的小方块组成，这些方块从每天早上5点一直到午夜。参与者必须填写好每一个小方块，无论那个时段的活动内容有多么沉闷、可想而知、重复，或者有多么难为情，都必须填写。如果你在Facebook上消磨了两小时的时间，那就填满4个小方块。而且，一定要诚实地填写。

2014年3月中旬，35岁的范德卡姆填写了自己的时间表格，并把填写的结果出版了，我看到时觉得自己简直就像个偷窥狂。比如说，3月18日星期二，她在早上6点起床工作，这项活动持续了3格。7点半，她和孩子们吃早餐。接下来，她进行一项未具体说明的工作，工作到10点半。这时，工作的性质开始改变了，有两个小方块内写的是“工作（头脑风暴、想点子）”。下午1点开始处理电子邮件，这持续了一个小时，然后是一个小时的访谈。再来是3点和4点之间的方块，被工作和跑步分割了。下面，事情稍微有点不一样了。下一个小方块是花在为《奥普拉秀》打草稿、继续马赛克项目以及前往图书馆写作，标注的是“写小说，2 000字！”。7点半，她在外面吃寿司。8点，给车加完油后开车回家。下一个小方块是念书给孩子们听，然后让他们上床睡觉。再来有一格是看电视，一格是洗澡，还有许多格是上床睡觉。

星期三的重点包括一格“工作，为视频电话打扮”，然后是一格“视频电话没打成，真没效率！”下午两点，有一格是“下午两点电话也没来”。不过，这天接下来就有好消息了：6点半“和家人吃晚餐”。再下面的事有点算是灾难：“陪两个孩子去宜家，看《冰雪奇缘》。”

周末看起来很不一样，因为那是家人优先的时间。星期六，范德卡姆比平常晚起了一个小时，然后清洁打扫，在童子军松木车竞赛上花了4格，在户外陪孩子玩耍，又投入了5格和丈夫在餐厅共度约会之夜。读了这么多，难免会让人忍不住想找找看有没有哪一格或哪几格是用在性爱上的。唯一的暗示是星期天晚上 10 点半的那一格，因为其他日子这一格写的都是“洗澡”，而那天的变成了“洗澡及其他”。

在这个星期结束后，范德卡姆分析了自己的时间表。她是个习惯多任务处理的人，由于每天晚上的内容都没有她想象得那么充实，她感到很泄气。如果必须在晚上工作，那么她希望能更清楚地知道自己想要达成的目标是什么，这远远胜过在邮箱里漫无目的地进进出出。我问范德卡姆，从其他人那里收集到的时间表让她最惊讶的是什么。她说，让她印象最深刻的，是人们强大的适应性。

> 即便是在传统行业工作的女性，也能找到方法挪动工作时间，让生活的各个部分可以相互协调。我发现，差不多有四分之三的女性会在上班时间做自己的事。同样，也有四分之三的女性会在晚上、周末或者一大早做与工作相关的事。对我来说，工作与个人生活是完全结合在一起的，所以评价谁好谁坏根本没有意义。

在研究的过程中，范德卡姆揭露了一些不正确的预设。如今的美国人总以为自己比父母那一代的人工作时间更长，但事实可能正好相反。美国圣路易斯联邦储备银行的一项调查显示，美国人每个星期的平均工作时间，从 1950 年的 42.4 个小时减少到了 1970 年的 39.1 个小时。2014 年，美国劳工统计局则发现，美国人每个星期的平均工作时间（非务农）已经降到了 34.5 个小时。当然，平均数可能会骗人，尤其是不能用来暗示人们会因为工作时间变少而感到高兴。工作时间变少也可能意味着收入的缩水，意味着人们没有能力享受增多的闲暇时间。此外，工作时间也不太能表示忙碌与否。

范德卡姆发现了大多数调查分析老手都已经知道的事实：人们总是爱说谎。“从这些数据来看，大多数人并没有过度工作。我已经在时间和工作这个领域写作了 10 年，也看过不少研究，而它们都显示出一个非常好玩儿的趋势：

白领阶层会夸大他们的工作时间。”这一点特别适用于所谓的“白领血汗工厂”的职员。从传统上来说，也就是金融和科技这两个行业的职员。毕竟，“谁都不想被看到比旁边那个家伙的工作时间还要短”。

数十年来，马里兰大学的社会学家约翰·鲁宾逊（John Robinson）及其同事进行过许多研究，其结果均可以支持范德卡姆的观点。2011 年，他们以“美国人时间利用调查”（American Time Use Survey）的数据为基础进行的研究指出，对比一下估计的工作时间和详细的工作时间表可以发现，那些声称每个星期工作 75 个小时的人对工作时间夸大了约 25 个小时。2014 年，伦敦政治经济学院的“执行主管时间利用项目”（The Executive Time Use Project）调查了 6 个国家的 1 000 多位 CEO，结果发现，CEO 平均每个星期花在工作上的时间是 52 个小时。这个数字很大，但他们却不像文学和电影中表现得那样过度打拼。在接受调查的 CEO 中，有 70% 的人说自己一个星期工作不超过 5 天。

范德卡姆说：

> 人们爱说谎，这让我心情很低落，但又让我非常火大，因为我知道谎言背后必定有阴谋。人们夸大工作时间，借此让有些工作看起来好像很难，是那些在乎家庭生活的人承担不起的。于是，人们就会想到总有一天他们必须在特定的工作与家人之间做出取舍。如此一来，很多竞争者就会自己打退堂鼓了。

就这些时间计划表格而论，有一点可能是确定无疑的：**人们想要充分利用清醒时的每一分钟，而时间计划表格只是深化了这一渴望，同时也让采用了这种做法的人知道，他们的生活并不完全像自己以为的那样子。**正如范德卡姆对我所说的：

> 对某些人来说，最好的结果就是改变她们对自己所说的故事。有

一个最流行的故事是，如果妈妈是职业女性，就没有足够的时间陪伴孩子了。有一位女性检视了自己的时间表，领悟到了一件事：当自己还在念书的孩子在家时，只要他们还没睡觉，其实她就一直在陪伴他们。她说，过去她一直感到很内疚，但自从看清楚这一点，她就再也不会有罪恶感了，并且觉得如果想花时间去健身房也没有关系。

如何打破日常的时间浪费循环

研究时间管理，随后将研究成果出版成书，转译成平易近人的知识和言简意赅的忠告，这些都已经是司空见惯的事了。随着网络的发展，以及越来越多的人注意到我们究竟把多少时间花在了上一代所没有的活动上，这类书籍越来越多，也越来越多样化了。然而，真正有开创性的书籍出现在这之前，其中以史蒂芬·柯维（Stephen R. Covey）于 1989 年出版的《高效能人士的七个习惯》（*The 7 Habits of Highly Effective People*）影响最为深远。

柯维已经于 2012 年过世了，他将自己描述为时间研究的“终身学生”，他也相信这一整个领域的精华可以用一句话来概括，即凡事按照优先级组织并执行。比如说，有好几个月的时间，写书变成了他最优先的事，而正是因为遵守“要事第一”的原则，他才能达到如此专注的境界。很显然，他做对了，他的出版商宣称这本书已卖出了 2 500 多万册，有声书也卖出了上百万册。

在这本书中，柯维将时间管理的理论分为三代，每一代都是以上一代为基础建立起来的。

1. 第一代：以建立清单为核心，“这种做法是面对时间与精力上的种种要求而做出的某种认可和包容的努力”；
2. 第二代：以日程表和约会登记簿为核心，这是对前瞻与规划的渴望；

3. 第三代：判断各种事项的优先顺序并设定对应的目标，尤其是与自身价值有关的部分。

然而，柯维也暗示时间管理的观念逐渐失宠了，太多清单和太严格固守大大小小的目标妨碍了人们的互动和自发性。他深信“时间管理”一词其实是个误用：“我们挑战的不是管理时间，而是管理自己。”不过，这是他在25年前得出的结论，如今，时间管理方面的书籍已汗牛充栋，但很少有人同意他的说法。

当然，我们还有第4条路，而这涉及柯维所划分的轻重缓急4象限时间管理矩阵：

1. 紧急且重要：如危机和有重要截止期限的事；
2. 不紧急但重要：如长期规划和关系建立；
3. 紧急但不重要：如回复电子邮件和参加不相关的会议，即他人认为重要但对你不重要的活动，这是以他人的期望为依据的活动；
4. 不紧急也不重要：如暂时放下日常生活和工作中的压力，享受一些对工作并无特定帮助的活动。

柯维写道：“有些人确实是日复一日都在承受着各种问题的打击，他们有90%的时间都用在了象限1上，剩余的10%的时间又有大部分都用在了象限4上，对第2和第3象限的注意力则微乎其微。那些根据危机来管理生活的人，就是这样过日子的。”柯维指出，其他人在第3象限耗费了大量的时间，“却认为自己置身于象限1。他们把大部分时间都用来处理紧急事务，并假设它们也很重要”。

那么，我们应该将时间用在何处呢？显然不应该是象限3和象限4，因为身处那两个象限的人“基本上都过着不负责任的生活”。然而，是象限2构成了有效的个人管理的核心，它所代表的是并不紧急却很重要的事务，不仅包括我们的愿景，也包括厘清个人的价值、运动健身以及做好心理准备以迎接未来。

象限的说法既能应用在相对传统的商业环境中，也能适应较不正式且更加私密的网络世界。对这两个世界而言，有一件事都是相同且显而易见的，那就是重要的事先做。正如柯维所说的：**有效率的人心中没有问题，只有机会；他们会喂饱机会，饿死问题。**

但是，早在这些说辞成为圭臬之前，阿诺德·贝内特（Arnold Bennett）就写过一本时间管理的书，想要终结（当时他或许有过这个想法）时间管理这个话题，他甚至给这本书起了一个充满讽刺意味的书名：《如何度过一天的24小时》（*How to Live on Twenty-Four Hours a Day*）。贝内特最为人熟知的，是他以英国陶都[①]一带的生活为背景所写的小说，或许还包括伦敦萨伏依酒店在他住过之后推出的一道名为阿诺德·贝内特煎蛋的料理。[②]他那本时间管理的书出版于1910年，那正是他声望最高的时候。那本书很简短，贝内特甚至宣称有些书评的长度都可以让他的书相形见绌。以今天的标准来说，他的分析与建议非常严厉、率直且自视甚高；对评论家和广大读者来说，则是充满新意又有价值的。

你是不是晚上没有足够的时间做所有想做的事？那就早起一个小时。你是不是累到无法早起一个小时，而且还担心睡眠不足？贝内特在没有标明日期的新版序言中写道："这些年来我有个感想越来越强烈，那就是睡

① 指的是英国特伦特河畔的斯托克区。在18世纪后期到19世纪，这里盛产陶瓷，于是被称为陶都。
——编者注

②《五镇的安娜》（*Anna of the Five Towns*）和《克莱汉格》（*Clayhanger*）这两本小说都是以陶都的生活为背景的。阿诺德·贝内特煎蛋是以烟熏鳕鱼和帕尔玛奶酪等材料做成的。

觉只不过是习惯和懒散的一部分。我相信大多数人都是想睡多久就能睡多久，因为他们根本不知道该做什么好。”然而，在这新多出来的一个小时里，一大清早既没有食物也没有用人伺候，我们该怎么办？啊，那就在前一天晚上告诉你的用人，事先把酒精灯、茶壶和饼干都放在盘子里嘛。“人之一生是否可以获得恰如其分而睿智的平衡，取决于是否可以在不寻常的时刻啜饮一壶热茶。”

贝内特继续保持积极乐观的语调。他坚信人生奇妙而又太过短暂，虽然时间是有限的，但它也是我们唯一可以更新的资源。“时间的供应真是天天发生的奇迹，”他仿佛是站在讲台上宣告，“凡是检视它的人必然会由衷地对它赞叹不已。当你在黎明苏醒，看啊，你的荷包里又魔法般地塞满了 24 个小时的时间，那是你的生命宇宙中纯天然且未经加工的原料！”在他眼中，时间最令人感到愉快的特质，是它一视同仁：无论你是酒店的服务员，还是服务员所侍候的贵族，你们拥有的时间都一样多。时间并不像本杰明・富兰克林所说的那样，它不是金钱。无论你是富豪、绅士还是天才，上天都不会每天多赏你一个小时的时间。金钱可以再赚，但时间是无价的。

闲暇时间如何利用？贝内特选择了一些有趣的对象，包括小说家的职业。小说是很好没错，但一方面，读小说很少能像读写得好的自我提升书籍一样能够扩展工作日的内涵。如果读者“决定每个星期 3 次，每次腾出 90 分钟，彻底投入研读查尔斯・狄更斯的小说，那就应该好好建议他改变计划”。另一方面，诗歌“能令人产生非常伟大的心灵气质”，它胜过小说，是文学中最崇高的形式。贝内特表示，他度过闲暇时间最好的方式就是阅读《失乐园》。

贝内特承认，他的建议或许有点迂腐和突兀，但他还是坚持这样认为。良好的时间管理的关键是预先制订好妥当的计划，而不是任凭计划宰割。“哦，不会吧，”贝内特听到一位处境艰难的妻子惊叫道，“阿瑟总是会在 8 点出门遛狗，也总是会在 8 点 45 分开始看书。所以，我们毫无疑问应该……”他指出，这么斩钉截铁的语气显示了“职业生涯最意想不到且荒谬的悲剧”。

在时间管理上，人人都应避免变成一板一眼、不知变通的道学先生。

> 所谓的道学先生，他们外表时髦体面，能随时摆出智慧过人的神态，但实际上，他们都是愚不可及的傻瓜，自以为是地出门巡行，却不知道已经遗失了那一身华服上最重要的部分，也就是幽默感。

贝内特认为，此处的教训是：

> 要我们切记：每个人必须应付的材料是自己的时间，不是别人的。用不着我们去平衡时间的预算，地球自己就能运转得相当舒适自在，而且无论我们是否能胜任时间的财务大臣这个新角色，地球都会继续舒适自在地转动下去。

在贝内特之前，有梭罗写的《瓦尔登湖》。该书出版于1854年，具有原创性的存在主义沉思，思考如何去除生命中的杂质和糟粕。梭罗在林中小屋过着简朴而“审慎”的生活，并未成为彻头彻尾的怪胎。

《瓦尔登湖》不算是时间管理方面的论著，而是对整体灵魂的反思。它超凡的炫技比较接近古罗马思想家塞涅卡和圣奥古斯丁这两位哲学家的修辞，有别于劳拉·范德卡姆和史蒂芬·柯维对平衡生活的渴望。但是，这本书确实对人们具有很强大的吸引力。梭罗对乡村生活的尊严有非常不切实际的看法，他独自在野外生活了26个月，但他的语气却充满反社会和精英的气息。可是，对于那些不太容易从社会网络脱身的人来说，他的愿景令人陶醉。谁都想像个清教徒一样依赖山林维生，而他的书已经成为非常有效的自助手册了。

有梭罗作为向导，你不仅能学到18个提高生产力的诀窍，可以大大提升工作效率，还能让心灵重返古老的地球。当时的地球仍是原始而酷寒的，每个人都知道谁家里有镰刀可以借来用，穷人们总是默默地愉快度日。你呢？你大部分的时间都可以窝在湖畔的椅子上，思索兽皮外衣下面的肚脐，而远处有一条小河正悠悠流过。或者，如果这一切让你听得无比神往，却有点担心各种小寄生虫，那么你可以伪装一下，去打打漆弹射击就好，那感觉也很像。

从某种程度上来说，我们都是时间管理专家，每一次起床的决定，至少都需要有关时间管理知识的某些要素。即使是最有自信的人，也会被那些可以解释成危机的问题困扰。时间短暂，我们应该优先做哪些事？谁能说摘草莓比赚大钱更加可取？相比于每天晚上只与孩子相处 2 个小时，每晚相处 4 个小时一定会有双倍的好处吗？

这些书中有哪一本真的能在这方面帮上忙吗？整齐有力的清单式的要点和象限矩阵能够转变我们的心灵吗？卡尔·奥诺雷（Carl Honoré）的书《快不能解决的事》（*The Slow Fix: Why Quick Fixes Don't Work*）挑战了每 10 分钟节省 4 小时的观念。这本书以《奥赛罗》中的一句话作为卷首语并为这本书定下了基调："没耐心的人何其可怜！何种伤口非得慢慢地才能痊愈？"奥诺雷认为，快速解决的方法的确有其地位，如抢救被异物噎住的人的海姆利希手法，但生活中的时间管理不算在内。

奥诺雷指出，我们的世界有太大一部分都是被异想天开的野心和卑鄙下流的行为推动的，比如说所谓的两个星期内给你比基尼身材、一场 TED 演讲可以改变世界、两个月成绩不佳就炒了球队经理。奥诺雷在书中引述了多个制造业、战争和外交方面的鲁莽和惨败的实例。例如，在处理某个问题时，丰田汽车想要找出合适的解决方案以避免召回 1 000 万辆车，最后以失败告终。再来是医疗与保健领域的错误信念，如只要工作的速度更快，工作的方法更聪明，有更多的钱，就能得到一颗包治百病的万灵丹。

可是，奥诺雷寡不敌众。有 1 个奥诺雷就会有 20 个快速解决者，他们没有时间和你慢慢耗。对快速解决者来说，如果快速解决的方法还不够快，那他们就会依赖超快速解决方法，那是专门为生活“真正”忙碌的人而存在的。对于那些没有时间阅读所有时间管理书籍的人来说，还是有解决办法的。科西奥·安格洛夫（Kosio Angelov）是《瘦身型电子邮件简易系统》（*The Lean Email Simple System*）一书的作者，他询问了42位生产力管理人员是如何保持专注的。于是，劳拉·范德卡姆和她的朋友们各自想出了3个要点，用来打破日常生活中的时间浪费循环，并且帮助她们保持在突破状态。例如，重获时间（Regain Your Time）网站背后的推手毛拉·托马斯（Maura Thomas）建议：

1. 力求具体和正面，描述单一的目标，而不要说“少花点儿时间检查电子邮件”；
2. 找到你的障碍所在；
3. 将新行为与奖励（如享用咖啡）联系起来。

“4小时医生”乔治·斯莫林斯基（George Smolinski）主张：

1. 每天在同一时间、同一环境下执行新的习惯；
2. 写下来；
3. “吃一头大象”，一次一口。[①]

清单生产者（List Producer）网站的创始人葆拉·里佐（Paula Rizzo）建议的是：

① 西方社会中有一句很常见的话：“如何吃掉一头大象？答案是一次一口。”本章提到的时间管理书籍中，也有在书名中采用这种说法的。这句话是比喻设定目标之后，只要一步一个脚印、持之以恒地走下去，总有一天会实现。——译者注

1. 必须从一份清单开始；
2. 将事情细分为小单位；
3. 奖励良好的表现，“比如聆听一首喜欢的歌曲”。

但是，如果你生活中的事爆满到连看完这些简洁的诀窍的时间都没有，那该怎么办？放心，你很幸运。这42位专家建议的所有策略已经被浓缩了：

1. （15位专家选出）：从小任务开始，把你的工作任务分解成可管理的任务；
2. （11票）：前后一致性地执行，勿打破工作链；
3. （10票）：制订计划并事先准备；
4. （9票）：利用责任伙伴，让对方追踪你的进度并鼓励你朝目标前进；
5. （8票）：奖励自己。

祝大家好运！

TIMEKEEPERS:
How the World
Became Obsessed with Time

13 艺术，探讨、诠释时间的本质

电影中的时间咒语

网络上有很多文章完全是由各种清单组成的，而一般人往往会对这种内容嗤之以鼻。但是，看到这样的标题：“21 匹稀有的马，连独角兽都只能跪了”“这 15 只狗也愿意回到从前……不幸的是，它们只能活在懊恼中”，有谁会不想打开看看这些照片和故事吗？也许，一定是有多到用不完的时间，才能弄出一份叫

“这 8 部电影中都有人悬挂在巨大的时钟上面”的清单：

1. 《安全至下》；
2. 《回到未来》；
3. 《雨果》（*Hugo*）；
4. 《妙妙探》（*The Great Mouse Detective*）；
5. 《上海正午 2：上海骑士》（*Shanghai Knights*）；
6. 《A 计划》；
7. 《三十九级台阶》（*The Thirty Nine Steps*）；
8. 《小飞侠》（*Peter Pan*）。

还有一部电影也有人挂在时钟上的画面，就连观众挂在时钟上的画面都有。那就是克里斯琴·马克莱（Christian Marclay）的《钟》（*The Clock*）。关于这部电影，有 6 个观赏的理由。

第一，它是一个完美实现的构想。它包含 12 000 个片段的影片，这些片段都取自著名的旧电影，画面里都有关于时钟、手表或计时的焦虑。本片片长共 24 小时。

第二，它赢得了 2011 年威尼斯双年展的大奖[①]，也获得了评论家一致的赞赏。小说家查蒂·史密斯（Zadie Smith）在《纽约书评》上称它“令人赞叹”，《泰晤士报文学增刊》（*Times Literary Supplement*）则说“它的非凡成就既蕴含着哲学意味又优雅无比，有时令人昏昏欲睡，有时又令人捧腹大笑”。

① 克里斯琴·马克莱获得了 2011 年威尼斯双年展金狮奖最佳艺术家奖。
——编者注

第三，它可以免费观赏。马克莱使用的片段并没有取得著作权声明，他是将它们当成艺术作品而“合理使用”的。因此，购买了影片复本播放权的机构共有 6 家，如纽约现代艺术博物馆和加拿大国家美术馆，并且它们都同意不会向大众收取门票费用。

第四，你可以把手表收起来。每段影片中显示的时间（许多片段只有几秒钟）跟现实世界的时间都是同步的。如果你在伦敦梅森苑白立方画廊（White Cube Gallery）的下楼处观看这部影片（那是 2010 年它首次放映的地方），当屏幕中的闹钟或老爷钟显示早上 8 点 40 分时，伦敦的皮卡迪利大马路上也正车水马龙、人潮汹涌。如果看到监狱墙上的钟显示的时间是下午 1 点 18 分，那你可能是在午餐的时候观看的。《钟》就是时钟，这是它的花招，也是它独到的天赋。

第五，你可以在凌晨 4 点钟观赏。虽然该片大多数是在博物馆平常开放的时间内播放的，但有一份合同提到，它也会有几场 24 小时放映场。在许多场合，曾有人在黎明前大排长龙等着入场。在《纽约客》上夜班的时候，丹尼尔·扎勒斯基（Daniel Zalewski）发现观看《钟》的体验就如同阅读村上春树的小说：“各种角色穿越，进入平行宇宙。”他建议读者在晚上 10 点到上午 7 点之间观看，这部影片会“牵动你的身体，尤其是午夜过后。熬夜的时间越长，等到史密斯夫妇和其他几十个角色都上床睡觉后，你就越会感到头昏脑涨、精神错乱，然后你就会和屏幕上疲惫又焦虑的角色合而为一了”。

第六，它令人着迷。你大可以计划观看一个小时左右，但三个小时之后，你就会舍不得离开。《钟》在研究、剪辑和艺术耐力等方面的功绩已属不凡，但它们所暗示的力量还远远不如《钟》所施加的咒语那么强大。它是在庆祝电影以及电影世界里对时间的表现，它在提醒我们，观看电影的时候我们多么想将时间暂停；也提醒我们，时间往往是戏剧中无名的角色。你会带着更强烈的时间感走出这个电影的世界，即使在我们的世界里时间已经很晚了，它也会如

同履行义务一样，提醒你时间在生命中所占据的主宰地位。

《钟》：时间是核心，也毫无瓜葛

我很晚才观赏到《钟》，是在洛杉矶郡博物馆（Los Angeles County Museum of Art）看的，而当时它已经面世 5 年了。不过，它当然不受时间影响。放映厅外面的公告说，这部影片里的时间是“包罗万象的主角……揭露了流逝的每一分钟都是媒介，载满无限的戏剧可能性”。公告提到这些片段是“被发现的影片片段”，这一点说得没错。可是，这个说法仅止于马克莱聘用由 7 名研究人员组成的团队，观看了几万小时的影片找出适用的材料，再由他剪辑在一起。公告也说道：“禁止各种拍照、录音和录像。”

放映室内部是白色的宜家沙发，我入场的时间大约是 11 点 30 分，那时影片已经在播放中了。事实上，自从这场特映会在 5 个星期前开幕以来，它就一直播个不停。即使是无人的夜晚，它也还是在上锁的房间里照播不误，以免打乱时间的同步性：停止播放就像时钟在没人看见的时候停摆一样。

放映室还有另外两个人。我看见的第一幕取自《城市英雄》（*Falling Down*），片中迈克尔·道格拉斯（Michael Douglas）饰演的男人正过着几近精神崩溃的生活。在一个比较轻松的场景中，时间大约是 11 点 33 分，而麦当劳的人告诉他，早餐在 11 点 30 分就停卖了。然后是《我要活下去》（*I Want to Live*）中的场景，有一名女性被绑在椅子上等候被处死。时钟的分针在不断移动着，画面切换到一部电话，但没人打进来说要赦免她。接下来是美剧《阴阳魔界》（*The Twilight Zone*）其中一集的片段。片中是一对美国夫妻，他们的时间快了两小时，进入了时间漏洞。在那里，历史上的每一分钟都代表着一个不同的世界，而且必须被不断重建。有一个人告诉他们：“这是真实的时间逼近的声音！”再来是《逍遥骑士》（*Easy Rider*）中的片段，彼得·方达（Peter Fonda）所饰演的人物发现自己的手表出了故障。然后，11 点 42 分取自《三十九级台阶》。11 点 44 分取自《我的博学之友》（*My Learned Friend*）。接下来可能是这部 24 小时长的影片里最长的一个片段，取自《低俗小说》(*Pulp Fiction*)。那是克里斯托弗・沃肯（Christopher Walken）所饰演的人物一段精彩的 4 分钟独白，讲了一只走遍天下的手表和三代人的故事。

我原以为几个小时后我就会离开了，但三个小时后，我依然感觉有一股牵引的力量，和查蒂・史密斯以及其他许多人有了相同的经验。在博物馆，大多数视频艺术都是循环播放的，而观看者要坐在坚硬的长凳上，期待 5 分钟后能获得一枚耐力奖牌。然而，这部影片对我的吸引力，不亚于我在电影院里看过的任何影片。它有点像早期的 MTV 频道，即使不喜欢或不知道正在播放的歌曲，你也知道下一刻很可能就会有引人入胜的作品出现。确实如此。在 2 点 36 分，出现了英格玛・伯格曼（Ingmar Bergman）的《芬妮与亚历山大》(*Fanny and Alexander*）中的两幕，中间夹了一段伍迪・艾伦的《我心深处》(*Interiors*)。

人们可以从很多方面来欣赏这部伟大的拼接作品，从表面到内在都是如此。每一位观众都有各自的期望和偏好，而当自己心中的那段影片出现时，他们或许就会发出一声轻叹。但过不了多久，他们眼前就会浮现出另一幕更辽阔的画面——看见这些演员们如何在演艺生涯中变老。当然，这有时也是反向进行的。例如，你可以看到杰克・尼克尔森（Jack Nicholson）从《关于施密特》(*About Schmidt*）里干瘪的洗碗老头返回到《飞越疯人院》里眼神流露出失望和痛苦的小伙子。我们也见到了电影本身成熟的可能性，从默片中蹦蹦跳跳、粗糙的生命，演进到电脑合成的特效宏大且密集的场面。对时间的操纵使我们得以遁逃到虚幻的世界，这种欺骗的花招已经与我们同在一个世纪了。使这一切成为可能的技术，已经进步到了能与我们怀疑的能力同步的地步。当然，也是进步的技术使马克莱能够将持续 24 小时的电影放进电脑档案，随机存取。这个概念比任何问题都更让默剧演员头痛不已。胶片和数字影片的相对物理特性，尤其是和时间方面有关的，已经大举改变了艺术世界的潜能。

趁还有点阳光，我终于在 3 点左右的时候离开了，但是我又情不自禁地回头。我体验到了新的感受：电影才是主人，它始终在播放着，不需要观众，没有人统计票房，就算无人问津也不会有损失。这是不用花钱买的时间，在娱乐界和艺术界都是稀有的事。

当来自英国著名电影杂志《视与听》(*Sight & Sound*)的乔纳森·罗姆尼(Jonathan Romney)对他进行采访时，马克莱解释说，他设法让找到的影片片段所显示的时间与电影放映时真实世界的时间保持同步，然后一个小时一个小时地拼接。除此之外，他对更普遍的时间观念也很感兴趣，"某个站着等待的人，身体语言会表现出对时间的不耐烦、渴望或者无聊。有时时间是以更具有象征意义的死亡影像表现的，如枯萎的花、掉落的花瓣、西沉的夕阳"。《钟》之所以让观众如此着迷，其中一个原因是这些碎片化的片段和拆解后的内容被组合得异常完整且和谐。或许，只有在电影院我们才会放下对时空的正常预期吧。马克莱说：

> 对我而言，我试图创造的虚假连续性，与时间流动的方式有更密切的联结，你可以看见一个手势从一部影片延伸到下一部影片，它们不仅无缝衔接，还生动有力。但是，它也经常从彩色影片衔接到黑白影片。你明知它不是真的，却仍然相信它。

有一件事可能不算巧合，那就是马克莱虽然生于美国加利福尼亚，却是在瑞士长大的。在瑞士，时间毫无疑问是被当成商品的，人们交易着时间，仿佛没有明天。

罗姆尼观察到，《钟》"是在学术焦点与恋物癖之间维持平衡"，这是正确的，而且它在保持平衡之余仍不失游戏人间的感觉。不拍片时，马克莱将大部分时间都用在了 DJ 的工作上，以艺术家的手法操纵已录好的声音。他把在混音方面的经验应用到了电影上，大肆混合并嘲弄电影的叙事模式。例如，《荣耀三九年》(*Glorious 39*)是在 2009 年拍摄的，背景设定在 20 世纪

30 年代。在《钟》这部电影中，萝玛拉·嘉瑞（Romola Garai）所饰演的人物开着车被20世纪70年代的伯特·雷诺兹（Burt Reynolds）追逐。另外，20 世纪 70 年代巴黎的让 - 皮埃尔 · 利奥德（Jean-Pierre Léaud）则被 20 世纪 40 年代《布赖顿硬糖》（*Brighton Rock*）中艾伦·惠特利（Alan Wheatley）饰演的人物追赶。

欧洲和好莱坞以外的电影只有少量的片段在《钟》里有所呈现，马克莱的研究人员提到，印度宝莱坞出品的电影里很少出现手表或时钟，这说明印度社会关心其他事物更甚于准时。

《钟》并没有附带目录或索引以提示电影中使用到的全部影片，维基百科上倒是有一页非常用心地编出了影片清单。清单之首是从《V 字仇杀队》里午夜的大本钟爆炸开始的[①]，然后鼓励大家“尽管去添加电影片名，愿意的话也可以加入简短的场景描述。请注意不要混淆 A. M. 和P. M. 。请记住，A. M. 是上午、P. M. 是下午。”有一个人随后就指出，马克莱和他的团队确实犯了这个错误，误将取自《飞来福》（*The Fortune Cookie*）的场景插入了下午 7 点 17 分，而实际上那应该是上午 7 点 17 分。或许，更有意义并不在于《钟》失误了，而在于有人注意到了这一点。

① 该名单之首现已改为 1946 年的《陌生人》（*The Stranger*）。在该影片中，奥逊 · 威尔斯饰演的教授在钟楼上被刺伤时正好午夜钟响。——译者注

《日日夜夜》：不需要结束的影片

在洛杉矶看过《钟》的 5 个星期后，我开车前往剑桥，参加另一部 24 小时电影在英国的首映会。如此野心勃勃的电影已经成为一种类型，一种持续型的艺

术。为了检验时间的观念，它们本身必须和时间有关。《日日夜夜》（*Night and Day*）有许多地方取材于《钟》的构想，它也是以旧影片拼接而成的，只不过它并不是取自现有的所有电影，而是只限于一个来源：英国广播公司的艺术纪录片系列节目《竞技场》（*Arena*）。

1975 年 10 月，英国广播公司大胆开创了《竞技场》这个艺术纪录片节目，如今已制作并播放了大约 600 集，它不仅是英国最出人意料和最具启发性的娱乐节目之一，也是英国广播公司最伟大的创意资源。它在剑桥电影节庆祝节目开播 40 周年，并提出了一个新颖的想法：如果与影片紧密相连的并非精确的时间，而是模糊的时间，如早餐或午餐，又或者交通高峰时刻或周日早晨，那会是什么样的？与《钟》相比，《日日夜夜》更像是一种沉默的努力、一幅广阔的情绪图景，而不是严格的节奏，此外，它也具有类似的流畅性和吸引力。一如以往观看《钟》一样，观众一看就是几个小时，时间既是核心也是无关紧要的，而这简直是一种壮观的痴迷。

这部电影的副标题是“《竞技场》时光机”（*The Arena Time Machine*），这样的标题虽然已经被滥用了，但也好在人尽皆知。在这部影片中，正午和下午 1 点之间，滚石乐队抵达摩洛哥参加打鼓高级班，电影制作人路易斯·布努埃尔（Luis Buñuel）在讲解如何调制完美的干马提尼酒。下午 4 点到 5 点之间，画家弗朗西斯·培根与小说家威廉·伯勒斯（William Burroughs）在喝茶，裘德·洛正在演舞台剧《情人》（*The Lover*）的下午场。午夜到 1 点之间，演员肯·多德（Ken Dodd）还在舞台上，音乐人约翰·莱登（John Lydon）在回想组朋克乐队的往事。凌晨 2 点到 3 点之间，歌手尼可（Nico）在切尔西酒店，演员兼歌手弗雷德·阿斯泰尔（Fred Astaire）和弗兰克·西纳特拉（Frank Sinatra）正在吟唱歌曲。早晨 6 点到 7 点之间，摄影家唐·麦卡林（Don McCullin）和塞巴斯蒂昂·萨尔加多（Sebastião Salgado）喜迎阳光，爵士音乐家桑尼·罗林斯（Sonny Rollins）则在纽约的桥上演奏萨克斯。上午 11 点到正午之间，诗人艾略特正在思索《荒原》，画家彼得·布莱克（Peter Blake）

在画摔跤人物 Kendo Nagasaki[1]。这部影片在摄影机的两端都洋溢着才情，一股汹涌上升的浪潮席卷了我们，让我们对艺术的未来充满乐观的期盼。这就是艺术的价值所在。只要我们睿智地利用时间，就能制造并欣赏世上有价值的事物。

①Kendo Nagasaki 直译为剑道长崎，但此名称与日本剑道或长崎市都没有直接关系。他代表职业摔跤界一个极为著名的虚拟神秘角色，没有人知道他的身世。他总是戴着条纹面罩，一言不发。他力量强大，打击对手时绝不手下留情。参加摔跤比赛时，许多选手都会选择扮演这个角色出赛。——译者注

我在放映中途离开，找《竞技场》的系列编辑安东尼·沃尔（Anthony Wall）聊天。沃尔几乎从一开始就参与了这系列节目，目前由他和电影编辑埃玛·马修斯（Emma Matthews）负责这项新的导览工作。沃尔说，他看不出《日日夜夜》有什么理由不用数字控制的方式，以在线或者用手机应用程序的形式连续播放。到时候只要你随时切入，过去节目的主题就会和你同在。但是，《日日夜夜》不同于《钟》，它不是固定的或已完成的作品，沃尔和马修斯会因季节和播映日的不同而调整对材料的选择。例如，冬天比夏天提早天黑，周末的播放速度会放慢，周末办公室场景也比较少。沃尔说：

> 我一直在寻找不需要结束的纪录片，我想，我已经找到了。它与众不同的地方是，你拿来的这一系列影片，它们都有预定的目的，然后你把它们剪辑之后安排在不一样的时间，于是它有了全新的意义。我想，身为观众，这样的影片长时间观看下来，我们是被秩序和混沌的结合吸引的。但是，它的关键在于你不能停止播放影片，你不能中断计时，就像你不能让大本钟停摆一样。这部影片可以在任何平台播放，可我的理想是做成相框那种用来展示照片的老

掉牙的东西，这样你才真的是把它当成了时钟。

片长对电影的影响

《日日夜夜》和《钟》持续的时长都刚好是整整一天，这是个重要且引人入胜的技巧。一天是地球自转一圈的时间，这当然是自然而然的循环。然而，片长只是一项要素而已，是影片内在的时间，包括精确的时间和情感的时间，宣扬了导演的伟大，其他影片只是因为片长而引起我们注意，无法与之相提并论。例如，道格拉斯·戈登（Douglas Gordon）的《24小时惊魂记》（*24 Hour Psycho*）是一件装置艺术，它将希区柯克的惊悚片减速到每秒两帧左右，借此持续一天。冲澡的场景拉长到45分钟，珍妮·李双眼圆睁，躺着一动也不动超过5分钟，这真的很让人不安。或者说《小品》（*Cinématon*），这是导演热拉尔·库朗（Gérard Courant）的生命企划，拍摄时间超过36年，几乎拍了3 000人，他们无声无息地做着各自的事，如跳舞、凝视、吃东西、大笑、坐立不安，每个人的片段有3分25秒长，最后得到一部长达195小时的影片，换算下来是8天又3个小时。当然，它很少被拿出来放映。[①] 对安东尼·沃尔来说，重要的是延伸艺术计划的构想，而不必然是计划本身。

> 我还没见过有哪位录像艺术家会认为，你应该持续看（他们的作品直到结束）这种事一点都不重要。所以，你说你的构想是让大卫·贝克汉姆睡50分钟是吧，好吧，我知道了，但我真的需要去看吗？如果是的话，看3

① 长久以来，我们都很了解技术如何支配娱乐的持续时间及消费方式：电影能给予我们许多观赏的选项，电视和广播则是限制较多的媒介。支配广电节目长度的条件有两个：一是用半小时为单位安排节目表比较容易，二是我们认为注意力持续的时间能有多久。然而，有两样东西让我们得以从节目表手中抢回时间。录像机和互联网的串流至少能使我们暂时脱离屏幕的专制，我们能够掌握自己的生活，不必担心会错过那些紧张刺激的时刻。如今观看串流播放节目很像阅读书籍，由观众自己决定快慢及持续时间的长短，一口气追剧的情况就如同拿到一本“让人欲罢不能”的小说。我们都还来不及关掉电视机，下一个节目就自动轮番上场了。

在线影视播放网站一次推出8小时或10小时影片的做法，也改变了节目形式，而且这可能是更好的做法。它让影片不再需要在第一集就得抓住观众，剧情的叙事也可以舒缓许多。电视频道越来越会采取放任播出的方式，特别是在假期，于是你会看到全天候播出的动画片《恶搞之家》（*Family Guy*）和经典美剧《老友记》。

秒也就够了。当安迪·沃霍尔（Andy Warhol）拍摄纽约的帝国大厦时（在1964年花了8小时又5分钟），他只是在嘲笑世人而已。

电影对时间的思考倒带了，回到了电影本身刚刚诞生的时代。《记忆碎片》（*Memento*）启发了双重叙事在不同时间框架下运作，《少年时代》（*Boyhood*）以12岁的虚构人物研究成长，《维多利亚》（*Victoria*）以一镜到底的方式拍摄出一夜之间的种种惊悚，这些电影大获成功，时间这个主题继续让电影制作人和观众神魂颠倒。还有一部电影是《物流》（*Logistics*），它的片长有37天，丹尼尔·亚历山大松（Daniel Andersson）和埃丽卡·芒努松（Erika Magnusson）这两位瑞典人因为提出这个构想而感到自豪。他们认为这部电影是要回答一个富有禅机的问题："这些玩意儿究竟是从哪里冒出来的？"他们心中想到的"玩意儿"包括健达奇趣蛋、手机电路板和咖啡机。"有时候这个世界就是这么高深莫测。"他们这么认为。

这个问题有个简单的答案，而且或许一点都不稀奇：这些玩意儿都是从中国搭远洋货轮来的。丹尼尔和埃丽卡在火车、轮船和卡车上挂上摄影机，接下来发生的事让人目瞪口呆：我们看见他们挑中的物品（一个计步器）被出口，从中国启程，缓缓抵达瑞典。这两位艺术家还有其他问题："如果我们也踏上与产品相同的货运行程，能否让我们更了解世界和全球经济？"

这个求解的过程长达37天，可以说非常无趣，你只有蠢得够彻底才会想要一路跟着看完。头两天相对来说还能够忍受，一部分原因是其过程发生在货柜卡车和货运列车上，还有一部分原因则是头两天的新鲜感。对观众来说，很不幸的是第3到第36天全是在海上，场景移动的速度慢到你不敢相信——用来计算步伐的小工具自然是用非常慢的货轮运输的。这期间偶尔会有一两次美丽的日出，然而大部分都是从甲板看过去的视野，除了长方形的货柜，就是灰沉沉的海平面。[①]它是艺术。如它的题目所表示的，它就是物流。两位艺术家说，它也是关于“消费主义和时间”的。安迪·沃霍尔大概会抓狂吧，难道说现在的艺术不是全都和消费主义及时间有关吗？

① 2014年，本片在中国深圳的深圳艺穗影展放映时，采用的是经过大幅精简的版本，片长只剩下9天。这一点已足够表明一切了。

艺术展览中的时间意象

以英国的米尔顿凯恩斯镇来说，可以确定白人都是疯子。让我们来看2015年年初的米尔顿凯恩斯画廊，在这里有25位艺术家共同在“如何建造时光机”这个标题下参展。这场展览由马夸德·史密斯（Marquard Smith）筹组而成，他是英国皇家艺术学院的人文学院博士班主任。正如一般人会期望的，展览中也提供了一些相同主题的古典作品。在展览现场迎接访客的是鲁思·尤安的革命性10小时钟，它就高挂在入口。紧随其后的是约翰·凯奇1952年的作品《4分33秒》，在展览目录中则是以空白乐谱代表的。这是他最著名的作品，而且势必让作曲家们至少感到有一点不是滋味。它是4分33秒的寂静。然而，它当然不是彻底的寂静，它是没有方向的声音。它由钢琴家独挑大梁或者由交响乐队表演，在三个乐章中无所事事。但是这部作品突显了周遭的环境，如来自音乐厅、灯光的细碎声响，人们脑海中的喧喧嚷嚷。2010年，《4分33秒》在伦敦巴比肯艺术中心表演，听众欣然等到乐章之间的间隔才敢咳嗽。他们大可以随便在什么时候咳出声来，反正演奏过程中也什么都没有，可是他们等到"什么也没有"结束了才弄出点儿什么声音。当表演结束，掌声如雷般响起，指挥家擦了擦额头上的汗水，交响乐队在微笑中数度鞠躬。这是一场无声的喜剧。在YouTube上，它被播放了160多万次，可以看到这样的评语：

> "谁刚好有乐谱啊？想学。"
> "最惨的是，这个交响乐队要花6个星期彩排才能做好。"
> "应该有人放个响屁才对。"
> "白人都是他妈的疯子。"

接下来是谢德庆的《打卡》，这是一段6分钟的影片。在一整年中，谢德庆穿着银灰色的工作服每小时在打卡钟上打卡一次，但是他并没有工作。于是，这项活动成为一件艺术作品，影片中包含8 627张静态影像，压缩、呈现他的探索过程。谢德庆打过的卡显示了时间的流逝，此外他还采用另一种表现手法：他在那一年开始的时候剃光了头发，而随着时间的流逝，头发也长出来了。

马夸德·史密斯在展览目录中解释说，属于艺术和时间这个主题的时刻到了。他引用克里斯蒂娜·罗斯（Christine Ross）在《过去是现在，也是未来》（*The Past is the Present; It's the Future Too*）一书中所做的调查，该项调查的结果指出：从2005年到该书出版的2014年之间，至少举办过20场以时间为主题的展览。2014年，马夸德自行继续统计，加入了在纽约哈勒姆、荷兰阿姆斯特丹和鹿特丹、西班牙巴塞罗那以及克罗地亚的萨格勒布等地的展览，也包含了几场研讨会。他只知道时间这个主题令人兴奋，它有多重面向，永远存在且坚持不懈。至于何以如此，他也说不出所以然。

马夸德将它们聚集在一起展示，发现他选出来的作品虽然非常不同，其中却存在着韵律。他提到这些作品如何互相挑战、互相折叠，以及它们如何利用戏弄的手法重新创造过去、现在与未来的秩序，共同发挥了时光机的功能。其中有一部分，不说别的，就是好玩儿。例如，马丁·J. 卡拉南（Martin John Callanan）的《全体出境》（*Departure of All*）是一面机场的出境告示板，上面公告了 25 趟航班，包括阿姆斯特丹到大加那利岛、墨尔本到迪拜、巴黎到利雅得等，所有航班都在 2 点 11 分起飞。还有马克·沃林格（Mark Wallinger）的《时间和空间的相对维度》（*Time and Relative Dimensions in Space*），这是彻头彻尾反思伦敦的警察亭以及《神秘博士》中的超时空飞船塔迪斯（Tardis）[①]的作品。它的外观是全尺寸的警察亭，只不过它是银色的。它暗示内部的冒险充满无限的可能，而在外面却只能看见我们自己的镜像。

① Tardis（塔迪斯）是《神秘博士》中主角“博士”穿越时空的交通工具，外观和伦敦的警察亭一模一样，但是内部别有洞天。Tardis 就是“Time and Relative Dimensions in Space”（时间与空间的相对维度）的缩写。——编者注

时间周而复始的本质似乎让艺术家情不自禁地为之着迷，但你只有起得非常早，才能比日本艺术家河原温（On Kawara）对时间的消逝更加痴迷。1965 年，他从日本迁居纽约，不久之后就开始了《今日》系列（*Today Series*）的创作，这是一系列绘画的集合，内容只有当天的日期。这些作品的尺寸大多是笔记本电脑大小，以多层次的丽唯特亚克力颜料精致地绘制。它们以黑色背景配上白色字体，每幅画使用的字母和数字则是根据他绘画那天所在的国家的喜好而决定的。它们大多是在纽约绘制的，因此呈现 APRIL.27 1979（1979 年 4 月 27 日）或 MAY.12 1983（1983 年 5 月 12 日）等样式。在米尔顿凯恩斯画廊展出的那幅是在冰岛绘制的，因此

是以 27. ÁG. 1995（1995 年 8 月 27 日）的格式表现的。他完成每一幅画之后，会将它装在盒子里，附上当地报纸的剪报以指示当天的日期。如果无法在一天内完成绘画，他就会把未成品销毁。

观赏河原温的作品让我感到力量充沛，他的作品如同我骑自行车发生意外时大难不死，或者像大病初愈，可以让人领会还有多少来日。我并没有因之而伤今怀古，反倒是感到解脱自在。我们能在如此单一而令人神往的艺术中添加精神价值吗？[①]河原温在 2014 年过世，在此之前他已经画了 3 000 个日子（或许完成及拥有的作品也有这么多）。

在米尔顿凯恩斯画廊的展览中，我非常喜欢的作品之一是凯瑟琳·亚斯（Catherine Yass）的影片，片名正是《安全至下》（*Safety Last*）。这支影片只有两分多钟，却只是不断重复一段 12 秒长的片段。但是，在亚斯的版本中，这段影片因为播放方式而瓦解了。影片每重复一次画面就会变得更模糊、更粗糙，直到最后第 10 次出现时，画面已经是一整片静态的条纹了。亚斯以彩色胶片重新拍摄原始影片，使乳剂面上的裂纹更有效也更漂亮。或者也可以用艺术家自己的话来说：它是“针对单色影像的描述式线性视角，设定一个梦与记忆的空间”。

亚斯十几岁的时候我就认识她了，但直到参观了米尔顿凯恩斯画廊的展览，我才知道她对《安全至下》这么感兴趣。她告诉我，《安全至下》结合了喜剧和潜

① 要说金钱价值就容易多了。2001 年，在纽约苏富比的一场拍卖会上，河原温其中一个日子（1987 年 2 月 27 日）的中标价是 159 750 美元。不过，有些日子比其他日子更值钱。2006 年 6 月，在伦敦苏富比的拍卖会上，1985 年 5 月 21 日和 1981 年 7 月 8 日的中标价均是 209 600 英镑。2012 年 10 月，也是在伦敦，2011 年 1 月 14 日的中标价飙升到了 313 250 英镑。2015 年 7 月，伦敦苏富比以 509 000 英镑的价格卖出了 1981 年 10 月 14 日。增值的原因在于时间、通货膨胀、艺术家的名气越来越大以及艺术家于 2014 年去世。

对于人之生也有涯以及寿命的长度，河原温的兴趣也在其他方面找到了出口。他曾经每天都发电报给朋友们，持续了好几年。电报只有一则简单的信息：“我还活着。”

在的悲剧，这一点深深吸引了她。她喜欢时间被往回拉的构想，至于影像的瓦解，也是对胶片材料提出评论：随着更新颖的技术出现，旧材料也逐渐消逝了。

我问亚斯，为什么对艺术家和创作者来说，时间是这么热门的主题。她说，如今有许多艺术家正在回顾现代主义，在艺术上对时间的焦点势必往回延伸，一直到未来主义、旋涡主义和立体主义。在现代艺术家眼中，时间可供探索的可能性是的的确确永远都无法穷尽的。

“如何建造时光机”展览结束之后几个星期，艺术家科妮莉亚·帕克（Cornelia Parker）在时间这个拥挤的领域也参了一脚。经营伦敦圣潘克拉斯国际火车站（St Pancras International Station）的 HS1 公司找上了帕克，于是她与英国皇家美术学院合作，制作了一系列名为《平台金属线》（*Terrace Wires*）的艺术作品。她可以尽情地自由发挥，做什么都行，只要能够让搭乘欧洲之星（Eurostar）高速列车往返的旅客抬头观看车站壮观的钢铁屋顶就行。这个计划的前两组参与者在车站屋顶放上了有机玻璃制成的彩虹墙。科妮莉亚·帕克有多件充满智慧和挑战性的作品，提出有关深层时间与重力的问题，尤其是她著名的《冷暗物质：部分分解图》（*Cold Dark Matter: An Exploded View*）以及在波士顿的一场名为《湖底躺着月球的一角》（*At the Bottom of This Lake Lies a Piece of the Moon*）的活动。前者是一间小屋在炸开的一瞬间被凝固住了；后者是她把一块从网上买来的月球陨石扔进湖里，“与其说是我们登陆月球，不如说是月球登陆了地球”。

“被要求在圣潘克拉斯国际火车站的站顶放上作品时，我的第一个念头是免谈。车站里什么都有，我怎么跟它们争？”但是，后来帕克有了想法，知道怎么做才会有效。“那时，我才刚搭乘欧洲之星从法国回来，正要走出车站。我头顶上就是戴维·巴彻勒（David Batchelor）的作品，而且它遮住了时钟。我想，我可以做出个什么东西遮住时钟。可是，要用什么遮住这座时钟才好呢？答案是另外一座时钟！”

帕克在圣潘克拉斯国际火车站的香槟酒吧旁边对着大约60个人说话。当时正值一般工作日的傍晚，车站既忙碌又嘈杂，我们仿佛是此地唯一静止不动的人。站内另一端固定着一座白钟，帕克在说明她是如何决定复制这座大白钟的。不过她的复制钟是黑色的，是白钟的反面，而且看起来似乎是漂浮着的。它的尺寸与原版一样（直径5.44米，钢制，重1.6吨），挂在原版前面的16米处，漂浮在旅客的正上方。这两座钟的报时相同，但人们看到的时间会略有出入，快半分或慢半分，具体如何取决于旅客观看的角度。在某个角度，原始的白钟会完全消失。[①]帕克希望她的作品能够反映时间在车站内的稀薄本质（在车站里我们总是来去匆忙、总是担心迟到、错过），能够呈现这样的观念：时间悬挂在我们的上方，仿佛摇摇欲坠的吊灯，也像达摩克利斯之剑。她也热衷于介绍比较慢的时间参考点、更深刻的心理或行星时间等观念。她想要提出一个令人陶醉的天文学问题：“如果不是时间本身，那么有什么东西能盖过时间，让它黯然失色呢？”帕克称她的钟（或者至少是她这个作品的概念）是《多一个时间》（*One More Time*）。她说曾经想过要让她的钟使用法国时间，也就是比伦敦时间早一小时。可是，她担心会让旅客混淆，以为自己的车已经离开了一个小时。弄出一具刻意报错时间的钟，尤其是在国际总站的权威时钟，显然是艺术家对时间的诠释玩过头了。然而，若是时钟的时间不是前进而是后退的，那又会如何呢？也许只有英国未来的国王能拿出像那样的鬼点子。

① 帕克的复制钟是由德比史密斯公司（Smith of Derby）制作的，原版钟则出自伦敦登特公司（Dent of London），它也是制造大本钟的同一家公司。然而，原版钟根本不是原版。在20世纪70年代它曾经被英国铁路公司（British Rail）卖掉，协助筹集车站翻修基金（据称是以25万英镑的价格卖给了一位美国收藏家），但是在取下时不慎掉落，碎片被退休的火车司机罗纳德·霍加德以25英镑的价格购入，耗时一年多重新建造，修复后固定在一座农舍的墙上（这间农舍曾用于停放蒸汽火车头），农舍位于罗纳德·霍加德在诺丁汉郡的花园。之后登特公司以霍加德的重建结果为模型，并且改良其精确性，建造了替代钟。这具时钟的金色叶形指针如今是以GPS控制的，每分钟会对时一次。

TIMEKEEPERS:
How the World
Became Obsessed with Time

14 生活，快与慢的思维方式

时间静止之地：查尔斯王子的小区计划

在20世纪的尾声，查尔斯王子兼康沃尔公爵产生了一个绝佳的想法。20世纪80年代，城市的扩张让人心灰意冷，冷漠无情的现代建筑师对英国造成的伤害比德国空军还大，于是，查尔斯王子宣布他要做些什么。他制订了一个小区计划，将美好的住宅与邻近的工作场所和商店结合，在这里，公共住宅的租户能够与更富裕的人融合在一起，传统的价值观得以维系，孩子们可以在一尘不染的街道上玩跳房子。有权力的人具备这种能令时光倒流的能力，就是这么让人又羡又妒。

查尔斯王子选择了一块他拥有的土地，地点是多塞特郡多切斯特的郊区。这块计划用地是康沃尔公国的一部分，而康沃尔公国由 22 个县近 510 平方千米的土地组成，其主要功能是为查尔斯王子提供收入。他将新镇命名为庞德伯里（Poundbury），或者称为新庞德伯里（New Poundbury），因为附近已经有一个叫庞德伯里的小镇了，里边充满了查尔斯王子不喜欢的事物。而在新镇成立后，冒出了叫庞德兰德（Poundland）和庞德沃德（Poundworld）等的连锁店，新镇和它们的联想关系真是不幸。①这个新镇将会涵盖约 1.6 平方千米的面积，可容纳 5 000 人居住。如果想让世界停止变化，或者至少减缓世界变化的速度，那你就可以来这里付订金了。

自 1989 年获得规划许可以来，庞德伯里就饱受讥讽，很多酸民纷纷从伦敦搭火车前来踏青。这里没有丑陋的电视天线，没有容易导致分裂的前花园，也没有会导致拥堵的在门口停车的行为，什么不雅观不整齐的东西都没有。这里的规矩很多，访客乱丢一张糖果包装纸都要担心被抓起来。

如果你认为庞德伯里只是一座模范镇或新的小镇，那就大错特错了，因为它的目标是成为一个城市乌托

① 在英国，bury 有“镇”的意思，常被用作地名的后缀。Poundland（意译为“一镑国度”）和 Poundworld（意译为“一镑世界”）是英国两家随处可见的日用品连锁店，店如其名，店内所售的大量日用品都定价 1 英镑，类似于 10 元店。查尔斯以王子之尊建造的小镇却被联想到“一镑镇”，给人廉价的感觉，所以作者认为这是始料未及的不幸之事。
——译者注

邦。它可不只是查尔斯王子的愿景，也是野心勃勃的城镇规划师、守旧建筑师以及所有有点害怕比特斗牛犬相关新闻[1]的居民们共同的愿景。然而，这是一个媒体还无法弄懂的困难的概念。

① 在英国，偶尔会发生比特斗牛犬咬死人的不幸事件。

——译者注

庞德伯里镇不是要远离文明，不像苏格兰赫布里底群岛或奥地利在20世纪30年代和60年代兴起的乌托邦风气一样，它并不反对进步，不反社会，不目空一切，也不是刻意要过梭罗在《瓦尔登湖》中描写的那样的生活。而且，也没有任何信徒聚集在这个小镇周围，当然，查尔斯王子的狂热支持者除外。相反，庞德伯里致力于结合各方面的优点，也就是将高尚的道德准则、文质彬彬的礼仪这两大英国精神与网络时代的生态效率、农业优势结合在一起。庞德伯里的建筑植根于古典主义和良善，以有机为依归。只要各种缆线能隐藏在视线之外，庞德伯里就完全不反对科技。这里虽然有科技，却不会因为数字化而流露出泯灭人性的冷淡。庞德伯里是一个让人感到温暖、舒适、惬意的所在，它拥抱被工业化世界的疯狂行径所抛弃的一切价值，想要在蔚蓝的天空下重建一个正直且良善的小区。至于这样的地方是否曾经存在过，就留给世人当作茶余饭后的谈资吧。

2001年春天，我首次拜访庞德伯里，当时那里已经建成6年了，有500人居住。它无疑是个长篇小说般的城镇，就像托马斯·哈代的小说一样。最初，查尔斯王子的梦是由城市规划师莱昂·克里尔（Léon Krier）在纸上画出来的，克里尔是研究纳粹首席建筑师艾伯特·斯皮尔（Albert Speer）的设计与规划原理的行家，还写过一本有关斯皮尔的书，分析其后现代古典主义净化理论。克里尔相信，腐化的现代主义建筑将会造就腐化的现代公民。

21世纪伊始，走进庞德伯里会令人有种怪诞的感觉，而我不确定为什么会如此。那时，许多房子都已经有人入住了，周围却似乎没什么人。它让我想起美国佛罗里达州那些有大门的“小区”，只不过庞德伯里没有大门，我也没有看见警卫。庞德伯里的建筑反映出了美国新城市主义运动的精神，小镇的开发主任西蒙·科尼贝尔（Simon Conibear）告诉我，小镇的设计旨在“使环境重新变得人性化”。从某种程度上来说，这意味着要减轻对汽车的依赖，找回对公交车的信任。不过，在庞德伯里开放几年后所做的一次调查显示，这里每一户人家所拥有的汽车数量比邻近城镇的都高。值得称赞的是，庞德伯里并没有多余的街道设施。尽管在城镇规划阶段强制实施了许多规则，但街上很少有路标告诉你限速多少或者小心儿童，因为道路的设计本身就是规则，它设计了许多死角，让车速无法超过每小时32千米。此外，你听不到太多车辆的喇叭声。一方面，正如你想象的一样，是因为这里的人很有礼貌；另一方面，是因为没有太多需要按喇叭的情况。当然，这也是因为人们知道，无论在什么时候按喇叭都会吵醒其他居民。

科尼贝尔说：“这就是女王来过的那条街道。”后来有一位居民对我说：“这有点儿像做老妈的来检查儿子在学校的作业。”街道的每个转角都有金融服务机构或者提供私人保健服务的地方。这里有自行车和婚纱等众多专卖店，还有一家酒吧，店名是“桂冠诗人”（Poet Laureate）。庞德伯里最大的产业是多塞特谷物的麦片加工工厂，位于小镇的东北端。不过，这个工厂在说到地址时往往特意略去庞德伯里，而是使用不那么精确但比较浪漫的“多切斯特”。庞德伯里有许多漂亮的建筑，却没有固定的建筑风格。这里的建筑物和设计的灵感全都来自多切斯特其他村庄最具诗情画意的屋宇，设计师将它们聚集在一起并希望它们能更富有诗情画意。

我说庞德伯里的住宅类似于哈代的小说《卡斯特桥市长》(*The Mayor of Casterbridge*) 改编的电影中的场景，但这里的乡亲们一点儿也不领情。他们说，这里并不是一直都很安静，当那群热爱足球的小鬼下课回家时你就知道厉害了。这里确实没那么安静，毕竟远处还有推土机和水泥预拌车在工作着，正在兴建第二期工程呢。

接着，西蒙·科尼贝尔带我到了多切斯特之屋（House of Dorchester）的巧克力工厂，他说："如果走到后面，你就可以买到我说的'巧克力粪'，1.2 英镑一袋。"我问他庞德伯里的规则，他说："哦，是啊，我们把这里当作一个要求严格的保护区来经营，大家还蛮喜欢的。他们知道这个地方不能受到毁损。"我们路过的房子的价格在 15 万～ 35 万英镑之间。这里各个地方，如埃弗肖特小径（Evershot Walk）、朗莫尔街（Longmore Street）、庞莫里广场（Pummery Square）等，都是以公国的建筑物来命名的，并且在命名时会咨询查尔斯王子的意见。只有一个很抢眼的例外之处，那就是布朗斯沃德厅（Brownsword Hall），那是这个小镇的重要场所，以安德鲁·布朗斯沃德（Andrew Brownsword）的名字命名。这个家伙是霍尔马克卡片公司（Hallmark Cards）的大股东，自己掏腰包盖了这座会堂。

布朗斯沃德厅旁边有一家叫奥克塔加（Octagon）的咖啡馆，轻轻松松地走几步路就到了。店里供应精制咖啡和帕尼尼，店主是克莱和玛丽，他们把毕生积蓄都投注到了这家店里，而顾客留言簿让他们感到很骄傲。有一则留言是这样写的："蛋糕真的很棒，座位也很舒适！"

靠近门边的一张桌子旁，坐着莉莲·哈特（Lilian Hart）和罗斯玛丽·沃伦（Rosemary Warren），她们都已经退休了，正在讨论着庞德伯里的进步。沃伦女士和她先生是第一批来这里买房的人，哈特女士和她先生则是第二批，于 1995 年 1 月搬来这里。他们都很喜欢这里，尤其是它的地理位置。"我可以开车去超市买东西，4 分钟不到就可以停好车开始买，最多 5 分钟。"哈特女士说。比起建筑师的目的，她或许更关心速度和时间。“两分半钟以内，我就能到医院，30 分钟以内，我人已经在乡下了。我想要买一所新房子，我都已经这个年纪了，才不要花时间去维修房子。话说回来，这房子的隔音效果还真不赖。”两位女士都希望到机场的路可以更好走一些，因为就和庞德伯里的大多数人一样，她们通常会飞到别的地方过冬。另外，她们也希望镇上能有家小杂货店和邮局。

“但是，我要说句重话，只有一句，”哈特女士说，“我们对面有个运动场，它不够大，而且位置也不合适。”她曾经向相关人员反映过，而得到的回复是，有“谣言”说它会被迁走。“查尔斯王子真的很在乎我们的看法，”沃伦女士说，“我先生过世的时候，我还收到了他寄来的慰问信。”

在其他方面，人们也有些不太积极的看法，如休·麦卡锡－穆尔（Sue McCarthy-Moore）对沙砾的抱怨。她告诉我：“我有两个十几岁的女儿，她们总是会把沙子弄到鞋子里，然后又带进屋子里。”沙子的颜色和水泥一样，是比鹅卵石便宜的替代品，而且比柏油路好看。庞德伯里几乎到处都是沙砾铺成的路，它还有一个特色很有吸引力：只要走在上面就会发出声音，而这有利于邻里之间守望相助。

当然，庞德伯里还有其他比较重大的问题。《卫报》的前建筑评论家乔纳森·格兰西（Jonathan Glancey）认为：

> 它并不是面面俱到的，而是有些过度了。对于新建筑来说，你必须态度温和、宽松，但大家都太用力了。它的街道给人过于宽大的感觉，因为它不像给它灵感的那些村庄一样，新地方的建设规章总是很严格，街道必须能让巨大的消防车过去才行。

建立模范房屋比建立模范小区来得容易，这一点再清楚不过了，无论其中的居民能执行多么严格的规则与道德规范都是如此。格兰西告诉我："查尔斯王子的愿景可能融入了各阶层的人的想法，但现实是，还有些人正在楼上的卧室里从网上下载你不知道的鬼东西呢。"

我再次拜访庞德伯里时已经是10年后了，第三次则是又过了5年。2016年，庞德伯里仍然是一个很有趣的地方，而且在许多方面都很令人钦佩。它的愿景没有变，并且显然也在社会化地运作着，不像某些人担心的那样会变成鬼城。这个概念受到欢迎，也意味着建设的工作还在持续着。当时，小镇的居民已经有了2 500人，达到了目标人数的一半。镇上中学的规模还在扩大，外围仍旧有推土机和挖掘工人在施工，而且它的外围正日益逼近多切斯特。

人们喜欢他们看见的以及他们没看见的，依然不断从英国遥远的地方搬过来。因为在他们的眼中，那些地方的情况并没有那么好。很多人会到庞德伯里来，因为他们不喜欢世界变化的速度，而这里就是英国独立党时代所追求的小英格兰（Little England）[①]。

在这里，紧急呼救按钮永远都可以轻易找到，绘图板上的消防车已成为现实：消防站的规模之大，是镇上的一大特色，据说那是查尔斯王子亲手设计的。如同对庞德伯里的看法一样，人们对消防站的看法也呈现出强烈的两极化的现象：当地人普遍认同它，纯粹主义者则会露出诡异的笑容。建筑和设计杂志《符号》（*Icon*）的一位编辑注意到，消防站

① 对于英国的未来，有两种看法日趋激烈对立，一派被称为"大不列颠"（Great Britain），另一派则被称为"小英格兰"。前者主张英国应该更加向世界开放，后者则认为应该追求小国寡民、独善其身。英国独立党是小英格兰派典型的右翼政党代表，而且已经取得了很大的影响力。屡败屡战的苏格兰独立公投以及刚刚通过的脱欧公投，都是小英格兰势力的实质行动。

——译者注

的乔治亚式[①]壮丽建筑竟然被排水管环绕着，于是称之为“希腊的帕特农神庙遇见英国的肥皂剧”，而且建议消防队员“应该被迫穿着19世纪初摄政时期风格的马裤和上粉的假发，驾着红色四轮马车冲向熊熊火海，用木桶提水灭火”。而《每日邮报》的一位读者则对该报刊登的照片评论说：“这比我们在市中心所承受的现代的破烂玩意儿强太多了!!!”

① 乔治亚式建筑是1720年到1840年间，在大多数英语系国家出现的一种建筑风格。
——编者注

即便说庞德伯里是一个愉快而又美好的胜利，查尔斯王子也必然已经领悟了它无法符合所有人的口味。从某种程度上来说，它的特色确实正是它的吸引力所在。我确定它不符合我的品位，但我永远都会将它向上跃升的野心看得比“小盒子房屋”（little-boxes estate）这样的一般性替代选择更重要。[②]

② Little-boxes estate 也可以被称为 tract housing（排屋），是一种住宅区开发类型。这种住宅区的房屋户户相连，盖成一长排，每户都一模一样，外观就像并排的小盒子。
——译者注

有关庞德伯里的一切，最奇怪的地方在于，虽然它的未来牢牢地根植于过去，但关于什么是美好的生活，它的观念却非常有前瞻性。20世纪80年代末期，庞德伯里初次被提起来讨论，而当时，西方世界对贪婪、速度和荣华富贵的忠实可以说是没有极限的。在社会与环境成本尚未被纳入考虑以及经济尚未崩盘时，许多人都看不到它们不利的一面。但如今，庞德伯里的观念却非常吻合人们对不同类型的生活的追求，当然，如果不考虑它的现实的话。那是一种比较平静、不紧张、不忙乱的生活，让人可以沉思并重新评估目标。

那样的生活，我们可以在专注中看见，在着色、劈柴中看见，在工艺和制作中看见，在对环境的长远考虑中看见，在流行生活风格杂志《家人》（*Kinfolk*）、《橡树》（*Oak*）和《孔洞与角落》（*Hole & Corner*）以及它们对木汤匙制作和斯堪的那维亚式设计等的珍视中看见，甚至会在都市咖啡师的狂热奉献中看见。虽然这些力量呈现的面貌形形色色，而且很适合被嘲讽和恶搞，但它们已不知不觉地被绑在一起，形成了我们现在所知道的慢生活运动和新工艺运动。并非与速度有关的一切它们都会反对，它们是一种生活方式，旨在拥抱更有深度的事物而非速成的快乐以及对快速修复的追求。举例来说，《家人》这本书的副标题是“从内心深处看见生活中的每一处慢生活风景”，它的编辑内森·威廉斯（Nathan Williams）和凯蒂·瑟尔－威廉斯（Katie Searle-Williams）阐释说：

> 慢生活不是一种生活方式，而是更在乎个人的深度心灵……慢生活不是为了决定我们的生活所需可以少到何种程度，而是要找出我们不可或缺的是什么。

慢生活的目标不是懒散无为，而是经由关心与耐心得到喜乐。如同庞德伯里的遭遇一样，慢生活运动也很容易被恶搞和嘲弄。慢生活的支持者可能会被当作自恋、守旧、自命不凡以及让人讨厌到不行的家伙。这个运动有比无趣的浪漫主义好到哪里去吗？最严厉的辱骂是，把它的中坚实践者说成为各种问题提供中产阶级式的解决方案。然而，慢生活运动也不仅仅是关心能否在本地弄到甘蓝菜和鼠尾草的种子，它已经将追求简单的快乐等同于可持续发展的政治、卫生安全以及国家的整体持续性财富。换句话说，一开始它只是对美好建筑和悠缓生活的渴望，但随着时间的推移，它越来越像是一种可以同时拯救灵魂与地球的方式了。

慢食运动：生活得很法国

切兹·帕尼斯餐厅（Chez Panisse）是美国加利福尼亚州餐饮界的历史地

标之一，乍看之下，它和庞德伯里有很多共同之处。首先，户外的天气非常宜人，人们对法国人比较尊重；其次，它们的创办者都很厌恶现代生活的同质性，并且它们的创办者之间有坚定而长久的友情。查尔斯王子不仅是切兹·帕尼斯餐厅的忠实粉丝，也对餐厅主人所追求的许多政治与社会目标非常热衷。

1971 年，伯克利的艾丽斯·沃特斯（Alice Waters）女士创立了切兹·帕尼斯餐厅。经过草创初期的混乱不堪和重重危机后，这家餐厅赢得了美国慢食中心的美誉，沃特斯本人则意外成了慢食运动的捍卫者，拥护后来我们所知道的"农场到餐桌"的理念以及跟它相关的一切，包括随之而来的核心价值：当季生产、本地产品、尽量少用农药和人工肥料、无基因改造食材、全部都是可持续发展的原料。在"手工的"一词被用到令人反胃之前，它曾经是这个领域的标语。

沃特斯生于新泽西州，不过 20 世纪 60 年代中期，她在伯克利长大成人，而那正是一个自由恋爱和言论自由的年代。她专注于反传统文化中尝试改变而非抛弃世界的那一部分，经常被说成是"娇小玲珑"且总是不屈不挠的。作家亚当·高普尼克（Adam Gopnik）说她是"在 100 年前会拿着斧头攻陷酒馆，如今则在厨房蒸煮新鲜的绿豆的那一类美国女性，不过，动机是相似的"。

对沃特斯而言，慢食就像一块情绪板，它与锅在火炉上烹煮了多久无关，因为哪怕只是一盘番茄也能符合慢食的宣言。慢食的精神在于吃得真诚以及尊重来源的消费，它是一种饮食方式，是我们父母那一代人在无须栖栖惶惶的时刻的饮食方式或饮食内容。

2004 年，查尔斯王子应艾丽斯·沃特斯的邀请，在于意大利都灵主办的有关慢食运动的国际会议上发表了演讲。在这场名为"地球母亲"的会议上，查尔斯提出了慢食的定义，即"慢食是传统食物"。他在会议上说：

> 它也是当地的，而当地的美食是认同我们所在的土地最重要的方式之一。在我们居住的城镇里，放眼所见的建筑也是一样的，无论是大都市还是小村庄，都是如此。如果能用心设计，使地方和建物均能与地方性及地理景观紧密相连，并且重视人的地位优于车辆，那就可以强化社区感和归属感。这一切都是息息相关的，彼此呼应。我们不再想居住于毫无特色、随处可见的水泥方块里，正如我们不再想吃到处充斥、令人乏味的垃圾食品。最终我们将会了解，诸如可持续发展、小区、健康和口味等价值，是比纯粹的方便性更加重要的价值。

查尔斯王子坚信，慢食运动的重要性怎么强调都不为过。

> 这正是我来到此地的原因……如同19世纪英国艺术评论家约翰·拉斯金（John Ruskin）做过的一样，提醒世人“徒有工业而缺乏艺术是何其残酷的”。

艾丽斯·沃特斯告诉我：“当时，参加会议的代表分别来自151个国家，所有人都没想到他会莅临并发表演讲，而在他演讲结束时，所有人都起立致敬。”从演讲中可以很清楚地看到，慢食运动居于慢生活运动的核心。想要说明慢食运动，最好的方式还是从慢食运动不是什么说起：它并非完全关于食物的，它甚至与中产阶级也没有特殊的关系。它的根源是“左倾”政治和社区福利，它诞生于意大利西北部，象征着一种深刻的传统激进主义与特殊的农业保守主义的结合。

《慢食宣言》发布于1987年11月，不过，当时人们已经接触并吸收它的思想很多年了，且主要是在意大利皮埃蒙特大区的布拉镇一带。这份宣言由诗人法尔科·波尔蒂纳里（Folco Portinari）执笔，指出世界已遭“快速生活”感染，疾言批评人们“无法分辨效率和狂乱之间的差别”。宣言指出，人们最大的损失是丧失了对快乐的追求，餐桌上的快乐已经一去不返，而这无异于生命中不再有令人愉快的事。正如我们在食品抗议活动中经常见到的一样，激发慢食运动的其中一股力量总是出现在麦当劳即将开店的前一年。在这里，我们说的是靠近罗马景点西班牙台阶的麦当劳分店。此外，还有1982年另一顿毫无乐趣可言的饭，它启发了卡洛·彼得里尼（Carlo Petrini），让他开始好奇，那些以快速准备为指导原则而弄出来的食物既平庸又缺乏灵性，我们为它们付出的价钱是不是太高了。

根据《慢食餐的故事：政治和愉悦》（*The Slow Food Story: Politics and Pleasure*）的作者杰夫·安德鲁斯（Geoff Andrews）所说的，当时彼得里尼正和一群朋友在托斯卡纳大区的蒙塔尔奇诺，他们到镇上的工人社交俱乐部吃午餐。彼得里尼发现那里的食物又脏又冷，在返回位于布拉镇的住所后，他发表了一封公开信，揭露了这件可怕的事。他认为那些食物污辱了当地，也污辱了当地的美酒。他的信获得了很多声援，也招致了很多奚落，后者认为彼得里尼身为一位拥有文化激进主义历史观的地方议员，应该去忙更重要的事，而不是计较一顿不满意的午餐。表现激进的机会有很多，这是意大利追求享乐主义时代的开端，也正是这个时代造就了西尔维奥·贝卢斯科尼（Silvio Berlusconi）[①]。彼得里尼强调，没有什么比食物更重要的了，而他在意的与其说是吃到的一盘冷掉的意大利面，不如说是它所代表的意义——那种匆匆忙忙做出来的食物是对传统的不尊重，也是对本地生产者的侮辱。于是，慢食的核心原则就这样应运而生了。

① 西尔维奥·贝卢斯科尼是意大利的媒体大亨，担任过四届总理。——译者注

如今，这项运动已经跨越了150个国家，成立了450个地区分会，宣称会员人数超过10万。自形成以来的30年间，慢食运动的宣言已经从辩论到成熟到实践。它当前的目标有很多，如在每个区域建立“美味方舟”，记录并保护当地的农产品；鼓励在当地进行加工和屠宰；支持当地的农场；警告快餐对健康的危害，如易导致糖尿病和营养不良；反对食物里程[①]和基因工程政策的游说。这项运动是防御性保护主义，但它可持续发展的承诺也使其具有前瞻性。举例来说，许多西方人最先感受到的气候变迁的影响是某些食物的短缺，而进口食物的第一个作用就是小小地促进了气候的变迁。

查尔斯王子在演讲中还提到了艾里克·施洛瑟（Eric Schlosser）的先驱之作《快餐国家》（*Fast Food Nation*）。查尔斯王子说：

> 食品系统取得如此异乎寻常的集中化与工业化成果，不过是在短短20年间发生的事。[②]快餐也可能是很廉价的食物，而且从字面上看，它往往的确就是很廉价的。但是，那是因为它的计算过程中排除了大量的社会与环境成本。

查尔斯王子列举了一些成本，如食源性疾病的增加、新的病原体的出现、动物饲料中过度使用药物而造成的抗生素耐药性、密集的农业系统引起的广泛性水污染，“这些成本均未能反映在快餐的价格中，但并不表示我们的社会没有付出代价”。

① 食物里程指的是食物从原产地到消费者之间的距离。
——译者注

② 真正的时间轴还可以追溯到更早的时候。麦当劳是20世纪40年代于加利福尼亚起家的，它利用快速服务系统营销汉堡，普及了统一式快餐的概念。但是，自称是第一家快餐连锁店的白色城堡（White Castle）可以将历史追溯到1921年，它是“迷你汉堡”的故乡。迷你汉堡是一种四方形、附有洋葱的小汉堡，其制作过程就宛如工厂生产线，每个迷你汉堡售价5美分。那时，在堪萨斯州的餐厅用餐的人会被鼓励“买一袋吧”（这是白色汉堡公司的营销口号，一直使用至今），如果你选择外带，则5个迷你汉堡只卖10美分。

20世纪80年代晚期，艾丽斯·沃特斯在旧金山初次听到卡洛·彼得里尼演讲时才知道慢食运动这回事。“我听到他说的内容，觉得我们一拍即合，真是太令人兴奋了。”之后，她成为慢食运动的国际副会长，开始了宣传之旅。但是，对沃特斯而言，带有政治意义的食物不如另一件比较简单的事物让她更加重视，那就是对食物本身的热爱。她最初对烹饪的热情源自法国菜，法国菜同时也是她烹饪的目标。她初次去法国是在1965年，也因之产生了在本地开设自己的餐厅的想法。她喜欢法国餐桌上的神话与现实：那用餐时的心境一如母爱的温暖，深知美酒是每餐不可或缺的一部分，以及午餐过后没有人急于返回工作岗位的心情。她告诉我：“一趟旅游回来，又回到这个快餐文化中，我感到震撼不已。”她决定要尽可能生活得很法国，除了重新沉醉于这个世界，她什么都不想要。她同时也爱上了法国的文化和20世纪30年代马塞尔·帕尼奥尔（Marcel Pagnol）的电影中的生活情趣。这些电影几乎都可以说是自成天地的，故事背景设定在马赛的海岸，整个故事全是由爱、友善和滑稽的小斗嘴组成的。这些电影中有个角色的名字叫帕尼斯，另一个叫范妮（Fanny），沃特斯也给自己的女儿取名为范妮。

在切兹·帕尼斯餐厅用餐，一部分感受到的是对食物的体验，另一部分感受到的则是对电影的体验：你环顾四周，到处都可以看到精心制作的帕尼奥尔的电影海报。沃特斯本人很少亲自下厨，但她的热情无处不在。他们的菜单虽然一度填满了传统的法国菜，但到了20世纪70年代末期，当明星级主厨杰里迈亚·托尔（Jeremiah Tower）离开后，传统法国菜的占比已经降低了。[①]近

① 托尔和沃特斯是完全不同的两个人，不过，沃特斯很欣赏托尔为厨房带来的耀眼光芒和关注。托尔前往纽约创立了史塔尔斯餐厅（Stars），这里的每一位厨师都很爱表现，经常为毫无判断力的顾客推出马戏团风格的盛大表演活动。分子料理在这里找到了真正的舞台，而且开发了厨师的天分。它是快餐的对立面，是智力、做工绵密且渴望艺术的烹饪，是你无法在家自己做的菜。与此同时，切兹·帕尼斯餐厅则回到了它的根源，如美味的羊肉餐、壁炉烧烤出来的漂亮鸡肉。

来，他们的餐点是独特的加利福尼亚风格的，有阳光，有中国柠檬，还有好心情，但从不会让人感到紧张焦虑。与其说它是慢食，不如说它是“真食”（real food）。

2015 年 9 月的某个傍晚，我到访切兹·帕尼斯餐厅，在楼上的咖啡厅用餐。那里比楼下的主餐厅便宜很多，但同样能奉行它的标准，采用当季材料简单且高明地烹煮。当吃着包在无花果叶里和茴香一起烤的比目鱼，或者鸡胸肉配壳豆和秋葵，又或者油桃饼配香草冰激凌时，一般人是不会意识到过去 30 年来各种争辩的精神包袱有多大的。整个晚上唯一令人不舒服的地方，是这样的慢食上菜的速度有多快，还有每件事有多么非法式。这里与在法国多尔多涅省的小花园里铺着格子布的餐桌不同，你可是必须要腾出几个小时的时间慢慢用餐的。

长期以来，沃特斯都拒绝特许经营这家餐厅和为它冠名。“我不想靠餐厅赚钱。我想经营餐厅，只是为了认识在这里工作以及来到这里的人。你拥有的越多，必须照顾的也就越多。”不过，她写了几本食谱，这些书还挺有吸引力的。最感人也是最有可能让她的批评者感到肉麻的，是《范妮在切兹·帕尼斯餐厅》（*Fanny at Chez Panisse*）这本书，它是沃特斯和两位朋友用她女儿的语气写的。这本书里有一些食谱和一点儿历史，试图捕捉慢食哲学的素朴精神。

> 我喜欢在星期三的时候待在餐厅，因为那一天是蔬菜送来的日子，它们是从兰乔圣菲的奇诺农场一路送来的。奇诺家的农场是世界上最漂亮的农场，那里只有蔬菜，一排又一排，什么蔬菜都有，看起来就像是宝石一样……

在经营餐厅和写食谱书之外，沃特斯的主要工作是推行一个被称为“可食校园计划”（Edible Schoolyard）的计划。资料显示，它企图“从事后的想法到可食教育，转变学校的午餐”，并且给判断力较差的学生传递慢食生态系统的概念。毫无意外，著名厨师杰米·奥利弗（Jamie Oliver）是她热情的支持者，这个计划也让克林顿和奥巴马着迷。沃特斯说道："在我心里，永远都是想着赢得人心，而不是想着征服他们。只要为他们呈上美好又美味的食物，他们的不良行为就会自动消失。"

2015年的感恩节之夜，我和沃特斯进行了谈话。那时，她已70出头，正在撰写回忆录。她说，和年轻人交谈时，他们的信念仍旧能让她获得力量。然而，她自己的信念似乎正在衰落：

> 和其他人一样，我也用手机，但用餐时我会把手机拿开。有一件关于食物的事非常重要，那就是我们以食物作为沟通的工具。然而，我曾经与年轻人共同用餐，发现他们一刻也离不开手机。40年前让我感到惊骇的事，如今已然成为主导的文化——主导我们的价值是快速、廉价和简单，我们赋予食物的价值已经降低了。我们改善了什么？非常之少。相反，我们被这样的文化彻底禁锢了。

快餐：让人变成不同的种族

我们总是匆匆忙忙的，我们需要补充体力，我们也没有闲工夫在切兹·帕尼斯餐厅或其他类似的餐厅订位置。虽然慢食有时会引发广泛的担忧，但它仍有一个触手可及的非常难缠的死敌。快餐，这个30年前被慢食斥责的敌手，如今仍旧供应着快速且令人满意的替代品，它们仍然是大量生产的食品，大多都不健康，却人人都买得起，最重要的是，有些快餐是很好吃的。食物里的糖和盐能吸引我们的大脑，就像它只需要很短的时间即可上餐这一点能强烈吸引我们的时间表一样。大街上充斥着各种便宜的快餐，反映出快餐往健康食物的方向走近了一点点或者至少更有想象力了，起码在城市里较富裕的区域是这样的。这个趋势的目标仍是为了快速，当然，在多样性与想象力方面它也已经进步了一点。

但是，最近兴起了一种新的快餐，它烹煮食物的方式不会让食物看起来像熬了 8 小时的炖肉一样。在这个时代，通常食物只有一部分是食物，其他部分是科技。

2012 年底，罗布·莱因哈特（Rob Rhinehart）还是一位 20 岁出头、有点绝望的黑客，他希望能在新创立的事业中有重大突破。但是，他的生意越来越不好了，于是他开始在食物方面节省开支。他开始吃自己深感厌恶的垃圾食品，然后开始研究哪些东西是维持身体健康所真正需要的，最后得到了一份清单，内容是 30 种不可或缺的营养成分。他开始网购粉末状态的化学物品和维生素，再将这些东西用水调和，结果发现它们看起来还挺顺眼，喝下去的感觉也不错。他开始在网上发表相关的心得，第一篇帖文是《我如何停止吃东西》（How I Stopped Eating Food）。一开始，朋友和读者对他的行为既充满嘲讽又充满好奇，但很快，有些读者也开始调制自己的配方，开始进行无烹煮饮食。

莱因哈特将他的产品称为索莱特（Soylent）。他读过哈里·哈里森（Harry Harrison）的科幻小说《让开！让开！》（*Make Room! Make Room!*），这本书写于 1966 年，背景则设定在 1999 年。作者想象了一个人口过剩、资源稀少的世界，最令人渴望的食物就是索莱特，那是一种用大豆和扁豆制成的饼干。

莱因哈特的产品开始大受欢迎，索莱特成为众筹公司提尔特（Tilt）的省时类热门项目。很快，莱因哈特和他的朋友们就募集了 100 万美元作为投资的资本。索莱特开始出货，并且吸引了国际新闻报道。《纽约客》的莉齐·威德科姆（Lizzie Widdicombe）去采访了莱因哈特，并发现他“看起来很健康，这一点相当振奋人心”，更加确定他已经找到了未来的食物。威德科姆称索莱特是“休闲食品”，它不需要煮，并且只需 10 秒钟左右就能喝完。它能帮你恢复体力，也能让你自由。这包米黄色液体的味道究竟是什么样的？莱因哈特并不热衷于定义它的口味，不过威德科姆的报道说，它尝起来有点像煎饼糊，有些微的燕麦粥和颗粒的感觉，蔗糖素盖住了维生素的味道。

作家威尔·塞尔夫（Will Self）接受了《时尚先生》杂志的一项任务——5天只吃索莱特。他发现索莱特的味道“微甜，也有点咸，很像便宜的奶昔，吃过之后的消化过程让人感到相当不适”。任务结束时，他所能想到的最糟糕的事，就是每天都吃一样的东西，这简直乏味至极。虽然他算不上美食家，但他开始想念咀嚼的感觉，而且渴望所有食物，只要能保证选择多样、美味可口就行。

当然，这种新食物从来都不是为了乐趣而存在的，而是为了省时省钱等目的。莱因哈特说：“水并没有太多口味，却是世上最受欢迎的饮料。”索莱特并不像水，它含有取自菜籽油的脂质、取自麦芽糊精的碳水化合物以及取自大米的蛋白质，还含有可以提供 ω-3 脂肪酸的鱼油以及不同分量的镁、钙、铜、碘和维生素 B2、B5、B6。在索莱特正式的宣传片中，到处都是年轻又体面的人，他们看起来过着令人羡慕的生活，并且在工作中或者在健身房喝着这种混合液。宣传片中还有一对郎才女貌的情侣，正在准备一天活动所需的索莱特：在搅拌器中加入水和三袋索莱特，就足以供应早餐、午餐和晚餐所需的能量了，一共只需 9 美元，或许就能让你在一天中得到两个小时的自由。

液态食物的存在已经有一段时间了，最显著的用途是在太空任务和医院中。如今的差别在于，索莱特并非只是为了寻求便利，它还是一种核心食物，莱因哈特甚至声称索莱特占了他日常饮食的 90% 左右。关于生存和养料，若不计较乐趣的话，这不失为一种全新的思考方式。这种食物让我们脱离了旧石器时代以来习以为常的世界，绕过老饕或美食家，以最终使用者为重。

索莱特不可避免地激发了 DIY 型的竞争敌手，他们纷纷提供类似的方法，要使人们的生活之道和肠道一起简单化。这些配方都是在网络上就可以得到的，如红索莱特（Soylent Red）、全民咀嚼 3.0.1（People Chow 3.0.1）、西莫依冷特（Schmoylent），等等。他们显然看见了一个成长中的市场。索莱特的规模每天都在扩大，截至 2016 年初，它已吸引到了 2 500 万美元的资金，这些投资人确信自己看到了未来。他们看到的一件事是，养活快速增加的全球人口的困境可能很快就会变成过去的问题。

不足为奇的是，索莱特和它的复制品在硅谷的帕洛阿尔托和芒廷维尤这两个科技中心特别热门。在这里，你去吃个午餐，哪怕只是用了区区几分钟的时间，都有可能阻碍下一个伟大事业的诞生。正如索莱特的官方宣传片中所说的："以索莱特作为饮食来源，意味着您可以把那些正常情况下用来准备食物、用餐、餐后清洗的时间都省下来，并将它们用在其他事情上。"如今，有成千上万人（没错，就是索莱特少数派）尝试以索莱特或网络上其他类似的食物作为主要的营养来源，他们在工作与饮食方面的二元需求已经通过数字的方式满足了。至于长期使用对健康的长期影响，仍有待确认。

当然，索莱特对人们的日常生活确实有立竿见影的影响。既然不需要养殖和种植食物，那就不需要因为进食而不时地打断生活。于是，我们就会变成一个不一样的种族：较少进行社交，因为我们不太可能在"索莱特时间"和朋友坐在一起闲聊；较少与人沟通并缺少判断力，因为我们不会去购买食物，也不会对新经验保持开放的心态；更同质化，毕竟，如果索莱特已经全球化了，那届时我们就只能吃完全相同的化学物品了；更容易食物中毒，毕竟，如果以科幻小说的角度来看流行病，那可被污染的食物链并非千千万万个，而是仅有一个了。

吃工业化生产的液体食物，我们就会变得像以前常吃的动物一样。回首从前，或许连快餐都会被看成是好的食品。索莱特可能只是起点，可能也是终点。自由从来没有像现在这样流动过，也没有这样合成过。

TIMEKEEPERS:
How the World
Became Obsessed with Time

15 收藏时间，如何追上时间的脚步

大英博物馆，根据有形物追踪人类时间的轨迹

这趟有关时间的探寻之旅就在某个具体的地点结束吧：这是一个机构，用与众不同的方式标记时间的痕迹。

1959年1月，大英博物馆开馆，两年后第一次出版馆藏目录。那时，它的馆藏内容杂乱无章、万物皆收，有书籍、版画、珠宝、矿石、钱币、望远镜、鞋子、化石、埃及花瓶、罗马灯具、伊特鲁里亚壶、牙买加酒器、木乃伊，等等，反映出汉斯·斯隆爵士（Sir Hans Sloane）广泛的兴趣和囤积物品的习惯——大英博物馆的第一批馆藏就是他提供的。[①]

第一年，大约有 5 000 名访客来参观大英博物馆，换作现在，这差不多是下雨的星期二在一小时内的参观者的数量。当时和现在一样，也是免费的。可在早期，你必须是极其热衷且条件恰当，才能在一生中第一次见到化石：你得找一天去拜访博物馆的守卫，说明你想要参观。守卫会核查你的住址以及你是否有资格参观，如果得到了许可，那你得改天再来领取他们签发的门票，然后在规定的日期前来欣赏那些馆藏。到时候，会有一位“准图书馆员”为每 5 人一组的访客进行导览。大英博物馆的报告显示，导览的步调非常快，以确保下一个 5 人小组不会等得不耐烦。

穿过巨大的楼梯间后，首先进入视野的是一个房间，里面有珊瑚，还有一颗泡在酒精里的秃鹫的头。其中有些物品会让访客想起露天游乐场和畸形动物展览，如不可思议的“独眼猪”、从一个叫玛丽·戴维斯（Mary Davies）的女人头上取下的角。[②]大英博物馆的“主要目标是为国内外勤奋好学的博雅人士提供探索各领域知识”的场所，而这类物品与其宏大目标相悖。

旁边设有一个房间，是大英款物馆著名的圆形阅览室的前身。根据最早的规范，那个房间是“获准进行研

① 斯隆是一位医生，专长是治疗痢疾和眼科疾病。他曾经担任英国政治家塞缪尔·佩皮斯（Samuel Pepys）和三任国王的医生。他享年 92 岁，这在 18 世纪是罕见的高龄，因而他有充裕的时间进行收藏。他于 1753 年去世，去世前将收藏品卖给了英国王室，换取了 2 万英镑的收入给他的家人。

② 目前大英博物馆仍展出着玛丽·戴维斯的油画像。玛丽·戴维斯可能是英国切斯特附近大索克尔一地的居民，大约生于 1594 年，也有一说是在 1604 年生于夏特威克。该画像大约在 1668 年绘成。玛丽·戴维斯有个外号叫长角的婆婆，这是一种罕见的“皮脂角”，至今仍可见到类似的案例。据 1879 年大英博物馆的绘画名录记载，她在 28 岁时头上长出赘瘤，持续了 30 年。她将赘瘤切除，5 年后头上长出了角，再次切除后又于 5 年后长出角。画中所画的是长到第 4 年的角。

——译者注

究的人专用的，他们可以在此不受干扰地阅读和写作”。而在当时，这项崇高的追求尚未被称为学术。第一天，这个阅览室吸引来 8 名访客。你必须要有很大的定力才能克制住自己不去把博物馆某些偏激的管理者捆起来，相比之下，获准进入博物馆所需的耐心就不值一提了。举例来说，约翰·沃德（John Ward）是伦敦格雷欣学院的修辞学教授，他担心大英博物馆展示的大多数物品都太高雅了，不是“各行各业的普通人”有能力鉴赏的。他发自内心地害怕 18 世纪的乌合之众会搞垮大英博物馆。

> 图书馆员人数不多，无力防止许多违规的事情发生。他们若想管制或斥责违规的人，很快就会招来对方的辱骂……上流人士不会想在那种日子到馆中来，不会愿意与这些凡夫俗子共处一室。如果对外开放势所难免，那么管理者就必须指派委员会成员在场督导，至少还要有两名治安法官以及布卢姆斯伯里[①]分局的警察在。

① 布卢姆斯伯里位于伦敦市中心西侧的分区，大英博物馆即在此区。——译者注

沃德忧虑的是，博物馆是有生命的，而只有健康的博物馆才能吸引各种好奇心旺盛的人。Museum（博物馆）一词源自古希腊文 muse（缪斯），它是对艺术女神缪斯的礼赞，也是对缪斯精神的发扬光大。博物馆致力于展现最崇高的文化目标和成就，然而它体现的方式并非利用有形的对象，而是通过向人类心灵的力量表达敬意来体现。在埃及的亚历山大港，人们会付钱给博学之士，只为了请他们现身于神圣的门廊建筑，就像今天请

名人担任大使一样。然而，对于博物馆应有的面貌，大英博物馆从开幕起就把古希腊人的观点远远抛诸脑后了。但后来，图书馆与大学出现了，好奇心可以经由其他的方式传播，博物馆中具有历史性以及象征性意义的物品也都被收到了玻璃后面。

> 博物馆有了新的角色，它变成了一个符号，也成了对时间的演示，如流逝的时间、被追踪的时间、被编录的时间。至少在某种程度上，博物馆只不过是有关各个专业的编年史。那是人类恒久不变的欲望，想要超越随机性，为各种事件编排秩序并赋予意义。
>
> TIMEKEEPERS

在布卢姆斯伯里，对事物时间的排序比大多数地方都更加沉重。

为数万件馆藏重建时间秩序

1759 年，白金汉府，即如今的白金汉宫，曾被慎重考虑作为大英博物馆的第一处馆址，只不过这里的价格高达 3 万英镑，而布卢姆斯伯里的替代选择只需 10 250 英镑，于是这一提议遭到否决，大英博物馆在蒙塔古大楼成立了。蒙塔古大楼是一座 17 世纪的别墅，位于大罗素街，大英博物馆就在此处屹立至今。我们已经看到，大英博物馆一开始的展览比伦敦古董市场波托贝洛集市的秩序高明不了多少，参观者对英国在世界上的地位无法有一个透彻的了解，更别说对人类的心灵或者冒险精神的发展有什么想法了。

然而，1860 年的一份馆藏目录显示，在第一个百年里，大英博物馆不止馆藏扩充了，视野也扩大了——它对馆藏的陈列既有了目的也有了秩序，不再只是量的累积。其中有些目的体现在不公不义的掠夺行为中，表现了大英帝国的肆虐——一方面坐收战利品，另一方面又在闲暇时四处盗窃。但是，它具备了方向明确的年表可供大众学习，已成为有导向的历史，而不再是一整柜的好奇心。这份馆藏目录也暗示英国自然历史博物馆必将应运而生：它在大英博物馆成立 30 年后被分出，而它早期的展览室里不仅有古埃及的罗瑟塔石碑和埃尔金大理石雕塑，还有黄蜂的蜂巢、蜗牛壳、麋鹿化石、禽龙化石、火烈鸟标本、孔雀标本等物品。

大英博物馆是遵循达尔文式的学说，从自然选择逐渐走向经验主义的民族志。达尔文的《物种起源》以及生物学家阿尔弗雷德·华莱士（Alfred Wallace）的著作于19世纪50年代晚期出版，当时，虽然古希腊对美的理念以及其他更崇高的观念仍守旧地萦绕不去，但大英博物馆的新展览室已经和明晰又令人振奋的生物学踩着相同的步伐前进了，当然，大英博物馆经常显得不知不觉。19世纪中叶，大英博物馆兴起了现代参观者最渴望的一件事，那就是叙事。①

① 无论是在我们这个时代，还是在大英博物馆开幕的时代，故事永远都很关键。人们不会只为了参观埃及法老图坦卡蒙的展览而永远排队下去，他们更希望参与考古发现的故事。

在大英博物馆内，对时间秩序的安排是策展人不可避免的工作，尤其是对策展人奥古斯塔斯·W. 弗兰克斯（Augustus Wollaston Franks）来说。1851年，弗兰克斯被分派到古物部，在瓷器、玻璃等领域建立了新的部门，很快就提高了自己的声誉，成为顶尖的古文物研究学者。他本身也是一位收藏家，或许这是一种无可救药的遗传性痛苦，但他倒是乐在其中。在收藏方面的经验让他能在许多重要的古物被拍卖行分解之前先下手为强。他对自己事业的投入之深，可以从一次事件中看出：他曾经自己掏5 000英镑为博物馆买下了一盏华丽的皇家金杯。几年后，博物馆承认了这次意外的成功，也还了他这笔钱。

弗兰克斯最杰出的成就是他和收藏家亨利·克里斯蒂（Henry Christy）之间的友谊，大英博物馆从克里斯蒂那里获得了2万多件收藏品。克里斯蒂的财富来自银行业和工业，他的兴趣却在人类学、古生物学和人类演化上。19世纪50年代早期，他曾进行过两次特别的旅行，分别是前往瑞典斯德哥尔摩和丹麦哥本哈根的博物馆。这两次旅行揭示了一件既显而易见又令人震惊不已的事实，那就是揭示了一种新的方法，能将孤立的物品聚集在一起展示，来讲述人类文化如何随着时间的推移而变化、发展的故事。

大英博物馆非常感谢弗兰克斯和克里斯蒂的贡献，并将一楼某间展览室的一角专门用来纪念他们。还有很多其他的博物馆也因为他们而受惠良多。大英博物馆里有一面信息广告牌指出，在弗兰克斯的指导下，克里斯蒂的收藏品不仅经过了系统性的整理和分类，还是以充满原创性的方式整理的："这些物品来自世界各地遥远的文化，与来自其他比较熟悉的文明的物品放在一起。"狭隘的年代表只是一种死记硬背式的学习，而真正的知识其实来自联想。

如何追踪、诉说时间

时间也改变了博物馆。爱德华·J. 米勒（Edward John Miller）是最近为大英博物馆立传的作家之一，他曾经在大英博物馆担任过多年的档案保管员和管理员。他指出，许多博物馆都诞生于没有艺术繁殖能力的年代，无力产生自己的杰作。它们必须在布满灰尘的展览室，将就着与强大时代留下的古物为伍。另一位传记家W. H. 博尔顿（W. H. Boulton）注意到：

> 曾有一段期间，参观大英博物馆……被当作湿漉漉的一天里打发时间的枯燥方法中最枯燥的一种……对广大的伦敦人来说，这项活动就跟木乃伊一样枯燥得无以复加。

当然，也有未曾改变的部分。就那些古旧而沉重的物品而言，大英博物馆目前仍是世上最伟大的保护者和推广者之一。与众多博物馆及画廊一样，它的展览都是标记事物独特的一面，如艺术时期、遥远的文明、机构许可机制的消逝等。在大英博物馆，那些泛黄的物品都会被掩藏并保护在厚重的玻璃下。然而，这个曾经闭塞不堪又傲慢自大的地方，如今已成为人人都可以前往的商业化场所，不再忧心乌合之众的破坏。在大英博物馆，既有柱廊、灰色石柱以及沉稳雄浑的希腊复兴风格建筑的门面，也有在大厅吃午餐的学童；但在此之外，大英博物馆已经超越了对宝物的收集、分类和保存，它恪守弗兰克斯和克里斯蒂留下的传统，以有形之物的方式追踪着人类时间的轨迹。

大英博物馆甚至提供研究指南，来指导人们如何才能最好地追踪人类时间的轨迹。第 38 和 39 号展览室有传统的时钟和手表的展示，从早期的钟楼时钟和家庭用的机械钟摆时钟一路追踪下来，直到 20 世纪 50 年代英格索公司推出的 Dan Dare 怀表以及 20 世纪 70 年代宝路华公司推出的 Accutron 振动式电子表。Apple Watch 想必很快就会在它们旁边占有一席之地。还有些展览室则用比较出乎意料的思路来展示能诉说时间的物品，下面就来说几件。

第一件物品是用长毛象象牙进行的雕刻，大约诞生于 13 500 年前。大英博物馆的信条之一是："在所有文化的根源之处都有一个共同的需求，那就是组织最切近的以及比较遥远的未来以求得生存。" 关于这项需求，最早的呈现形式是动物的季节性迁移。这件雕刻是在法国蒙塔斯特吕克的一个岩室里发现的，上面有两头在水中游动的驯鹿，领先的那头有深秋皮毛的斑纹。对猎人来说，这是良好季节的标志：此时驯鹿正值最肥美的阶段，而且它们在游泳时最容易被猎杀。这件雕刻长 12.4 厘米，或许是某一柄木制长矛的矛尖，而且或许有人用这支长矛杀死过水中的驯鹿。

第二件物品长 12.7 厘米，是一枝雕工复杂的系谱棒，出自新西兰，以木刻及软玉制成，上面计有 18 个刻痕，每一个刻痕都代表持有系谱棒的毛利人的一代祖先。[①]系谱棒上的刻痕越多，表示可追溯的祖先越遥远，毛利人便可以借此与时间之初建立仪式性的联结，并最终形成与神的联结；同时，它也是可以触摸到的符号，象征人的寿命终将走向尽头。接下来，英国的殖民年表抹除了毛利人的年表，这些系谱棒成为 19 世纪欧洲博物学家的珍贵纪念品，然而，使它们真正变得珍贵的那项因素就这样被削减了。

第三件物品是一件具有部落和精神性质的艺术作品，是一只历时数十年才完成的木雕双头狗。这是传统的巫术偶像（nkisi）[②]，是刚果一位萨满祭司的财物。萨满祭司会倾听族人对治病或矫正错误行为的请求，然后将钉子或其他物品刺入巫术偶像的体内，释放它的力量。可能需要一代人的时间，这尊雕像的能量才会释放殆尽并且全身布满尖钉。

第四件物品是《贝德福德时祷书》（*Bedford Book of Hours*），它是大英博物馆里最华丽的手稿，目前收藏于大英图书馆。时祷书是基督教徒每日都要用的祈祷书，带有插图和每个指定时间该进行的祷告。《贝德福德时祷书》是在 1410 年到 1430 年之间于巴黎制作的，曾经属于尚未登基时的亨利四世。这本华丽繁复的时祷书用天鹅绒包覆着，曾经是贝德福德公爵拥有的物品。为了记录他和夫人安妮的婚礼，这本时祷书进行过修订，纳入了他们的誓词和纹章。

第五件和第六件物品是 15 世纪时以雪花石膏板制作的两幅世界末日景观图。这两幅图显示了世界末日的

① 毛利人是新西兰土著，他们相信自己是神的后裔，酋长则是神在世间的代表，具有神的力量。为了保证这种力量的延续，酋长须将继承自上一代酋长的系谱棒传给新一代酋长。系谱棒代代相传，每出现一代酋长，就会在系谱棒上以一个刻痕为记。
——译者注

② 巫术偶像是幽灵或者被幽灵附身的物品，这是非洲中部刚果盆地普遍流行的信仰，那里的人相信被附身的物品具有幽灵的法力。
——译者注

两种迹象，一种是人们从居所涌出，无知无觉也无法开口说话；另一种是所有生命都已死亡。

大英博物馆未来的发展也有其挑战，尤其是要弄清楚如何在数字时代重新定位人们的好奇心。不过，从每年走进这里的人的数量来看，它基本的吸引力并没有衰退的迹象。我们向往在一个秩序井然的时间轴上度过我们的过去，而玻璃罩里泛着的昏黄的色泽是过去与未来的结合，仿佛童话故事一样，既浪漫又能让人产生共鸣。

末日钟：时间的尽头是什么

很久很久以前，会在午夜时分发生的恐怖事件是你的马车变成一颗大南瓜。而现在，我们顶多会把这类事当作丢脸罢了，不会觉得太糟糕。如今，会在午夜时分发生的最可怕的事，无非世界末日。

1947 年 6 月，《原子科学家公报》（*Bulletin of Atomic Scientists*）发现它因为自己的成功而成了受害者。在第二次世界大战后的那些年里，它关于由谁负责控制原子能的核心辩论成为所有政策制定者的必读资料。《原子科学家公报》是在爱因斯坦的支持下发行的，当时，爱因斯坦是原子科学家紧急委员会（Emergency Committee of Atomic Scientists）的主席，公报的编委会中还有曾经在战争期间参与制造核武器和从事其他原子研究的人。正如其中一名成员所说的：“我们一定不能放弃希望。科学家制造原子弹，是为了保障全世界的安全。”

但是，核毁灭并非编委会所面临的唯一的困境，封面该放什么内容的问题同样让人头痛。1945 年 12 月，《原子科学家公报》在芝加哥首次发行时只有简单的 6 页，而 18 个月后，它已扩编成 36 页的杂志，包括哲学家伯特兰·罗素所写的文章，还有测量物质放射性设备的广告。

1947 年 6 月那期第一次采用了专业设计师设计的封面，改变了只有文字的习惯。关于封面上应该放什么图片，曾有过一番讨论。有人建议放一个超大的字母 U，因为它是铀元素的化学符号。但是，物理学家亚历山大·朗斯多夫（Alexander Langsdorf）的妻子、艺术家马蒂尔·朗斯多夫（Martyl Langsdorf）想到了一个更具说服力的做法。于是，从此以后，每一期的封面都会以一座巨大的时钟为背景，巨大到人们只能看到四分之一的钟面：黑色的时针指向午夜，白色的分针则占据钟面左边的主要区域。这是一个不祥且持久的图像，也是一个适合所有时刻的图像，尤其是当第一次出现时，它显示离毁灭只有 7 分钟了。它确实是一个强有力的符号，一切尽在不言中——当两根指针相会，将会有可怕的事情发生，而那一期的文章讨论的正是如何避免这种事发生。

谁设定了那个时钟？他们又是如何决定时间的？这是一次主观、武断且具有美感的决策。马蒂尔·朗斯多夫选择 11 点 53 分，是因为“它看起来很顺眼”[①]。然而，当苏联于 1949 年第一次试验原子弹之后，主持编务工作的编辑尤金·拉比诺维茨（Eugene Rabinowitch）就将时间改成了 11 点 57 分。

① 钟表公司总是将时间设定在 10 点 10 分，因为这能漂亮地呈现设计之美，也能让表盘看起来像是在“微笑”。《原子科学家公报》的封面就是马蒂尔·朗斯多夫对此现象的回应。

拉比诺维茨于 1973 年过世，之后计时的责任转移到了《原子科学家公报》的科学与安全委员会。据《原子科学家公报》的资深顾问肯尼特·贝内迪克特

（Kennette Benedict）所说，委员会每年都会开两次会，讨论世界局势。他们会广泛征求各学科同事的意见，“以及询问公报赞助人委员会的看法，而该委员会包含16位诺贝尔奖得主”。这些伟大的头脑共同决定是否做出重大的调整。1953年，为了回应美苏两国在6个月内相继试验核武器，他们将时间往后移了1分钟。到了1972年，战略武器限制谈判（SALT）的进行和《反弹道导弹条约》（ABM）的签订限制了美苏两国之间的军备竞赛，于是时钟调到了11点48分。1998年，时间是在11点51分，这是在印度和巴基斯坦进行武器试爆之后所做的调整。

贝内迪克特说：

> 《原子科学家公报》有点像医生在进行诊断，我们检视数据，就如同医生检视化验室的检验报告和X光片一样……我们尽可能考虑一切症状、测量值和环境，然后进行汇总和判断，最后向世人宣告：如果领导者和公民都不愿意采取行动去改变各种状况，那么将有可能发生什么样的后果。

到2016年为止，时钟已经变动过21次了。如今，全球核毁灭的威胁只是其中一项考虑因素，同样重要的还有超级大国之间的关系、恐怖主义的威胁，以及饥荒、干旱与海平面上升对地球的影响等。

有人谴责世界末日钟是为了满足政治目的而用来危言耸听的装置，贝内迪克特对此的回应是，时钟的分针来回移动的频率和以前一样。1991年，指针移动的距离是最大的，有17分钟，因为那年美苏之间签订了《削减战略武器条约》（START）。每个人应该如何针对末日钟采取实际行动，这是再清楚不过的了。难道我们应该在指针向午夜方向移动的时候视而不见，在往回移的时候才出面庆祝吗？难道这只是个宣传上的自嗨，好帮助严肃的人们可以每隔一段时间到户外散散心吗？有什么重大决策会被这个钟影响到吗？这个钟最多也只能被当成讨论生死议题的理由，否则那些议题可能会显得太有价值或太过沉重而难以应对。

贝内迪克特说，她经常被问起到哪里可以看见那个末日钟。她总是回答这些人，末日钟并不是真的钟，没有人会去为它上链，它的机芯也没有升级成石英的。然而，我们可以看到人们有多么容易被混淆。2016 年 1 月，在华盛顿国家记者俱乐部（National Press Club）召开了一场记者会，目的是宣告末日钟的新时间。记者会总计一个小时，开到一半的时候确实隆重地揭开了一座真正的时钟，而且是由四位杰出的科学家和两位美国前国务卿共同揭示的。在揭开之前，《原子科学家公报》的执行总监及发行人雷切尔·布朗森（Rachel Bronson）宣布，时钟的最新时间将会在华盛顿特区以及斯坦福大学“同步”揭示，然后由几位饱学之士掀开画架上一张大纸板前的蓝色布帘。随着时间临近，布朗森宣告：“请揭幕！”这时，摄影记者一拥而上，仿佛这是伦敦的杜莎夫人蜡像馆要公开的新人物。这几位揭幕人按照要求去做，而布帘下的记号显示时钟并未移动。在图画的指针下方有一行字：“现在时间是 11 点 57 分。”相机的快门声随之响起，弥漫了整个会议室。那些人手里拿着布帘，尽量不露出一丝笑意。

无论它是真钟还是假钟，无论它是走还是停，难道还有哪一个有关末日的隐喻比它更有力吗？末日钟附带了有关灾难的一切陈词滥调，比如“计时开始”的观念、威胁着要惊醒甜梦的闹钟铃声，即使它的目的只是以实体的形式进行营销和抢新闻版面，也已经足够了。实际上，一无所有之处，才是我们若有所见之处。2016 年 1 月 26 日，《原子科学家公报》在记者会上宣告，我们当下的梦游状态与完全灭绝之间的时间差已经连煮熟一颗鸡蛋都不够了。如今，这个时钟在 Twitter 上传得沸沸扬扬，而这恰恰就是现代的末日论：你只剩下三分钟的时间可以活，而且你至少会将其中一部分时间用在 Twitter 上。

我们都在奔跑着静止不动

姑且不论这一切，只要有个简单的毁灭符号，就足以得知我们如何看待和畏惧末日钟。没有那个符号，任何事物都起不了作用，我们所有的通信与导航系统都依赖它，所有金融交易以及几乎所有的动机也都依赖它。当然，你也可以选择在洞穴里静候旭日又东升。

我们个人的末日情景比世界末日的情景近得多，而且这就是我们注定的命运：

> 我们生活在时间的威吓与嘲弄之中，注定要受到时间的掌控，甚至总是担心永远都不可能赶上时间的脚步，或者更糟——赶上了，却是以牺牲其他事物为代价的。
>
> TIMEKEEPERS

我们总是在做出牺牲和妥协，没有足够的时间陪伴家人，没有足够的时间工作，也没有足够的时间做我们认为越来越重要的事。

我们知道这毫无意义，也不喜欢自己现在生活的样子。我们渴望准时，但厌恶最后期限。我们总是在除夕夜精确地倒计时，以为这样就能一举抹杀随后到来的时间。我们总是为“优先登机”买单，却要在飞机上等候其他人。我们习惯了有时间进行思考，可现在的实时通信却几乎不容我们有反应的时间。有一片海滩，有亘古不变的潮汐，有一卷好书在手，这就是天堂。然而，电子邮件来了！可以使用 Apple Pay，何必还要用信用卡？今天下单，明天即可出货。一个晚上花两个小时的时间，你就能在迷人的环境下进行 15 次快速约会。用“时间管理”去搜索，你会在 0.47 秒内得到大约 38 300 000 项结果。

iTime 这个令人窒息的时间观念已经取代了工厂的时钟。至此，我们已不再可能独立于科技之外体验时间了。有一个词是用来形容在时间面前那种绝望的心情的，即狂乱的静止（frenetic standstill）。我第一次读到这个词是在德国社会学家哈特穆特·罗萨（Hartmut Rosa）所著的《加速：现代社会中时间结构的改变》（*Beschleunigung: Die Veränderung de Zeitstrukturen in der Moderne*）一书中。罗萨认为，我们可能正处于一种灾难式的停滞时期，而这是由快速扩张的科技和认为自己永远都无法达到渴望的目标的普遍感受相互冲撞所造成的。我们越想要"超前"，一切就会越变得毫无可能。为了使生活更顺畅、更有秩序，我们下载的软件和应用程序越来越多，而我们也越来越受不了，越来越想放声尖叫。那位埃及钓鱼者说得对，令人惊讶的是，爱尔兰摇滚乐队 UZ 的主唱博诺（Bono）说得也对，那就是我们都在"奔跑着静止不动"。

乐观一点看，还有一种狂乱的静止是比较温和的，对我们来说也不算新鲜。用大众媒体的话来说，从 20 世纪 50 年代开始，我们就一直"住在仓鼠轮上"，从 20 世纪 70 年代开始，我们则是"住在跑步机上"。我们还可以回溯得更远一点。1920 年 2 月，爱因斯坦写信给他的同事路德维希·霍夫（Ludwig Hopf），说他注意到自己多么"可怕地被淹没在各种询问、邀约和请求之中，以致夜里梦见自己身在地狱并承受着烈火焚烧的酷刑。邮差就是折磨我的恶魔，他不断地呵斥我，把一捆新信件猛砸在我头上，因为那些旧的我都还没有回复呢"。

再往回一点。歌德在写给作曲家卡尔·F. 策尔特（Carl Friedrich Zelter）的信中说："如今万事万物都姓'超'，年轻人……被卷入时间的漩涡，举世所赞赏的财富和速度，也是人人汲汲营营追求的对象。各式各样的通信设施都是文明世界为了超越自身而锁定的目标。"那是 1825 年。

令人遗憾的是，并非所有新的加速都是温和且无害的。罗萨的书以"最坏的情境"作为结尾，他称之为"肆无忌惮地向前冲进深渊"，也就是因时间而死。它的成因是我们无力在移动和惯性矛盾之间保持平衡，"这种深渊将体现为生态系统的瓦解或者现代社会秩序的彻底崩溃"。此外，也可能会有"核灾难或气候灾难，伴随着极速扩散的新疾病，或者有新的政治体制的崩溃和无法控制的暴力行为；关于后者，我们可以期望的是，被加速和成长过程排除在外的大众能站稳脚跟抵抗加速社会”。

时间的瓦解，也就是我们所创造出来的黑洞，将会在何时开始？能否由我们自己来安排？追求现代性和进步是否会导致虚无的失控在几个月、几年或者几千万年内发生？不幸的是，这些情境并没有明确的日程表。同样不幸的是，我们可能已经被卷入了它的大漩涡之中。时间似乎已经在环境方面下了结论，而我们也已经走到了长篇小说的尾声和历史的终点，所有的社会、文化和政治运动，即便不是以“后－后－”(post-post-)开头的，至少也是以“后－”(post-)开头的。讽刺的是，现代主义和反讽正是两个最彻底的“后－后－”字头的现象。加速本身已经掀起了愤世嫉俗的瘟疫。

哈特穆特·罗萨的书由乔纳森·特雷霍－马泰斯(Jonathan Trejo-Mathys)译成英文。特雷霍－马泰斯是一位社会与政治哲学家，于2014年因癌症而去世，享年35岁。他撰写了一篇长文作为那本书的序言。在文中，他检视了最近的一次意外事故，其中时间不再是被动或温和的，而是显然具备了人类浮华贪婪和居心不良等的特质。

第一次是由2008年的金融危机引起的。正如我们所知，那次金融危机是由过度扩张和监管不足导致的。然而，复苏也很迅速，到2009年，人们又能交易并赚钱了，而且金额大得夸张。这是因为有了高频交易[①]这种赚钱更快的新方法。

① 高频交易指的是从那些人们无法利用的极为短暂的市场变化中寻求获利的计算机化交易，如某只股票在不同交易所之间的微小价差。——编者注

本杰明·富兰克林“时间就是金钱”的观念从来没有如此切题过。2010年5月6日下午2点40分左右，外部世界的人开始了解高频交易，而当时，上万亿美元瞬间被蒸发了。在7分钟的金融自由落体运动之后，这期间道琼斯指数下跌了700点，交易所紧急启动了一项安全机制以防产生更大的恐慌。这场“闪电崩盘”几乎是在刚开始时就结束了，而且在一个小时内市场重新赚回的钱就已经弥补了大部分损失。但是，4个月之后再次发生了类似的崩盘。这一次，进步能源（Progress Energy）这家公共事业公司（公司历史有107年，客户约有310万人，员工有11 000人）的股价在几秒钟之内就下跌了90%。这一次，是某位交易人所说的“任性的按键动作”触发了算法混乱。在这两次事件中，损失和获利的原因都是一样的：玻璃纤维光缆的速度快到几乎无法计算。

计算机能以接近光速的速度处理价值几十亿美金的交易，这本来被认为是一件非常奇妙的事，但突然间，它就变得不奇妙了。前前后后最诡异的一件事是，就连最有经验的交易员也无法对究竟发生了什么给出可信或至少公开的解释，或者告诉人们如何避免这类事件再度发生，因为一切都发生得太快了。《纽约时报》曾报道过，认为2010年5月的崩盘是因为“堪萨斯州一家共同基金对一笔交易的时间掌握不当”，然而，5年后，在靠近伦敦希思罗机场的郊区，浮现出了一个更加出人意料的嫌疑人。

2015年4月，36岁的纳温德·辛格·萨劳（Navinder Singh Sarao）在伦敦蒙恩斯洛区被捕，罪名是欺诈，即以欺诈的目的购买商品然后取消订单，数量过大且速度过快，以致算法陷入了紊乱。针对随后几个月的市场所进行的深入分析指出，这种情况不太可能发生。可是，一个男人不过是利用在街上就能买到的计算机，住在父母亲的房子里，穿着睡衣，近乎虚构地进行交易，就能使西方世界脆弱的经济体系受到冲击，这样的事实已经足够让我们担心自己或许并没有完全掌控一切了。另外，监管部门花了5年的时间才意识到自己逮到了元凶，而这个事实也暗示我们已无力跟上真实世界的加速度了。就在不久前，金融机构所认为的最糟糕事的还是内幕交易。如今看来，这可真是够落伍的。在我写这本书时，萨劳正面临着22项指控，但尚未接受审判。

在《快闪小子》(*Flash Boys*)一书中，华尔街前交易员迈克尔·刘易斯(Michael Lewis)针对高频交易世界的不当行为做出了引人入胜的解释。书中提到了好几个有关时间的新观念，尤其是微量时间的超前或延迟就意味着一飞冲天的获利与自杀式损失之间的差别。新交易环境另一项奇特且让人忧心的改变，是它完全不需要人类监督（进而可能加以监管）任何交易。以前进行交易的时候，那些穿着西装的男人总是要对着电话大吼大叫，并且不停地挥舞手臂。而现在，交易只不过是屏幕上毫秒之间的闪烁而已。

根据刘易斯的描述，真正成功的交易员是能在不受公共监督的“黑暗水池”和科技的表象之下找到方法操纵市场。“人人都在说，更快就是一切，我们必须更快。”刘易斯的一位顾客这样对他说，然后透露出真正的技巧其实是让某些交易变慢。高频交易员，即便是诚实的高频交易员，往往也不会为了更大的利益而专注于高尚的道德。不过，我们可以确定的是，有一项道德是为整个社会而存在的。

为何我们应该在乎交易市场发生了什么？难道不应该把它们留给投资说明书和电影吗？我们应该在乎，是因为它攸关大萧条和经济的衰退，而且是在弹指之间发生的。在我写这本书的时候，我们已经能通过1千米以上的光纤，每秒传送超过100 Petabits（千万亿位）以上的资讯了。1 Petabit是1 000 Terabits（兆位），1 Terabit则是1 000 Gigabits（亿位）。总之，这个速度可以让你每秒下载5万部时长两小时的高清画质的电影，够你连续看11.4年。当然，这是日本在控制下的最佳条件下所能达到的最大速度，那些亲切却又让人失望的本地网络服务供应商还无法提供这样的速度。这种经济的正面意义是可以让少数人的财富激增，它的负面意义则是会带来全世界的金融末日，而当那发生时，20 世纪 20 年代以来的所有崩盘看起来就只像是在沙发底下掉了一个铜板一样了。

我们应该如何面对各种时间危机

关于动物物种减少、极地冰川融化以及堵塞在海洋的塑料制品，所有争论的关键因素都在于我们还有多少时间。那么，这些事怎么在这么短的时间内就变得刻不容缓了呢？

地质学家、宇宙学家、生态学家和博物馆策展人看待时间的方式非常与众不同。在他们眼中，时间是由时代和纪元组成的，那些担心末日迫在眉睫的人或许能因此感到自在一点：有关时间的各种危机和现代的压力总是在不断地加剧，而无论如何，地球都在继续转动着。

用这种方式获得的安全感可能不够踏实，那么，我们该向何处寻求慰藉呢？

用古代的方式计时？

或许，我们可以到北极找因纽特人，因为因纽特语中并没有表达时间概念的词汇。20 世纪 20 年代，加拿大东部北极圈一带的猎人所使用的日历能显示各种事情的优先级：它标记了各种日子，星期天会有特别的十字记号，这是传教士和基督教信仰传过来之后才有的。但是，在日历中间还有一块大的空白，那是用来放驯鹿、北极熊、海豹和海象的插图以计算其数量的。19 世纪，因纽特人从欧洲人那里引进了优点很可疑的机械表，而与欧洲人接触之前，他们是以季节、天气、日月的移动以及可食用动物迁徙的模式来判定时间的。他们对时间的划分以月亮的形状为依据，并基于实际的考虑而命名，比如鸟筑巢或海冰破裂等。在暗无天日的冬天，星辰的位置可以指引他们何时离开圆顶小屋、喂狗和准备燃料。

在毛皮商人将时钟引入这里之后，基韦廷地区的因纽特人对时间的意义仍然有自己的诠释。例如，“貌似斧头”（ulamautinguaq）是 7 点，中午 12 点是“午餐时间”（ullurummitavik），晚上 9 点则是“时钟上链时间”（sukatirvik）。加拿大努纳伏特研究所（Nunavut Research Institute）的约翰·麦克唐纳（John MacDonald）为我讲解了华丽的因纽特语词汇：

> 春天来临，激发了难以抗拒的冲动，让人想要前去分享大自然的丰盛赠礼……随之而来的是大量的人奔向传统的捕鱼和狩猎地点……新时间暂时让位给旧时间，使雇主以时钟为准的时间表宣告瓦解。

话虽如此，但实际上，西方式的时间以及强行施加因纽特人眼中所谓的“命令”，已将这种生活方式侵蚀殆尽了。

或许，我们会被古代墨西哥的机械计时系统吸引。在新世界入侵之前，那样的系统是不存在的。即使是日晷存在的证据都很少，更别说将一天分割为若干个小时了。

要不然我们来看古代印度人的计时系统，它也许一样有吸引力。它看起来有点复杂，还颇有些传奇色彩。他们将一天划分为 30 个 48 分钟的 muhrtas 或 60 个 24 分钟的 ghatikas。ghatikas 会被进一步分割为 30 个 48 秒的 kala 或 60 个 24 秒的 pala。这种 60 进制的计时方式可以追溯到巴比伦，并且一直持续到了 19 世纪。后来，英国要求全面按照它的方式计时，于是在 1947 年，印度恢复到印度标准时间，比世界协调时间早 5.5 个小时。

或许，我们也可以选择埃塞俄比亚的系统，它的圣诞节在1月，时钟有12个小时，一天开始于黎明而不是午夜。或者还可以考虑牙买加的“即将心态”，来这里度假的西方人往往会被这种心态气死，等到能跟得上他们悠缓的状态，你也该飞回家了。[①]

① 如果一个牙买加人说“即将”来找你，那么这可能是几分钟后，可能是几小时后，也可能永远都不会发生。不过，若因此认为牙买加人普遍不守时，那就是种族偏见造成的刻板印象了。
——译者注

自1996年开始，在现代世界扩充时间的各种可能性一向是今日永存基金会（Long Now Foundation）的承诺。这个组织成立的宗旨是在一万年的时间框架内培养长期思考的能力。事实上，它成立于01996年，多出来的那个0是为了解决会在8 000年之内产生影响的千年虫问题。所以，让我们拭目以待吧！

今日永存基金会的主要精神领袖是丹尼·希尔斯（Danny Hillis）、斯图尔德·布兰德（Stewart Brand）和布赖恩·伊诺（Brian Eno）。它的抱负富有诗意且值得称赞，它有一份简洁有力的宣言，其基础观点是“文明正在加速沦入注意力无法持久的病态”。该基金会的目标包括为长远观点服务、培养责任感、奖励耐心、与竞争结盟、不偏不倚、延长寿命以及“注意思想的深度”。

当然，今日永存基金会并不是空谈风花雪月，他们也付诸实践，在得克萨斯州西部的一座山中，他们打造了一座巨大的时钟。1995年，计算机工程师丹尼·希尔斯梦想着能有一座时钟一年移动一格、一个世纪敲响一次，而且每一千年就有一只布谷鸟会跑出来跟你说声“你好”。这座时钟的目标是能存在一万年，它的钟摆以热能为动力。虽然这座时钟敲响的频率高于原来计划的，毕竟，访客花了一整天来登山，好不容易才找到它，总要给人家一些奖励，但它的发明者依旧不忘初心："我认为是时候开始一个长期的项目了，我们要让人们的思考突破内在的藩篱，不再局限于越来越短视的未来。"这座时钟一部分是由亚马逊网站的老板杰夫·贝佐斯（Jeff Bezos）赞助的，这可真有意思，因为这位老兄的公司可是一直在试图让所有必要的家居用品都能在下单一个小时内就送到客户的手中呢。

今日永存基金会也一直在思考如何将人类现有的知识库存档，这样就不仅能传给下一代，还能传递到生命形态的下一个阶段了。为了普及远见，我们可以做"长线赌注"，这种形式的赌注并不是针对选举或运动赛季的，它下注的过程可能是半个世纪。举例来说，凯文·凯利（Kevin Kelly）是这类赌局的下注登记人，已经承接过许多项预测的挑战者，包括"到2060年，地球上的人口总数将比现在还要少""到2063年，世界上只会剩下三种主要货币，超过95%的人会使用其中一种"。不过，请勿遗失签注单。

撰写属于自己的时间故事

神经科学家说，我们的意识状态比真正的时间慢了大约半秒，也就是大脑接收到信号、传递信号以及得到某件事已经完成的信息之间造成的延迟。从我们决定弹指头到听见或看见这个动作，其中的间隔比我们想象的还要长。

> 我们的大脑需要组织并建构出一个流畅的故事，于是造成了延迟。即使是在当下，我们也总是落在时间之后，而且永远都别想追得上。
>
> TIMEKEEPERS

该怎么办？除了末日钟和时区这种让人头痛的把戏，是否还有更哲学一点的方法可以应对时间？伍迪·艾伦不见得是个多么了不起的伟人，但他确实经常像个伟人一样挺身而出并处理这些问题。人生苦短而忧患苦多，问君夫复何言？答案可能是去多看几部马克斯兄弟的电影，就如同伍迪·艾伦在自导自演的《汉娜姐妹》(*Hannah and Her Sisters*)中所做的那样：

> 他想自杀，尝试对自己开枪却又搞砸了，随后他在茫然恍惚中晃进了一家电影院，那里正在放映马克斯兄弟主演的《鸭羹》(*Duck Soup*)。片中的马克斯兄弟玩弄着侍卫的头盔，仿佛是在演奏钟琴。对他来说，这个世界似乎渐渐恢复了意义：何不趁着还有能力的时候及时行乐？

伍迪·艾伦的其他半自传角色中，有一个是《安妮·霍尔》(*Annie Hall*)中的艾维·辛格，他在许久以前就宣告了人生“充斥着寂寞和悲楚，折磨和不幸，而且一切又结束得太快”。

几年后，伍迪·艾伦在一次采访中重申了他的哲学，并且有了另一种解决方法：

> 我真的感到人生愁苦交加，是一场噩梦般毫无意义的经历。你能自得其乐的唯一方法，是瞎掰一些谎言来欺骗自己。我不是第一个这么说的人，也不是能把它说得最清楚明白的人。尼采这样说过，弗洛伊德这样说过：人人都要有自己的幻觉才能活得下去。

否则，想想看在生命中我们所在乎的一切事物，它们很快都会被删除、清空，那太不可思议了，至少让人活不下去。我们穷尽毕生之力只为求得温饱，能爱其所爱、得所应得，能为所当为、将功补过，能热心助人、增进对宇宙和人生的领悟，能生活得轻松惬意。如果自以为是艺术家，那我们就是在尝试着创造真与美。我们在短如朝露的一生中想尽办法要做这一切，然而不过百年，无论是英雄豪杰还是凡夫俗子都会被浪花淘尽，届时自有另一批新人出现，再次做相同的事。时间，且不提地质学家所说的“深层时间”[①]，而是随着我们此刻所拥有的时间而不断前来的一切时间，只会依然故我地继续往前滚动。

生命中的种种自由，最突出的想象总是与时间静止不动的画面密不可分。换言之，那正是脱离时钟的专横而获得自由的画面。广告商已经找到了一幅极致幸福的图像，再也没有比它更有力的了：一段海岸线，渺无人烟，唯有一片沙滩。在文学中，德国哲学家瓦尔特·本雅明曾这样定义这个符号：巴黎的漫游者带着乌龟散步，并且用乌龟的速度在灯光闪烁的黄昏里闲晃。[②]

宇宙学家卡尔·萨根（Carl Sagan）在1994年出版的《暗淡蓝点：探寻人类的太空家园》（*Pale Blue Dot*）一书的前几页提出了他的看法，他说得慷慨激昂、头头是道。1990年2月，宇宙飞船旅行者1号（Voyager 1）将要飞出太阳系，应萨根的要求，在近60亿千米外的地方拍了一张地球的照片——这张照片的名字和他的书名一样，也是《暗淡蓝点》（*Pale Blue Dot*）。一如所料，地球在照片中看起来并没有多显眼。但是，这么真实的微不足道，映衬在如烟火般奔放的华丽光芒之下，具有笔墨难以形容的谦逊——那么微小的颗粒，如果是在镜头上，一定会被当作灰尘而忽视掉。

> 让我们再看一眼这个小圆点，那是我们这里，那是我们的家，那是我们。在它上面，你爱的每一个人、你认识的每一个人、你听说过的每一个人，每一个曾经存在过的人，都在上

① 深层时间是地质学概念，类似于百达翡丽的广告：没有人真正居住在地球上，你只是在为下一个物种或冰河期守护。这个词区分了我们的时间（如瑞士的时间、iPad的时间）和另一个略长的时间，具体来说就是指地球的年龄，大约是44.5亿年。这样的区别真是让人鼻酸：我们在地球上是如此的微不足道，一念至此，你再也不会想起床干活儿了，反正一切都是徒劳无功的。

② 乌龟的意象出自瓦尔特·本雅明的《拱廊街计划》（*Arcades Project*）。在这本书中，本雅明深信他在街头所观察到的是真实的巴黎。“漫游者”的观念可以远溯至100年前的法国诗人波德莱尔。至于把乌龟和时间联结在一起，则可以一路追溯到古希腊的寓言家伊索。不过，让我们来看一下《时间简史》这本晦涩的书，在这本书里，史蒂芬·霍金思索着宇宙的荒谬和世界的一致性。他在开

面过了一生。我们所有的喜悦和痛苦，数以千计的宗教、意识形态和经济学说，人类有史以来的每一位猎人和觅食者、每一位英雄和懦夫、每一位文明的创造者和毁灭者、每一位君王和佃农、每一对热恋中的青年男女、每一位父亲和母亲、每一位充满希望的子女、每一位发明家和探险家、每一位道德教师、每一位腐败的政客、每一颗闪亮的“超级巨星”、每一位“崇高的领袖”、每一位圣人和罪人，都住在这里——这一粒悬浮在一束日光下的微尘上……

我们的扭捏作态、自我想象出来的不可一世、以为在宇宙中具有了不起地位的幻觉，就在这苍白亮光里的细点里全都受到了质疑……想见识人类的自负有多么愚不可及，还有什么证明能比这张照片更有力呢？在遥远的宇宙下，我们的世界何其渺小。

每一颗超级巨星确实都很渺小。那么，萨根把我们的世界缩得这么渺小，又把我们的愚蠢暴露无遗，他想表达的是什么？他想表达请互相善待。

物理学家理查德·费曼（Richard Feynman）倒是另有看法，认为我们正身处人类时间的起点。如果不自我毁灭，那么我们生活在这里的目的就是要让后来的人也能生活在这里。我们在能力可及之处留下信息、证据和进步，我们是旋转的宇宙中微小的粒子，但我们也是“好奇的原子”，而仅此一点便足以赋予我们存在的目

头讲到了一段逸事：在一位著名科学家（有人说是伯特兰·罗素）的演讲上，“有一位小个子的老太太”宣称地球是平的，被驮在一只巨大的乌龟的背上。科学家问：“那么，是什么在支撑乌龟？”老太太的答案开始跳跃：“但是一直就是乌龟呀！”要说乌龟和时间之间的关系，或许这句妙语就是最直接的。

的。即使终究还是一事无成，我们也只会为这一切放声大笑。

那个短短的横线，也就是墓碑上出生日期和死亡日期中间的那一个横线，是我们对抗宇宙级的微不足道的凭借，这也是为什么本书所关心的都是实际的事务，以及我们对时间最稍纵即逝的想法成为短暂的焦点的那个关键时刻。当然，还有一个原因。兰迪·纽曼（Randy Newman）最为人所知的是他为《玩具总动员》系列电影所制作的插曲。人们喜欢他，也是因为他关于美国成年人生活的寓言既蕴含悲伤又富有智慧。2011 年，在世界顶级钢琴制造商施坦威的伦敦表演厅，他曾在一群受邀的观众面前进行过一次小型表演。纽曼如是开场：

> 今天我要演奏的歌曲是《失去你》（*Losing You*），我大部分的歌曲都不知道是从哪里来的，除非那是工作，有人付钱给我，让我为电影或者什么对象创作音乐。现在的这首歌与我弟弟有关。他是一位医生，肿瘤科医生，专门医治癌症。在执业早期，他有过一位 23 岁的病人，那个孩子是个足球运动员，他患了脑瘤，而且很快就过世了。一位明星运动员，就这样走了。那个孩子的父母告诉我弟弟："40 年前我们在波兰的灭绝营失去了家人。后来，我们恢复过来了，我们终于恢复过来了。但是，现在我们没有时间从这种痛苦中恢复过来了。"从某种方面来说，这是个伟大的想法。

这是个伟大的想法，而且是能引起共鸣的想法。我们关心精确的几点几分、火车时刻、滴滴答答的手表。然而，当我们退后一步，在更广大的视野下思考时，或许才会了解我们关心过头了。我们不必是爱因斯坦，只要是失去过挚爱的人或者经历过严重疾病的蹂躏，便已足够了解所有时间都是相对的。人生太短却充斥着痛苦和不幸，我们耗尽心力想要知道如何活下来或者延长寿命，因为我们可以确定的是：我们所拥有的只有生命。

但是，在这里还有别的信息。我们从未见过那位年轻的足球运动员或他的家人，我们也不一定欣赏兰迪·纽曼或他的歌，然而我们都了解时间的流逝含有多重层次的复杂性。纽曼在他的介绍和歌曲中将这种复杂性扎根到故事里，因为说故事是让我们认识时间流逝最好的方法。故事也是理解时间最好的方式，而且我们一直都在利用故事。艾伦和弗洛伊德的蓄意“幻觉”也是故事，是经过精心安排的消遣，让我们分心，远离生命的必死性这样的现实。我们会被大英博物馆的人造物品吸引，会被慢食和卡蒂埃－布列松的照片吸引，原因就在这里；这也是为什么披头士的《请取悦我》和贝多芬的《第九交响曲》依然令人着迷：因为在他们的人性之中，都蕴含着我们的故事。

重新思考时间的意义

我打算要买一只新表。无论如何，它对我来说都算是新的：它是在 1957 年制造的，也就是我出生前 3 年。表壳背面的镌刻显示，不久之后它被赠予了一位火车站员工，以感谢他在伦敦米德兰地区服务了 45 年。它镶嵌了 15 颗宝石，有纤细的蓝色钢制指针和黄色的数字。对于一只在近 60 年前的英国制造的上链手表来说，它很准时。我所在的这家店靠近伦敦的黑衣修士桥，可以俯瞰泰晤士河。卖表的人不允许我带走这只表，因为他认为它不准的程度让人无法忍受——在最好的时候，它每天会有 15 秒的误差，而如今，它一天会慢 72 秒。

这个数字是用一台被称为多功能校表测试仪的机器测量出来的。这台机器是个小盒子，可以将手表的运动放大，然后产生读数。“所有的制表技术都与细微的力量如何分配以及如何引入和控制细微的摩擦力有关，”这位店员说话的神态像是在解说生命的奥秘，“在这只手表上，这一面的平衡效果可能被轻微地迅速提升了，它被敲击过，于是有点变平了。然而，另一面看起来更像是出厂时进行过提升平衡的处理，看这半球形多漂亮啊，它的触点只有这么小。”

诊断完毕后，他让我几天之后再去取表，他得重新校准一下。一个星期之后，我去取表，他说：“它看起来很准，我很确信这一点。你先戴上看看吧。”

我戴得称心如意，乐在其中。我骑自行车发生车祸时，它跟着我一起从手把上方翻落，却毫发无伤。它是切尔特纳姆·史密斯公司（Smiths of Cheltenham）的产品，这家公司在 19 世纪 60 年代进入钟表行业。史密斯公司最得意的日子是在 1953 年 5 月，因为在那期间，埃德蒙·希拉里爵士（Sir Edmund Hillary）戴着他们的手表首次登上了珠穆朗玛峰。在这次登顶之后，金色表壳的史密斯手表成为赠礼，用来感谢长年在工作岗位上服务的卓越的员工。1957 年，一位叫 O. C. 沃克（O. C. Walker）的退休人员获赠一只镶嵌着 15 颗宝石的 De Luxe 手表，也就是我手上戴的这只。那时，他的服务已经届满，而铁路公司希望他记住自己离职的时间。

我遇到的店员叫克里斯平·琼斯（Crispin Jones），是一个 40 岁的伦敦人。琼斯体型高瘦而结实，态度温和，头有点儿秃，看起来有点儿像可爱版的裘德·洛。卖古董表只是他的副业，而他的主业是鼓励买家用全新的方式思考时间。

琼斯接受过雕塑家的训练，然后学习了计算机设计，一段时间后，他开始将这两者结合在一起。几年之前，他制作了一张会回答问题的办公桌。这类问题包括“我的爱会有回报吗？”“我的朋友们怎么看我？”“我丢掉的东西能找回来吗？”，等等。这些问题列在卡片上，卡片一共有 30 张。如果想要得到答案，使用者必须将卡片放在桌子的金属槽上。琼斯说：“这是在试着以古文明利用神谕的方式使用计算机，但问题是，答案出现的时候金属槽会越来越热。”卡片上的图案中隐藏着条形码，所以当你将它插入金属槽，就会启动电子读码机，在点阵上产生答案。例如，“我的爱会有回报吗？”这个问题的答案是：“会……如……果……你……忠……于……你……的……”到了“忠于”时，金属槽就会变得非常热，可一旦你把手抽回来，系统又会重设，你也就见不到完整的答案了。最后的一个词（非常热）是“理想”。

琼斯对现代科技如何改变我们的生活很感兴趣：它给了我们什么？取走了什么？2002年，在有关手机的礼节还不明确的时候，他用手机做了一些实验。“你根本找不到安静的车厢，每个人都不断地在公共场合大声地讲个不停。”琼斯制造了一部手机，当使用者讲话太大声时，它就会发送出不同程度的电击，而且它发出的是敲打声而不是铃声。如果来电只是简单的寒暄，那它就会以轻缓、低调的方式敲打；但是，如果是紧急来电，那它就会用大声且引人注目的方式敲打。

后来，琼斯开始思考手表。他若有所思地说：“手表非常有意思，因为我们看待它的方式不同于看待手机或电脑的方式。而且，手表技术是令人难以置信的幸存者：大多数技术只要有个 10 年就已经过时到不行了，如果我用 10 年前的手机，那这就会是一种挑衅意味很重的行为，还会让我看起来极其古怪。然而，佩戴一只 20 世纪 50 年代生产的手表一点都不会显得突兀。”他观察到，现在许多人都用同一款手机，但手表却依旧是少数可以表现个性的外在标志。“你可以通过手表编织许多有趣的故事，也可以重建我们对时间的思考方式。”

在英国皇家艺术学院，琼斯受到了设计师安东尼·邓恩（Anthony Dunne）的影响。安东尼·邓恩以前也是这里的学生，他在《赫兹的故事》（*Hertzian Tales*）一书中主张对电子产品进行更深思熟虑的批判，尤其是要在美学的基础上重新检视日常生活中的物品。2004 年，琼斯撰写了一份宣言，提出了两个问题："手表会如何损害佩戴者？"以及"如果手表能体现出佩戴者的负面个性，将会如何？"但是，他最具挑衅性的问题是："手表如何以不同的方式表现时间？"

在设计师安东·舒伯特（Anton Schubert）、罗斯·科珀（Ross Cooper）和格雷厄姆·普林（Graham Pullin）等人的协助下，琼斯着手提出实际的答案。他们制作了几只手表的工作原型，其中只有一只在乎准确的报时。它们都有点笨重，由红木、钢材和电子 LED 显示屏组成，并带有能续航 5 天的可充电电池。这些手表不是圆形而是长方形的，看起来就像是 Apple Watch 的原型。

琼斯刻意为它们取了做作的拉丁文名字。第一只叫 The Summissus，别名谦逊表。它是"设计来提醒世人应该随时为死亡做好准备的"。这只手表有个镜子的表盘，而且会交替变换时间和这样的信息："记得你终将死亡。"

第二只叫 The Avidus，别名压力表。它能反映人们的心情，也就是受到压力而感到时间加速流逝的心情，以及在放松的情况下觉得时间变慢的心情。佩戴者可以压下表盘上的两个金属触点，之后脉搏就会启动显示屏。使用者的脉搏越快，时间就会跑得越快；反之，脉搏越慢，时间也越慢。而且，沉思冥想的状态会让时间倒流。

第三只叫 The Prudens，别名谨慎表。佩戴这只表时，你不必看就能知道时间，在开会或约会时，让你不至于因为看表而表现出无聊或无礼的样子。这只表佩戴在手腕的内外两面，当佩戴者转动手臂时，就会有脉冲被传送到手腕上，对应着正确的时间。

第四只叫 The Fallax，别名诚实表，它会投射出佩戴者是否诚实。许多手表都是为了反映佩戴者的财富和社会地位，然而这只表的目的更加纯粹：只要戴上表带，这只手表就会立刻变成测谎仪。它的表盘上会显示"谎话"，来警告你身边的人你不可靠。

第五只叫 The Adsiduus，别名个性表。它会随机闪现各种正面和负面信息，如“你真了不起”、“你交不到朋友”或“你的明天会更烂”。

第六只叫 The Docilus，别名内在表。它会以无法预测的间隔传出细小且令人不舒服的电击，导致时间的内在化，并减少你对手表和严格报时的依赖。

整体来说，这些手表代表着普鲁斯特式的白日梦有变成噩梦的威胁。在我遇到过的所有计算时间的人中，琼斯的才气最高，关于时间的深入影响，他的思考也最深邃。毫无疑问，他了解时间主导着我们的生活，然而，时间主导我们生活的方式是有意义且有建设性的吗？如果并非如此，是否有可能将它扳回正途？2005 年，琼斯决定根据部分手表原型进行生产。

琼斯先生钟表店（Mr. Jones Watches）的工厂位于伦敦东南方的坎伯韦尔，离他在泰晤士河畔的店面约 6.5 千米。他的店面是个让人感到安心的地方，虽然是拼凑而成的，但却能让人感受到积极努力的气息。这是一个单一房间式的店面，光线充足，墙上挂着一辆比赛用的自行车，旁边的墙上贴着一张第二次世界大战后鼓励提高效率的海报。放眼所及，到处都被手表零件、工具、手表零件制作机器、手表调校机器、手表包装和手表占满。这里布满了琼斯 10 年来的实验与发明的痕迹，桌子下方的铁柜里还有更多相同的物品，简直就是零件实验室、零件博物馆以及零件激增的场所。

琼斯制作的第一只表是新版的 The Summissus，它被重新命名为 The Accurate，并且时针上放上了“记得”这个词，分针则放上了“你终将死亡”。这只手表依然有反射的表盘，佩戴者仍会遭逢人生苦短的现实。然而，这次的表盘是圆形的，让它看起来比较不像一件艺术作品。它的目的几乎和琼斯其他所有的设计都一样，现在都已重新聚焦于激励倾向而较少负面倾向：时间令人困惑又难以控制，但时间同样也充满了魅力。

琼斯设计的第二只手表是 The Mantra，如同 The Adsiduus，它是“积极/消极暗示表”。它的表盘上有个狭窄的窗口，每过半个小时会显示一则信息，积极信息之后是消极信息，如“做到最好”“永远孤单”“你有福了”“保持沉闷吧”。琼斯在产品目录上写道：“长此以往，The Mantra 会让懦弱者变自信，骄矜者变谦卑。”这款手表是受法国心理分析家埃米尔·库埃（Émile Coué）的理论启发而设计的，埃米尔·库埃认为，“乐观的自我暗示”可以增强积极思考的治愈力量。

对于早期的各项设计，一开始所获得的回响是令人备受鼓舞的，琼斯很高兴自己的创作能让这么多人感兴趣，尤其是他的作品还被极具影响力的腕表博客 The Watchismo Times 进行了专题报道。为了获得更多灵感，琼斯寻求了钟表界以外的一些人的帮助。自行车手格雷姆·欧伯利（Graeme Obree）因打破一小时最远骑行距离的世界纪录而闻名，他协助制作了一款名为 The Hour 的手表。这款表是用一个显著的词注记每一小时时间的流逝，以及将时间用以思考这一个小时的价值。这些词包括“价值”“享受”“紧抓”“反省”“参与”等。

还有一款手表名为 Dawn West Dusk East，是和艺术家布赖恩·卡特林（Brian Catling）一起设计的。它利用每 12 小时旋转一圈的点，达到让时间变慢的目的。表上的时间可能是 4 点 15 分或 4 点 30 分，但你无法确定是不是正确的。可是，这有关系吗？

另一位合作人是乔纳森·格尔舒尼（Jonathan Gershuny）教授，他是牛津大学时间使用研究中心（Centre for Time Use Research）的联合主任。这款表名为 The Average Day，由普通的手表指针以及表盘上的两个信息环组成。表盘上没有数字，相反，佩戴者会被告知通常欧洲人在特定的时间会做什么事。例如，在上午部分的表盘，7 点 30 分到 8 点是“洗漱”，8 点 15 到 9 点是“交通”，10 点到 11 点是“工作”，11 点到 12 点是“会议”；下午部分的表盘则变成，12 点 15 分到 1 点是“用餐”，5 点 15 分到 6 点 30 分是“社交”，8 点 15 分到 11 点是“看电视”。佩戴者的挑战是打破例行公事，重获自由。

琼斯的生意上门了。这些手表每款各生产了 100 只，价格是 115 ～ 600 英镑，大多数是 200 英镑左右，卖表的利润会回馈到新设计和新车床与印刷设备上。因此，到了 2015 年春季，除了基本的石英或机械机芯，其他所有零件都是琼斯制作并装配的。琼斯先生钟表店促进了英国手表行业的复苏，也让他的顾客能用一种新颖的方式重新思考时间。他对时间的痴迷依旧继续着，但与之前已略有不同。

在琼斯设计的手表中，我偏爱一款名为 The Cyclops 的手表，琼斯说它“基本上是偷来的”，被偷的手表是 Chromachron，由瑞士的蒂昂・阿朗（Tian Harlan）设计，报时的方式是每小时显示不同的色块。The Cyclops 也做相同的事，但是更为细腻。它的表盘上有一个黑色的圆环，会慢慢地通过圆盘上的彩色小圆点。这些圆点分布在表盘的圆周上，代表每个小时，此外并没有分针。因此，使用者对于时间的流逝只会有模糊的感觉。有评论者说，这是“一种让人放松的准确性”。

作为一只表却没有分针，这是一件异乎寻常的事，值得深思。我们与时间的战斗已经超过两个世纪了：我们曾经追逐火车，为了磁带而努力，坚决反对线性化的世界，而如今，我们有了机会可以让这一切彻底变得顺其自然。这就像是离开城市而躬耕于陇亩一样，我们之间有谁能完成这项任务吗？

致 谢

本书是一本广泛叙事型的历史作品，写这样的作品必然需要大量的后援，在印刷出版以及个人工作两方面皆是如此。这一路走来，所有为我提供帮助和建议的每一位朋友都让我感激不尽。本书写作的构想来自阿妮娅·瑟罗塔（Anya Serota），并且在编辑珍妮·洛德（Jenny Lord）的引导下终于得以竣工，同时在过程中增色不少。对于本书的出版，Canongate 出版公司的团队功不可没，感谢杰米·宾（Jamie Byng）、珍妮·托德（Jenny Todd）、安娜·弗雷姆（Anna Frame）、珍妮·弗莱伊（Jenny Fry）、艾伦·特罗特（Alan Trotter）、维基·拉瑟福德（Vicki Rutherford）、劳拉·科尔（Laura Cole）和阿利格拉·勒法努（Allegra Le Fanu）等人的辛苦工作；也感谢肖恩·科斯特洛（Seán Costello）对本书进行的一丝不苟的编辑、排版，以及皮特·阿德林顿（Pete Adlington）为本书设计的非常有吸引力的封面。一如往常，我的经纪人罗斯玛丽·斯库拉（Rosemary Scoular）始终都是我最宝贵的支柱。

时间这个主题何其庞大，任何指教都让我由衷地感到欢喜。杰伊·格里菲思（Jay Gri ffiths）本身就已经有关于时间的精彩著作，正是她首先想出了“痴迷于时间”的写作方向。很遗憾，本书的定稿未能纳入我访谈过的所有人，不过，我仍要感谢特里·奎因（Terry Quinn）、露西·皮尔平（Lucy Pilpin）、露西·弗莱施曼（Lucy Fleischman）、戴维·斯皮尔斯（David Spears）和卡特·吉伯德（Cat Gibbard）等人。我的朋友安德鲁·巴德（Andrew Bud）为我审读了初稿，找出了很多难逃他法眼的错误，让我免于出糗。此外，也要感谢内奥米·弗里尔斯（Naomi Frears）、约翰·弗里尔斯－霍格（John Frears-Hogg）、马克·奥斯特菲尔德（Mark Osterfield）、萨姆·索恩（Sam Thorne）、范妮·辛格（Fanny Singer）、丹尼尔·皮克（Daniel Pick）、布拉德·奥尔巴克（Brad Auerbach）、杰里米·安宁（Jeremy Anning）和金·埃尔斯沃思（Kim Ellsworth）等人在全书构思、写作角度和联络对象等方面的各种建议。

庞德伯里故事的早期版本曾经发表于《英国航空高尚生活》杂志（*BA High Life*），所以感谢编辑保罗·克莱门茨（Paul Clements）的帮助。

未来，属于终身学习者

我这辈子遇到的聪明人（来自各行各业的聪明人）没有不每天阅读的——没有，一个都没有。巴菲特读书之多，我读书之多，可能会让你感到吃惊。孩子们都笑话我。他们觉得我是一本长了两条腿的书。

——查理·芒格

互联网改变了信息连接的方式；指数型技术在迅速颠覆着现有的商业世界；人工智能已经开始抢占人类的工作岗位……

未来，到底需要什么样的人才？

改变命运唯一的策略是你要变成终身学习者。未来世界将不再需要单一的技能型人才，而是需要具备完善的知识结构、极强逻辑思考力和高感知力的复合型人才。优秀的人往往通过阅读建立足够强大的抽象思维能力，获得异于众人的思考和整合能力。未来，将属于终身学习者！而阅读必定和终身学习形影不离。

很多人读书，追求的是干货，寻求的是立刻行之有效的解决方案。其实这是一种留在舒适区的阅读方法。在这个充满不确定性的年代，答案不会简单地出现在书里，因为生活根本就没有标准确切的答案，你也不能期望过去的经验能解决未来的问题。

湛庐阅读App：与最聪明的人共同进化

有人常常把成本支出的焦点放在书价上，把读完一本书当作阅读的终结。其实不然。

时间是读者付出的最大阅读成本
怎么读是读者面临的最大阅读障碍
“读书破万卷”不仅仅在“万”，更重要的是在“破”！

现在，我们构建了全新的“湛庐阅读”App。它将成为你“破万卷”的新居所。在这里：

- 不用考虑读什么，你可以便捷找到纸书、有声书和各种声音产品；
- 你可以学会怎么读，你将发现集泛读、通读、精读于一体的阅读解决方案；
- 你会与作者、译者、专家、推荐人和阅读教练相遇，他们是优质思想的发源地；
- 你会与优秀的读者和终身学习者为伍，他们对阅读和学习有着持久的热情和源源不绝的内驱力。

从单一到复合，从知道到精通，从理解到创造，湛庐希望建立一个“与最聪明的人共同进化”的社区，成为人类先进思想交汇的聚集地，与你共同迎接未来。

与此同时，我们希望能够重新定义你的学习场景，让你随时随地收获有内容、有价值的思想，通过阅读实现终身学习。这是我们的使命和价值。

湛庐阅读App玩转指南

湛庐阅读App结构图：

三步玩转湛庐阅读App：

App获取方式：

安卓用户前往各大应用市场、苹果用户前往App Store

直接下载“湛庐阅读”App，与最聪明的人共同进化！

使用App扫一扫功能，遇见书里书外更大的世界！

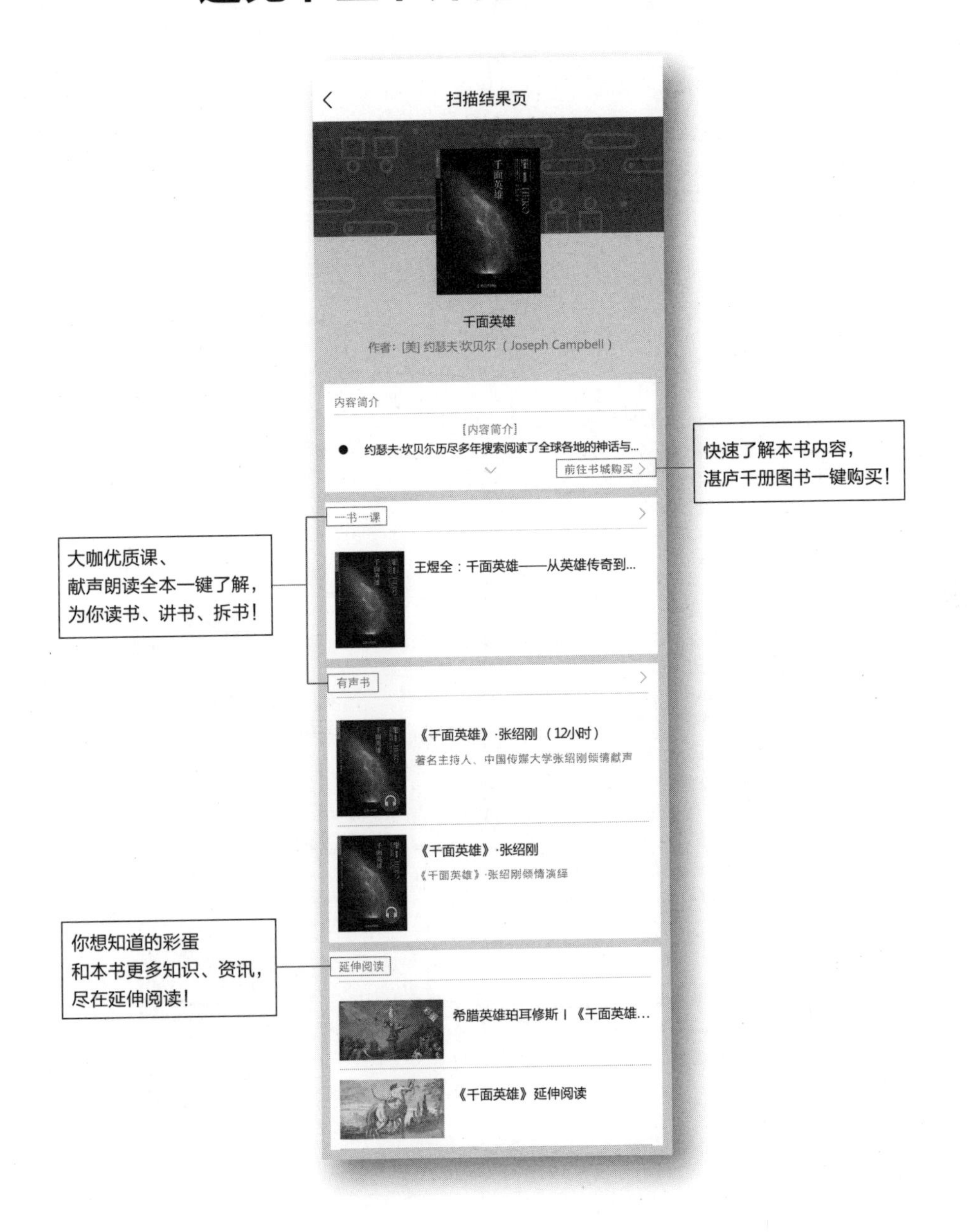

延伸阅读

《人类起源的故事》

◎ 一部重写人类简史的颠覆之作！古 DNA 科学家破译基因密码，揭示人类祖先的疯狂混血史。

◎ 这不仅仅是一本书，还是科学进入历史领域的里程碑，是一本给全人类的寻根指南，是一枚重塑种族、性别观念的重磅炸弹！

◎《三体》作者刘慈欣、得到专栏作家万维钢、《枪炮、病菌与钢铁》作者贾雷德·戴蒙德真心推荐！

《飞奔的物种》

◎ 全球炙手可热的脑科学家、《西部世界》科学顾问携手知名音乐大师，揭示创造力突破的 3 大法则和 4 种思维特征，让你在极速时代拥有创新的核心驱动力，实现创新的指数级增长。

◎ 上百个创新案例，带给你全面的创意素材和灵感。在《飞奔的物种》中，作者揭秘了苹果、Netflix、戴森、Twitter 等世界最知名公司的创新运作，通过对近 150 名影响世界的发明大师以及 200 多项创造进行分析，带读者明晰创意的本质，从而轻松实现自我进化。这同样也是一次灵感的激发和美学之旅。

《当下的启蒙》

◎ 比尔·盖茨最喜爱的一本书。平克全面超越自我之作。长期占据亚马逊畅销榜。《纽约时报》2018 年 Top100 图书。《卫报》2018 年必买图书。

◎ 史蒂芬·平克对当前的世界进行了全景式的评述，让读者了解人类状况的真相，人类面临怎样的挑战，以及该如何应对这些挑战。

◎《当下的启蒙》凭借智识深度和优雅文笔证明：我们永远不会拥有一个完美的世界，而寻找一个完美的世界也是危险的举动。但是，如果继续运用知识来促进人类的繁荣，即将取得的进步则是无限的。

《生命 3.0》

◎ 引爆硅谷，令全球科技界大咖瞩目的烧脑神作。探索与人工智能相伴，人类将迎来什么样的未来。

◎ 麻省理工学院物理系终身教授、未来生命研究所创始人迈克斯·泰格马克重磅新作，带领我们参与这个时代最重要的对话。

◎ 本书长踞亚马逊图书畅销榜。霍金、埃隆·马斯克、王小川一致好评；万维钢、余晨倾情作序；《科学》《自然》两大著名期刊罕见推荐！